药品及个人护理品（PPCPs）筛选与生态风险评估

卜庆伟　余　刚　等著

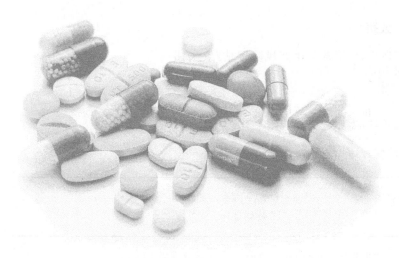

化学工业出版社

·北京·

内 容 简 介

随着分析手段的进步，越来越多的污染物被研究者发现，科学研究的关注点也从传统污染物逐渐转移到新兴污染物。药品及个人护理品（PPCPs）则是近年来备受研究者关注的一类新兴污染物。本书主要从 PPCPs 的筛选方法、案例、生态基准、风险评估 4 个方面论述了我国环境水体中 PPCPs 的优先性筛选及生态风险评估，并对 PPCPs 污染及风险控制的策略进行了论述。全书共分为 8 章。第 1 章在介绍新兴污染物概念的基础之上，介绍了我国水环境中 PPCPs 的存在状况，第 2 章介绍了环境污染物筛选的方法学，第 3 章、第 4 章和第 5 章分别介绍了采用基于监测数据、模型分析、模型-监测相结合的方法对我国水环境中 PPCPs 的优先性筛选，第 6 章对典型高关注 PPCPs 的水生态基准进行了研究，第 7 章对典型高关注 PPCPs 的生态风险进行了评价，第 8 章对 PPCPs 污染的控制技术及策略进行了系统总结。本书参考了国内外有关 PPCPs 优先性筛选的最新研究进展，详细介绍了作者多年来在我国水环境中 PPCPs 优先性筛选和生态风险评估方面所取得的一些研究成果。

本书可作为高等院校环境科学、环境工程、环境化学及相关专业的科研工作者和研究生在研究新兴污染物优先性筛选及生态风险时参考，也可供环境科学、环境工程、环境化学及相关领域的工程技术人员和管理人员阅读参考。

图书在版编目（CIP）数据

药品及个人护理品（PPCPs）筛选与生态风险评估/卜庆伟
等著. —北京：化学工业出版社，2021.5
ISBN 978-7-122-38565-9

Ⅰ.①药… Ⅱ.①卜… Ⅲ.①药品-环境污染-污染控制-研究-中国②日用品-环境污染-污染控制-研究-中国 Ⅳ.①X322

中国版本图书馆 CIP 数据核字（2021）第 030336 号

责任编辑：卢萌萌　刘兴春　　　　　　　文字编辑：王云霞　陈小滔
责任校对：李　爽　　　　　　　　　　　装帧设计：王晓宇

出版发行：化学工业出版社（北京市东城区青年湖南街 13 号　邮政编码 100011）
印　　装：北京盛通商印快线网络科技有限公司
787mm×1092mm　1/16　印张 14½　字数 328 千字　2021 年 5 月北京第 1 版第 1 次印刷

购书咨询：010-64518888　　　　　　　　售后服务：010-64518899
网　　址：http://www.cip.com.cn
凡购买本书，如有缺损质量问题，本社销售中心负责调换。

定　　价：98.00 元

目前，在世界范围内广泛使用的商业化学品数量庞大，并且正以惊人的速度增长着。化学品的生产和使用，一方面给人类社会带来了前所未有的福利，但也正因为部分有毒化学品的大量使用及排放，给生态环境及人体健康带来了威胁，给人类的生产和生活造成了巨大损失。

随着分析手段的进步，越来越多的新兴污染物被发现和识别，科学研究的关注点也从传统污染物逐渐转移到新兴污染物。新兴污染物是指在环境中最新识别出的或在之前研究中已经发现其环境存在但最近引起关注的，对人体健康或生态环境具有潜在风险的污染物，包括持久性有机污染物（persistent organic pollutants，POPs）、内分泌干扰物（endocrine disruption contaminants，EDCs）、药品及个人护理品（pharmaceuticals and personal care products，PPCPs）等。新兴污染物是相对于传统污染物而言的，可以断言，随着科学的进步和认知的拓展，必然有更多的具有潜在风险的污染物被不断地发现和识别而成为新兴污染物引起学界的关注。

PPCPs 是一类重要的新兴污染物，其环境污染与毒理效应近年来备受研究者关注。众所周知，PPCPs 中很多物质都具有生物活性，在较低浓度下就可能对生态系统中的非目标生物（non-target organisms）造成潜在风险。PPCPs 经人体排泄后进入生活污水，由于现有污水处理工艺多是针对去除氮、磷等常规污染物而设计，对部分 PPCPs 的去除效果并不显著，导致仍有大量 PPCPs 随处理后的污水排放进入环境水体。

我国作为药物生产和使用大国，环境水体也已受到药物的广泛污染。据统计，超过4000 种药物被人类大量使用，护理品中添加的化学品数量则更加庞大。但是，目前仅有百余种能够被分析检测。面对如此众多的潜在污染物，无论是在科学研究还是环境管理上，都应该有所侧重。因此，如何从大量 PPCPs 中筛选出具有潜在风险的药物是一个非常重要的研究课题。

本书则针对我国环境水体中 PPCPs 污染广泛但目标尚不明确的现状，从方法学、筛选案例、基准及风险等角度全面研究识别应优先控制的 PPCPs，提出了我国应该优先控制的 PPCPs 类污染物，可为我国 PPCPs 的环境污染管理提供重要科学依据。

本书是对笔者近年来在 PPCPs 优先性筛选和生态风险评估等相关方面研究成果的总结，是笔者及相关研究生的集体智慧和辛勤工作的成果。全书具体分工如下：第 1 章由卜庆伟、曹红梅、余刚著写，第 2 章由卜庆伟、李庆山著写，第 3 章由曹红梅、卜庆伟、余刚著写，第 4 章由卜庆伟、余刚、张鑫著写，第 5 章由史晓、卜庆伟、张鑫著写，第 6 章由黄秋森、刘川升著写，第 7 章由李庆山、卜庆伟著写，第 8 章由刘川升、卜庆伟、余刚著写。初稿完成后，相互校对，最后由卜庆伟、余刚担任总校对并统稿。

本书的研究成果受到国家自然科学基金项目（课题编号：21307068、21777188）、北京市自然科学基金项目（课题编号：8162037）和中国矿业大学（北京）越崎青年学者计划（课题编号：2017QN15）的资助。

在本研究开展与本书写作过程中，中国矿业大学（北京）的章丽萍博士、徐恒博士以及清华大学的黄俊博士、王斌博士、邓述波教授给予了指导与帮助，课题组成员刘云、邹明月、孟素、朱晓燕等参与了讨论，在此一并表示衷心的谢意。

由于笔者研究领域和学识有限，书中难免有不足之处，恳请有关专家和广大读者不吝赐教，我们将在今后工作中不断改进。

著者

目录

第4章　基于模型分析的我国水环境中高风险PPCPs筛选

第5章　基于模型-监测相结合方法的高风险抗感染药筛选

第6章　典型高关注PPCPs的水生态基准构建

第7章 典型高关注PPCPs的生态风险

第8章 PPCPs污染的控制技术与策略

第 1 章

绪　论

1.1　新兴污染物

目前，在世界范围内广泛使用的商业化学品数量庞大，并且正以惊人的速度增长着。化学品的生产和使用，一方面给人类社会带来了前所未有的福利，但也正因为部分有毒化学品的大量使用及排放，给生态环境及人体健康带来威胁，给人类的生产生活造成巨大损失。

随着分析手段的进步，越来越多的新污染物被发现和识别，科学研究的关注点也从传统污染物逐渐转移到新兴污染物。新兴污染物是指在环境中最新识别出的或在之前研究中已经发现其环境存在但最近引起关注的，对人体健康或生态环境具有潜在风险的污染物，包括持久性有机污染物（persistent organic pollutants，POPs）、内分泌干扰物（endocrine disruption contaminants，EDCs）、药品及个人护理品（pharmaceuticals and personal care products，PPCPs）以及消毒副产物（disinfection by-products，DBPs）等。许多新兴污染物即使在较低的浓度水平上也可能对生态和人类健康造成不利影响，因此它们也被称为新出现的令人关切的污染物（contaminants of emerging concern，CEC）。

新兴污染物之所以引起研究者的广泛关注，源于其对人类及生态系统潜在的毒性效应。如 EDCs 潜在的生态危害以及生物累积作用使得其在极低浓度水平下（ng/L 或 μg/L）也会对生物的内分泌系统和神经系统产生不利影响。有研究报道称，由于 DBPs 具有细胞毒性、遗传毒性和致癌性，可对人类和水生生物构成威胁；部分 PPCPs 具有生物富集性，可通过食物链从环境介质迁移至动植物及人体中，从而对生态系统和人类健康造成负面效应。

PPCPs 则是被广泛关注的新兴污染物中最重要的一类物质。PPCPs 的概念是在 20 世纪 90 年代末由 Daughton 首次提出的，主要是指人用药品和兽用药品（包括处方药品、生物制剂）、诊断剂、香水、化妆品、防晒产品等。PPCPs 的广泛使用给人类带来诸多便利的同时也对环境和人类健康产生了潜在的威胁。绝大多数 PPCPs 的半衰期较短且在环境介质中的浓度较低，处于纳克/升至微克/升水平，但是由于不断输入，PPCPs 在环境中呈现"伪持久"的状态。目前，全球范围内多个国家或地区在不同环境介质中，如地表水、地下水、饮用水、沉积物等，均检出 PPCPs 的存在。

药物类的主要毒性作用机理为抑制核酸、蛋白质的合成，改变细胞膜的通透性与影响细胞壁的形成，干扰细菌的能量代谢等；护理品类通常会扰乱生物体内分泌系统，特别是激素类物质会影响生物的生长和发育，导致生育能力降低、雄性雌性化或双性化等。在实际环境中，PPCPs 的浓度可能达不到产生急性毒性作用的水平，但其慢性毒性的影响不能排除，并可能会因其持续输入而造成生物体内的累积，从而产生不可逆转的伤害。同时，PPCPs 还可能诱导微生物产生耐药性，使环境中抗性基因丰度增加，扰乱生态平衡并威胁人类安全。

1.2 我国水环境中PPCPs的存在状况

自 20 世纪 90 年代开始，各国开展了大量有关 PPCPs 在不同环境介质中存在状况的研究。地表水和沉积物是 PPCPs 的主要汇集地，因此本章针对这两种介质中的 PPCPs 浓度水平进行概述。数据收集时并未考虑污水厂进出水中的 PPCPs 浓度数据，主要原因有二：一是污水处理厂是一个人为控制体系，不同污水处理厂浓度水平受其所采用的处理工艺影响较大；二是经处理的污水最终排放进入水环境中，受纳水体中 PPCPs 污染状况从某种程度上可以作为一种综合反映。

近五年，中国地表水和沉积物中 PPCPs 污染状况的相关研究报道共涉及 157 种 PPCPs，包括 116 种药品和 41 种个人护理品（PCPs）（图 1-1 和表 1-1）。近 60% 被报道的药品均为抗生素，这些抗生素可分为以下几个类别：磺胺类（16 种）、喹诺酮类（16 种）、大环内酯类（11 种）、四环素类（6 种）、β-内酰胺类（8 种）以及其他类抗生素（8 种）；其中以磺胺类及喹诺酮类抗生素所占百分比最大，均为 24.6%。51 种非抗生素药品中以消炎药的占比最大，为 31.3%；所检出的非抗生素类药品具体包括 X 射线造影剂（1 种）、β 受体-阻滞剂（1 种）、镇静类药（1 种）、解热镇痛药（1 种）、精神障碍调节剂（2 种）、抗痉挛药（1 种）、抗惊厥药（3 种）、抗抑郁药（6 种）、抗肿瘤药（4 种）、抗组胺药（1 种）、皮质激素类药（6 种）、消炎药（16 种）、血糖调节剂（1 种）、血压调节剂（3

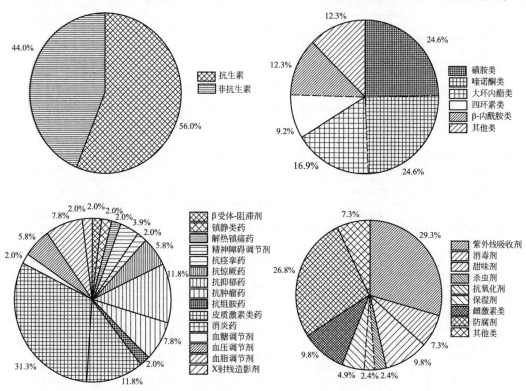

图 1-1 我国环境水体中检出的 PPCPs 类污染物

种）以及血脂调节剂（4 种）。现有研究报道的 41 种 PCPs 中以紫外线吸收剂和防腐剂的占比最大，分别为 29.3% 和 26.8%；所检出 PCPs 具体包括紫外线吸收剂（12 种）、消毒剂（3 种）、甜味剂（4 种）、杀虫剂（1 种）、抗氧化剂（1 种）、保湿剂（2 种）、雌激素类（4 种）、防腐剂（11 种）以及其他类（3 种）。中国地表水和沉积物中已有报道的 PPCPs 类污染物数量和种类略多于国外。但有关 PPCPs 降解或代谢产物在水环境中存在状况的报道较少。在某些情况下，其降解或代谢产物的毒性甚至比母体化合物本身的毒性更大。因此，未来需要加强对 PPCPs 降解和代谢产物测试和监测的研究。

表 1-1 中国地表水和沉积物中检出的 PPCPs 污染物

CAS 号	名称	缩写	药物大类	药物亚类
57-68-1	磺胺二甲嘧啶	SMZ	抗生素	磺胺类
723-46-6	磺胺甲噁唑	SMX	抗生素	磺胺类
1220-83-3	磺胺间甲氧嘧啶	SMM	抗生素	磺胺类
144-83-2	磺胺吡啶	SPD	抗生素	磺胺类
651-06-9	磺胺对甲氧嘧啶	SME	抗生素	磺胺类
68-35-9	磺胺嘧啶	SD	抗生素	磺胺类
122-11-2	磺胺地索辛	SDM	抗生素	磺胺类
127-69-5	磺胺二甲异唑	SIX	抗生素	磺胺类
127-79-7	磺胺甲基嘧啶	SMR	抗生素	磺胺类
144-80-9	磺胺醋酰	SAAM	抗生素	磺胺类
144-82-1	磺胺甲噻二唑	SMTZ	抗生素	磺胺类
2447-57-6	磺胺多辛	SDX	抗生素	磺胺类
80-32-0	磺胺氯代哒嗪	SCP	抗生素	磺胺类
80-35-3	磺胺甲氧哒嗪	SMP	抗生素	磺胺类
515-64-0	磺胺二甲基异嘧啶	SIM	抗生素	磺胺类
59-40-5	磺胺喹噁啉	SQX	抗生素	磺胺类
70458-96-7	诺氟沙星	NOR	抗生素	喹诺酮类
82419-36-1	氧氟沙星	OFL	抗生素	喹诺酮类
93106-60-6	恩诺沙星	ENR	抗生素	喹诺酮类
74011-58-8	依诺沙星	ENO	抗生素	喹诺酮类
85721-33-1	环丙沙星	CIP	抗生素	喹诺酮类
98106-17-3	二氟沙星	DIF	抗生素	喹诺酮类
79660-72-3	氟罗沙星	FLE	抗生素	喹诺酮类
98079-51-7	洛美沙星	LOM	抗生素	喹诺酮类
98105-99-8	沙拉沙星	SAR	抗生素	喹诺酮类
14698-29-4	噁喹酸	OXA	抗生素	喹诺酮类

CAS号	名称	缩写	药物大类	药物亚类
42835-25-6	氟甲喹	FLU	抗生素	喹诺酮类
111542-93-9	司帕沙星	SPA	抗生素	喹诺酮类
151096-09-2	莫西沙星	MOX	抗生素	喹诺酮类
389-08-2	萘啶酸	NA	抗生素	喹诺酮类
70458-92-3	培氟沙星	PEF	抗生素	喹诺酮类
112398-08-0	达氟沙星	DAN	抗生素	喹诺酮类
80214-83-1	罗红霉素	ROX	抗生素	大环内酯类
81103-11-9	克拉霉素	CTM	抗生素	大环内酯类
83905-01-5	阿奇霉素	AZM	抗生素	大环内酯类
114-07-8	红霉素	ERY	抗生素	大环内酯类
1401-69-0	泰乐菌素	TYL	抗生素	大环内酯类
8025-81-8	螺旋霉素	SPI	抗生素	大环内酯类
16846-24-5	交沙霉素	JOS	抗生素	大环内酯类
1392-21-8	卢科霉素	LCM	抗生素	大环内酯类
154-21-2	林可霉素	LIN	抗生素	大环内酯类
3922-90-5	竹桃霉素	ODM	抗生素	大环内酯类
23893-13-2	脱水红霉素	ERY-H_2O	抗生素	大环内酯类
60-54-8	四环素	TC	抗生素	四环素类
79-57-2	土霉素	OTC	抗生素	四环素类
564-25-0	多西环素	DC	抗生素	四环素类
57-62-5	金霉素	CTC	抗生素	四环素类
64-75-5	盐酸四环素	TET-H	抗生素	四环素类
10118-90-8	米诺环素	MC	抗生素	四环素类
15686-71-2	头孢氨苄	CFX	抗生素	β-内酰胺类
26787-78-0	阿莫西林	AMOX	抗生素	β-内酰胺类
87-08-1	青霉素 V	PEN-V	抗生素	β-内酰胺类
25953-19-9	头孢唑啉	CFZ	抗生素	β-内酰胺类
63527-52-6	头孢噻肟	CTX	抗生素	β-内酰胺类
80370-57-6	头孢噻呋	CTF	抗生素	β-内酰胺类
61-33-6	青霉素 G	PEN-G	抗生素	β-内酰胺类
69-53-4	氨苄西林	AMP	抗生素	β-内酰胺类
56-75-7	氯霉素	CAP	抗生素	其他类

续表

CAS 号	名称	缩写	药物大类	药物亚类
15318-45-3	甲砜霉素	TAP	抗生素	其他类
738-70-5	甲氧苄啶	TMP	抗生素	其他类
51940-44-4	吡哌酸	PIA	抗生素	其他类
73231-34-2	氟苯尼考	FF	抗生素	其他类
23593-75-1	克霉唑	CLO	抗生素	其他类
86386-73-4	氟康唑	FCZ	抗生素	其他类
65277-42-1	酮康唑	KCZ	抗生素	其他类
73334-07-3	碘普罗胺	IOP	X 射线造影剂	—
525-66-6	普萘洛尔	PRO	β受体-阻滞剂	—
132539-06-1	奥氮平	OLA	镇静类药及精神病用药	—
58-15-1	氨基比林	AMI	解热镇痛药	—
15676-16-1	舒必利	SP	精神障碍调节剂	—
5786-21-0	氯氮平	CLZ	精神障碍调节剂	—
3625-06-7	美贝维林	MEB	抗痉挛药	—
486-56-6	可替宁	COT	抗惊厥药	—
60142-96-3	加巴喷丁	GAB	抗惊厥药	—
298-46-4	卡马西平	CBZ	抗惊厥药	—
50-48-6	阿米替林	AML	抗抑郁药	—
59729-33-8	西酞普兰	CIT	抗抑郁药	—
54910-89-3	氟西汀	FXT	抗抑郁药	—
61869-08-7	帕罗西汀	PXT	抗抑郁药	—
79617-96-2	舍曲林	SER	抗抑郁药	—
93413-69-5	文拉法辛	VEN	抗抑郁药	—
10540-29-1	他莫西芬	TAM	抗肿瘤类	—
56-53-1	己烯雌酚	DES	抗肿瘤类	—
83891-03-6	诺氟西汀	NFLX	抗肿瘤类	—
53-03-2	泼尼松	PRE	抗肿瘤类	—
58-73-1	苯海拉明	DIP	抗组胺药	—
378-44-9	倍他米松	BET	皮质激素类	—
50-02-2	地塞米松	DEX	皮质激素类	—
50-24-8	泼尼松龙	PNS	皮质激素类	—
50-22-6	肾上腺酮	CTR	皮质激素类	—
53-06-5	可的松	CTS	皮质激素类	—

CAS 号	名称	缩写	药物大类	药物亚类
124-94-7	曲安西龙	TML	皮质激素类	—
103-90-2	对乙酰氨基酚	ACE	消炎药	—
60-80-0	安替比林	ANP	消炎药	—
4419-39-0	倍氯米松	BEC	消炎药	—
15307-86-5	双氯芬酸	DIC	消炎药	—
15687-27-1	布洛芬	IBU	消炎药	—
53-86-1	吲哚美辛	IND	消炎药	—
22071-15-4	酮洛芬	KET	消炎药	—
61-68-7	甲灭酸	MEFA	消炎药	—
443-48-1	甲硝唑	MTZ	消炎药	—
22204-53-1	萘普生	NAP	消炎药	—
69-72-7	水杨酸	SALA	消炎药	—
50-23-7	皮质醇	CTL	消炎药	—
14484-47-0	地夫可特	DEF	消炎药	—
3385-03-3	氟尼缩松	FUS	消炎药	—
3801-06-7	氟甲龙	FML	消炎药	—
5104-49-4	氟比洛芬	FBP	消炎药	—
657-24-9	二甲双胍	MFM	血糖调节剂	—
138402-11-6	厄贝沙坦	IRB	血压调节剂	—
51384-51-1	美托洛尔	MET	血压调节剂	—
42399-41-7	地尔硫卓	DTZ	血压调节剂	—
134523-00-5	阿托伐他汀	ATO	血脂调节剂	—
41859-67-0	苯扎贝特	BZF	血脂调节剂	—
882-09-7	氯贝酸	CLOA	血脂调节剂	—
25812-30-0	吉非罗齐	GEM	血脂调节剂	—
1143-72-2	2,3,4-三羟基二苯甲酮	2,3,4-OH-BP	紫外线吸收剂	—
1137-42-4	4-羟基-二苯甲酮	4-OH-BP	紫外线吸收剂	—
119-61-9	二苯甲酮	BP	紫外线吸收剂	—
131-56-6	二苯甲酮-1	BP-1	紫外线吸收剂	—
131-55-5	二苯甲酮-2	BP-2	紫外线吸收剂	—
131-57-7	二苯甲酮-3	BP-3	紫外线吸收剂	—
4065-45-6	二苯甲酮-4	BP-4	紫外线吸收剂	—
6197-30-4	奥克立林	OC	紫外线吸收剂	—

续表

CAS 号	名称	缩写	药物大类	药物亚类
5466-77-3	甲氧基肉桂酸乙基己酯	EHMC	紫外线吸收剂	—
150-13-0	对氨基苯甲酸	PABA	紫外线吸收剂	—
36861-47-9	3-(4-甲基苯亚甲基)樟脑	4-MBC	紫外线吸收剂	—
118-56-9	原膜散酯	HSM	紫外线吸收剂	—
90-43-7	邻苯基苯酚	OPP	消毒剂	—
101-20-2	三氯卡班	TCC	消毒剂	—
3380-34-5	三氯生	TCS	消毒剂	—
33665-90-6	安赛蜜	ACF	甜味剂	—
139-05-9	环己基氨基磺酸钠	CYC	甜味剂	—
81-07-2	糖精	SAC	甜味剂	—
56038-13-2	三氯蔗糖	SUR	甜味剂	—
134-62-3	避蚊胺	DEET	杀虫剂	—
80-05-7	双酚 A	BPA	抗氧化剂	—
136-85-6	5-甲基苯并三氮唑	MBTZ	防腐剂	—
99-76-3	尼泊金甲酯	MPB	防腐剂	—
120-47-8	尼泊金乙酯	ETP	防腐剂	—
94-13-3	尼泊金丙酯	PRP	防腐剂	—
94-26-8	尼泊金丁酯	BuP	防腐剂	—
1085-12-7	尼泊金庚酯	HeP	防腐剂	—
99-96-7	对羟基苯甲酸	PHBA	防腐剂	—
4184-79-6	5,6-二甲基-1H-苯并三唑	Xtri	防腐剂	—
94-97-3	5-氯代苯并三氮唑	CBT	防腐剂	—
95-14-7	苯并三氮唑	BT	防腐剂	—
94-18-8	4-羟基苯甲酸苄酯	BzP	防腐剂	—
53-16-7	雌酚酮	E1	雌激素类	—
50-28-2	雌二醇	E2	雌激素类	—
50-27-1	雌三醇	E3	雌激素类	—
57-63-6	炔雌醇	EE2	雌激素类	—
34391-04-3	左旋沙丁胺醇	SAL	保湿剂	—
111-01-3	角鲨烷	SQU	保湿剂	—
541-02-6	十甲基环五硅氧烷	D5	其他类	—
540-97-6	十二甲基环六硅氧烷	D6	其他类	—
556-67-2	八甲基环四硅氧烷	D4	其他类	—

我国现有地表水中 PPCPs 的研究在地理分布上非常不均，表现为东部地区多于西部地区，南方地区多于北方地区。而且现有研究更侧重于在经济发达、人口密集的城市开展调查。因此，除我国主要水系以外，在城市内河等水系也开展了较为广泛的研究。

根据已报道的文献中所描述的采样位置，对研究区域进行汇总，并以流域为边界进行划分。地表水中 PPCPs 研究区域集中在长江流域、海河流域、珠江流域以及东南沿海诸河流域。沉积物与地表水中 PPCPs 的采样区域分布相似。大多数对沉积物中 PPCPs 的研究都集中在三个流域，即长江流域、东南沿海诸河流域以及黄河流域。这些地区人口稠密，PPCPs 的消耗相对较大。现有研究之所以选择上述流域，是因为 PPCPs 在水体中的分布通常与小区域的城市化和人口中心相关。

研究者对黑龙江流域、辽东半岛诸河流域、山东半岛诸河流域、淮河流域以西南诸河流域地表水中 PPCPs 的存在情况进行了零散的研究。同时，报道辽东半岛诸河流域、淮河流域以及珠江流域等水体沉积物中 PPCPs 存在情况的研究相对较少。总体而言，中国有关 PPCPs 的研究在区域分布上严重不平衡。因此，在未来的研究工作中应该加强对西部地区水环境中 PPCPs 的监测研究，为揭示 PPCPs 的区域分布规律提供基础数据。

1.2.1 地表水中的 PPCPs

1.2.1.1 抗生素类药物

（1）磺胺类抗生素

表 1-2 及表 1-3 中总结了中国不同流域地表水中所检测到的磺胺类抗生素的浓度水平。关于磺胺类抗生素的研究主要集中在东部沿海、东北地区；少量研究分散在中部地区，如西安灞河、湖北洪湖、安徽巢湖等。16 种磺胺类药物被检出，浓度水平均显著低于 $1\mu g/L$。很明显，大多数单体磺胺类抗生素的较高浓度水平与北京、上海、珠江三角洲等人口密集的特大城市和地区有关。密集的水产养殖和家禽渔业活动可能是磺胺类药物的其他来源。磺胺二甲嘧啶、磺胺甲噁唑、磺胺嘧啶在中国地表水环境中被广泛检出。这三种磺胺类抗生素主要用作兽药。

与国外的研究进行比较发现，中国地表水中的磺胺二甲嘧啶的浓度水平与南非的浓度水平相当（$0.27\mu g/L$），但显著低于西班牙的浓度水平（$2.48\sim6.19\mu g/L$）。磺胺甲噁唑是目前世界上水生环境中检出率最高的抗生素之一。中国地表水中磺胺甲噁唑浓度水平与加纳的磺胺甲噁唑浓度水平相当（$0.41\mu g/L$），但显著低于莫桑比克、肯尼亚以及南非这些非洲国家所检测出的磺胺甲噁唑浓度水平（$2.61\sim53.8\mu g/L$）。世界各地关于地表水中磺胺嘧啶浓度的研究相对较少。在中国所开展的磺胺嘧啶浓度研究表明，地表水中磺胺嘧啶的浓度范围从未检出到数百纳克/升之间，最高浓度不超过 $1\mu g/L$ 水平。

对于其他 13 种磺胺类抗生素，与其他国家相比，中国地表水中的磺胺类抗生素的浓度水平相对较低。例如，美国地表水中磺胺甲噻二唑的浓度水平（80ng/L）与我国天津海河中最高浓度水平（16.7ng/L）相当，但高于我国其他地区地表水中磺胺甲噻二唑的浓度水平。

表 1-2　中国地表水中磺胺类抗生素浓度（1）

采样点	浓度/(ng/L)								文献
	SMZ	SMX	SD	SMM	SPD	SME	SDM	SMTZ	
九龙江，福建	1.68~61.6	ND~5.60	0.94~22.0						(Jiang et al.,2013)
台南某河，台湾	ND~24.5	ND~23.2	ND~6.30	ND~98.0			ND~3.80	ND~9.50	(Lai et al.,2018)
黄浦江，上海	0.10~107	0.60~1.90	0.30~29.1						(Sun et al.,2018)
汉江，湖北	ND~33.8	ND~13.4	ND~37.4						(Tong et al.,2014)
太湖，江苏	ND~0.73	2.53~13.1	3.30~115						(Yan et al.,2018b)
珠江三角洲，广东	7.23~410	2.66~210		3.76~56.9	ND~26.1				(Yang et al.,2017b)
温榆河，北京	<LOQ~715	32.5~128	1.57~257			ND~4.11			(Liu et al.,2019)
诸河，湖北			<LOQ~500			<LOQ			(Wang et al.,2017b)
洞庭湖，湖南	ND~1.07	ND~5.63	ND~8.73						(Liu et al.,2018c)
伊通河，吉林	ND~0.39	ND~0.55	ND~0.44						(Yu et al.,2019)
淀山湖，上海	ND~59.5	0.11~1.30			ND~2.37		0.06~27.6		(Cao et al.,2020)
长江，江苏常州		2.99~25.9							(Peng et al.,2018)
洪湖，湖北	<LOQ~255		<LOQ~323	<LOQ~168		<LOQ~431			(Wang et al.,2017b)
白洋淀，河北	ND~152	ND~55.0	ND~33.0						(Zhang et al.,2018a)
渤海	ND~0.29	ND~30.0	ND~7.10		ND~0.60				(Du et al.,2019)
诸河，香港	ND~79.9	ND~29.9							(Den et al.,2018)
珠江口，广东珠海	ND~226	ND~195	ND~344		ND~58.3			ND~2.70	(Li et al.,2018a)
海泊河，山东青岛	<LOQ	22.4~100	<LOQ						(Zheng et al.,2020)
海河，天津		52.1~173	<LOQ~184	2.14~69.5				ND~16.7	(Lei et al.,2019)
松花江，吉林		ND~73.1	ND~13.9		ND~3.10				(Wang et al.,2017a)
长江，江苏扬州	0.20~2.40				0.10~30.1				(Sun et al.,2018)
鄱阳湖，江西		ND~14.5			ND~17.2				(Ding et al.,2017)
辽河，吉林		ND~44.1	ND~1.50						(Dong et al.,2016)

续表

采样点	浓度/(ng/L)								文献
	SMZ	SMX	SD	SMM	SPD	SME	SDM	SMTZ	
灞河,陕西西安	8.64~464								(Jia et al.,2018)
潮白河,北京		<LOQ~1710	ND~1181						(Su et al.,2020)
内城河,北京		ND~16.4							(Lu et al.,2019)
广东沿海			ND~6.22						(Xu et al.,2019)
北部湾,南海							ND~1.88		(Zhang et al.,2018c)

注：ND，未检出；LOQ，定量限；药物缩写见表 1-1。

表 1-3　中国地表水中磺胺类抗生素浓度 (2)

采样点	浓度/(ng/L)								文献
	SCP	SMP	SIM	SQX	SDX	SAAM	SMR	SIX	
太湖,江苏	ND~9.52			ND	ND~210	ND~34.9			(Zhou et al.,2016b)
洞庭湖,湖南		ND~0.22	ND~3.63	ND~1.74				ND~0.15	(Wang et al.,2019c)
黄浦江,上海	0.10~2.60								(Sun et al.,2018)
卡斯特河水系,贵州开阳	<LOQ~1.70				<LOQ~1.00			ND	(Zou et al.,2018)
长江,江苏扬州	0.10~2.90								(Sun et al.,2018)
洪湖,湖北							5.00~329		(Wang et al.,2017b)
北运河,北京			ND~1.30	ND~1.70				ND~3.40	(Ma et al.,2017)
松花江,吉林				ND~3.90					(He et al.,2018)
汉江,湖北							ND~11.0		(Tong et al.,2014)
辽河,吉林							ND~10.8		(Dong et al.,2016)
北部湾,南海						ND~1.03			(Zhang et al.,2018c)
伊通河,吉林							ND~1.08		(Yu et al.,2019)
太湖,江苏				0.06~19.3			0.02~0.15		(Xu et al.,2018c)
卡斯特河水系,贵州开阳	0.50~1.60				ND~0.50			ND	(Huang et al.,2019)

注：ND，未检出；LOQ，定量限；药物缩写见表 1-1。

表1-4 中国地表水中喹诺酮类抗生素浓度 (1)

采样点	浓度/(ng/L)								文献
	NOR	OFL	CIP	ENR	ENO	NA	SAR	DIF	
北部湾,南海	ND~97.3	ND~1.91	ND~182	ND~2.31	ND~59.3				(Zhang et al.,2018c)
汉江,湖北	ND~134	ND~135	ND~18.0	ND~12.5					(Tong et al.,2014)
洞庭湖,湖南	ND~1.65	ND~0.53	ND~36.2	ND~4.61					(Liu et al.,2018b)
汪洋沟,河北	199~617	668~11735	206~551	243~979					(Jiang et al.,2014)
温榆河,北京	ND~113	80.9~1270	ND~36.9	ND			ND		(Liu et al.,2019)
辽河,吉林	ND~83.8	10.2~285	ND~23.7	ND~49.3					(Dong et al.,2016)
青草沙水库,上海	32.8~278	ND~30.6	ND~284						(Jiang et al.,2018)
白洋淀,河北		ND~64.7							(Zhang et al.,2018a)
内城河,广东珠海	32.8~381	0.80~195	24.6~365	ND~21.5					(Li et al.,2018a)
太湖,江苏		3.73~23.5	ND~43.0	ND~39.2					(Yan et al.,2018b)
松花江,吉林	5.33~122	ND~4.20							(Wang et al.,2017a)
某河,台湾	ND~3.60	ND~6.20	ND~16.3			ND~15.5			(Lai et al.,2018)
洪湖,湖北		4.00~105	1.00~72.3	ND~0.50				5.00~216	(Wang et al.,2017b)
珠江,广东	ND~6620	ND~127	ND~459						(Li et al.,2018b)
灞河,陕西西安			2.66~28.6						(Jia et al.,2018)
伊通河,吉林		ND~1.36	ND~0.62						(Yu et al.,2019)
北运河,北京			<LOQ			14.1~83.5			(Yang et al.,2017a)
内城河,北京	ND~14.6	ND~17.8				<LOQ~2.00			(Lu et al.,2019)
诸河,香港		ND~75.5	ND~25.7						(Deng et al.,2018b)
巢湖,安徽	9.20~21.4	5.90~21.6	6.33~25.5						(Yan et al.,2018b)
九龙江,福建		ND~6.81							(Jiang et al.,2013)
鄱阳湖,江西	ND~<LOQ	ND~<LOQ	ND~8.60	ND~5.20	ND~3.40			ND~5.30	(Ding et al.,2017)
诸河,山东青岛	<LOQ~241	<LOQ~149	<LOQ	<LOQ		<LOQ			(Zheng et al.,2020)
潮白河,北京	<LOQ~32.8	<LOQ	<LOQ~1.36	<LOQ~6.61					(Su et al.,2020)

续表

采样点	浓度/(ng/L)								文献
	NOR	OFL	CIP	ENR	ENO	NA	SAR	DIF	
诸河，渤海区域	ND~15.8	ND~47.6	ND~6.90	7.80~2365					(Du et al.,2019)
诸河，黄海区域		ND~25.0		ND~13.0					(Xie et al.,2019b)
官厅水库，河北		2.10~26.4							(Zhang et al.,2018b)
秦淮河，江苏	ND	1.37~1.57	ND						(Yan et al.,2018b)
北运河，北京						ND~34.2			(Ma et al.,2017)
丹江口水库，湖北						ND~1.53			(Li et al.,2019a)
喀斯特河水系，贵州开阳						2.20~20.5			(Zou et al.,2018)
喀斯特河水系，贵州开阳						2.40~12.6			(Huang et al.,2019)
长江，江苏常州						0.61~1.40			(Jiang et al.,2019)

注：ND，未检出；LOQ，定量限；药物缩写见表1-1。

表1-5　中国地表水中喹诺酮类抗生素浓度（2）

采样点	浓度/(ng/L)								文献
	SPA	MOX	DAN	OXA	FLE	LOM	PEF	FLU	
喀斯特河水系，贵州开阳	<LOQ~8.40	<LOQ~26.9							(Zou et al.,2018)
喀斯特河水系，贵州开阳	ND	ND~11.7	ND~8.90	ND					(Huan et al.,2019)
太湖，江苏			ND~0.63		ND~30.3	ND~16.3	ND~323		(Zhou et al.,2016b)
诸河，上海浦东新区						ND~35.0		1.35~3.69	(Pan et al.,2020)
丹江口水库，湖北				ND~0.83			ND~1.74		(Li et al.,2019a)
太湖，江苏					1.60~37.1				(Yan et al.,2018b)
洪湖，湖北					8.00~309				(Wang et al.,2017b)
汉江，湖北						ND~13.1			(Tong et al.,2014)
松花江，吉林								ND~7.20	(Wang et al.,2017a)

注：ND，未检出；LOQ，定量限；药物缩写见表1-1。

（2）喹诺酮类抗生素

表 1-4 及表 1-5 中总结了在中国地表水中被检出的 16 种喹诺酮类抗生素的浓度水平。除了在河北汪洋沟所检出的氧氟沙星的最高浓度水平为 12μg/L 以外，其他绝大多数地表水体中被检出的喹诺酮类抗生素的浓度水平均低于 1μg/L。河北汪洋沟地表水受喹诺酮类抗生素的污染最为严重，其次是广东珠江以及北京温榆河。

诺氟沙星、氧氟沙星以及环丙沙星是中国地表水环境中检出率较高的三种喹诺酮类抗生素。其中，诺氟沙星和氧氟沙星不易降解，在水生环境中具有亲水性。诺氟沙星最高浓度水平出现在广东珠江，其次是河北汪洋沟。氧氟沙星最高浓度水平出现在河北汪洋沟，其次是北京温榆河。环丙沙星最高度水平出现在河北汪洋沟，其次是广东珠江及珠海内成河。在中国的大多数地表水环境中，诺氟沙星浓度水平与法国的浓度水平相当（163ng/L），略高于西班牙（90ng/L）以及巴西（51ng/L）地表水中的平均水平。氧氟沙星在中国地表水的平均水平与亚洲地表水所报道的平均水平相比，低出 3 个数量级，同时低于拉丁美洲的平均水平（340ng/L），与意大利的氧氟沙星浓度水平相当。环丙沙星在中国地表水的平均浓度水平低于南非（14331ng/L）地表水的浓度水平 1～3 个数量级，与美国及澳大利亚的平均水平相当。萘啶酸在南非的地表水中的浓度水平（23504ng/L）高于萘啶酸在中国地表水中浓度水平 2～3 个数量级。其他 12 种喹诺酮类抗生素在国外的报道相对较少。

（3）大环内酯类抗生素

截至目前，中国地表水中所报道的 11 种大环内酯类抗生素的浓度水平列于表 1-6 及表 1-7。从大多数研究所报道的大环内酯类抗生素的浓度水平来看，除了广东珠江脱水红霉素的最大浓度水平在 645ng/L 以外，其他大环内酯类抗生素单体浓度范围处于未检出到几十纳克/升的水平。对于已报道的地表水大环内酯类抗生素的研究区域，湖北汉江被检出的大环内酯类抗生素种类最多，包括脱水红霉素、罗红霉素、克拉霉素、阿奇霉素。

罗红霉素与红霉素是中国地表水环境中检出率较高的两种大环内酯类抗生素。这与欧洲和加拿大的情况不同，在欧洲与加拿大，克拉霉素是最常报道的大环内酯类抗生素，表明不同国家之间用药习惯不同。罗红霉素在中国地表水中的平均浓度水平与加拿大地表水的平均浓度水平（66ng/L）相当，低于德国与英国地表水中的浓度水平（121～1700ng/L）。红霉素在中国地表水中的浓度水平低于美国、加拿大的地表水中的浓度水平（180ng/L，0.45～145ng/L）。

对于其他的 9 种大环内酯类抗生素，阿奇霉素在中国地表水环境的浓度水平远低于克罗地亚（1600～2380ng/L）、伊朗（563ng/L）的地表水中浓度水平，与西班牙地表水中的阿奇霉素浓度水平相当（28～116ng/L）。克拉霉素在中国地表水中的浓度水平高于日本的地表水中平均浓度水平（1.0ng/L）。泰乐霉素、林可霉素在中国地表水中的浓度水平与加拿大地表水中的浓度水平（0.1～39ng/L，0.12～143ng/L）相当。

表 1-6 中国地表水中大环内酯类抗生素浓度 (1)

采样点	浓度/(ng/L)						文献
	ROX	TYL	ERY	CTM	ERY-H₂O	SPI	
汉江,湖北	0.30~9.80			0.20~15.8			(Tong et al.,2014)
黄渤海沿岸	ND~0.26			ND~0.51	0.13~6.70		(Zhang et al.,2013)
白洋淀,河北		ND~24.2	ND~107				(Zhang et al.,2018a)
太湖,江苏	ND~28.6		ND~25.1				(Yan et al.,2018b)
黄浦江,上海	0.20~0.90		0.40~3.90				(Chen et al.,2014)
九龙江,福建	ND~9.11		ND~1.13				(Hong et al.,2018)
太湖,江苏	0.03~60.2	0.11~35.2	0.07~272				(Xu et al.,2018c)
长江,江苏扬州	1.00~26.2	0.20~0.80	0.10~8.50				(Sun et al.,2018)
温榆河,北京	49.6	46.1			65.0		(Lei et al.,2019)
北运河,北京	51.4	46.5			65.0		(Lei et al.,2019)
海河,天津	63.7	53.9			53.3		(Lei et al.,2019)
永定新河,天津	49.4	56.4			55.9		(Lei et al.,2019)
丹江口水库,湖北	0.05~2.21	ND~0.17	ND~1.67			ND~0.97	(Li et al.,2019a)
灞河,陕西西安	1.93~223				16.3~300		(Jia et al.,2018)
潮白河,北京	ND~159		ND~594	ND~106			(Su et al.,2020)
松花江,吉林	ND~14.2			ND~5.90			(Wang et al.,2017a)
某河,台湾				0.40~3.30	2.10~57.4		(Lai et al.,2018)
内城河,北京			0.10~4.56	0.40~65.2			(Lu et al.,2019)
诸河,香港	ND~2.78						(Deng et al.,2018)
渤海,辽宁大连	ND~2.70		ND~1.10	ND~7.80			(Du et al.,2019)
黄海,山东	ND~77.1			ND~89.0	ND~1.70		(Du et al.,2017)

续表

采样点	浓度/(ng/L)						文献
	ROX	TYL	ERY	CTM	ERY-H$_2$O	SPI	
诸河，黄海区域	ND~2.90			ND~1.30			(Xie et al.,2019b)
太湖，江苏	ND~1.80				ND~4.66		(Zhou et al.,2016b)
长江，江苏常州	0.58~0.81	2.11~2.65					(Jiang et al.,2019)
喀斯特河水系，贵州开阳	19.1~84.0		22.1~118			ND~4.60	(Huang et al.,2019)
城内河流，浙江宁波	0.70~59.8		1.20~68.9				(Chen et al.,2019)
城外河流，浙江宁波	0.60~189		1.20~46.4				(Chen et al.,2019)
北部湾，南海	ND~12.3			ND~2.06			(Zhang et al.,2018c)
固城河，江苏南京	ND~20.9			ND~10.4	1.60~187		(Wang et al.,2018)
珠江三角洲，广东	2.71~294			ND~82.9	58.8~645		(Yang et al.,2017b)
巢湖，安徽	0.53~2.25		1.17~2.25				(Yan et al.,2018b)
秦淮河，江苏	3.13~22.1		3.03~9.73				(Yan et al.,2018b)
长江，江苏	ND~28.6		ND~25.1				(Yan et al.,2018b)
江界河，贵州	1.84~30.3		2.64~20.3				(Hu et al.,2018a)
松花江，黑龙江	0.20~11.5			ND~4.17			(Wang et al.,2019b)
渭河，陕西西安	1.57~59.5		23.3~277	ND~10.1			(Wang et al.,2019a)
洞庭湖，湖南	ND~4.87	ND	ND~0.78	ND~0.74			(Wang et al.,2019c)
南海	0.16~2.40			ND~1.50			(Zhang et al.,2018d)
青草沙水库，上海					ND~37.4		(Jiang et al.,2018)
官厅水库，河北		ND~1.49	ND~27.6				(Zhang et al.,2018b)
东江，广东		ND~1.60			ND~6.90		(Chen et al.,2018)

注：ND，未检出；药物缩写见表1-1。

表 1-7　中国地表水中大环内酯类抗生素浓度（2）

采样点	浓度/(ng/L)					文献
	AZM	JOS	LCM	LIN	ODM	
汉江,湖北	0.30～5.60					(Tong et al.,2014)
白洋淀,河北	ND～215			ND～407		(Zhang et al.,2018a)
黄渤海沿岸	ND～0.39					(Zhang et al.,2013)
太湖,江苏	0.03～35.3	0.02～2.35			0.02～4.50	(Xu et al.,2018c)
丹江口水库,湖北	ND～0.59	ND	ND～0.08			(Li et al.,2019a)
喀斯特河水系,贵州开阳		<LOQ～1.50		5.20～861		(Zou et al.,2018)
喀斯特河水系,贵州开阳		ND		111～172		(Huang et al.,2019)
固城湖,江苏	ND～10.7			ND～2.30	ND～3.00	(Wang et al.,2018)

注：ND，未检出；LOQ，定量限；药物缩写见表 1-1。

（4）四环素类抗生素

表 1-8 中共罗列了中国地表水环境中所报道的 6 种四环素类抗生素的浓度水平。这 6 种四环素类抗生素分别为四环素、土霉素、多西环素、金霉素、盐酸四环素、米诺环素。其中，四环素、土霉素、多西环素是检出率较高的三种四环素类抗生素。米诺环素仅在北京内城河、甘肃和陕西的渭河有所报道，浓度水平处于定量限至十几纳克/升之间。盐酸四环素仅在吉林伊通河有所报道，浓度水平处于未检出到 0.27ng/L 之间。湖北洪湖受四环素类抗生素污染最为严重，四环素、土霉素、多西环素这三种四环素类抗生素的最高浓度水平均在微克/升级别，远高于国内其他地区所报道的地表水浓度水平。除了湖北洪湖，其他地区所报道的地表水中四环素类抗生素的浓度范围处于未检出到几百纳克/升不等。

与国外研究所报道的四环素类抗生素的浓度水平进行比较发现，四环素在中国地表水的浓度水平高于加纳、加拿大与巴西等国家地表水平均浓度水平（30ng/L，0.05～35ng/L，11ng/L）。土霉素在中国地表水中的整体浓度水平高于加纳的地表水浓度水平（26ng/L），低于美国的地表水浓度水平（13400ng/L）。在加纳所报道的地表水中多西环素浓度水平（68ng/L）与湖北汉江的地表水浓度水平相当，但低于北京内城河所报道的多西环素浓度水平。金霉素在西班牙地表水中检出的浓度水平（59ng/L）显著低于福建九龙江所报道的浓度水平，与中国其他地区地表水平均浓度水平相当。关于盐酸四环素和米诺环素，在国内外地表水环境所展开的相关研究相对较少。

（5）β-内酰胺类抗生素

有关 β-内酰胺类抗生素在中国地表水中浓度的研究相对较少。表 1-9 汇总了中国地表水中 8 种 β-内酰胺类抗生素的浓度水平。具体 β-内酰胺类抗生素包括头孢氨苄、阿莫西林、青霉素 V、头孢唑啉、青霉素 G、氨苄西林、头孢噻肟酸、头孢噻呋。所报道的这 8 种 β-内酰胺类抗生素的浓度范围从未检出到几十纳克/升不等。关于地表水中所报道的含有 β-内酰胺类抗生素的流域，主要集中海河流域、长江流域及松花江流域，少量分散在西安灞河、广东东江等区域。

表1-8　中国地表水中四环素类抗生素浓度

采样点	浓度/(ng/L)						文献
	TC	OTC	DC	CTC	TET-H	MC	
九龙江,福建	ND~190	ND~457		ND~1037			(Hong et al.,2018)
伊通河,吉林					ND~0.27		(Yu et al.,2019)
黄浦江,上海	ND~54.3	ND~220	ND~112	ND~46.7			(Chen et al.,2014)
太湖,江苏	ND~10.1	ND~9.67	2.07~6.80				(Yan et al.,2018b)
伊通河,吉林	ND~0.27	ND~0.02					(Yu et al.,2019)
灞河,陕西西安	4.38~854	9.44~164		ND~272			(Jia et al.,2018)
洪湖,湖北	<15.0~966	<36.0~2200		<21.0~829			(Wang et al.,2017b)
诸河,香港	ND~31.5		ND~6.32				(Deng et al.,2018)
温榆河,北京	ND~16.2	ND~6.24		ND~6.12			(Liu et al.,2019)
松花江,吉林			6.10~20.6				(He et al.,2019)
某河,台湾		ND~75.0					(Lai et al.,2018)
汉江,湖北	ND~137	ND~61.8	ND~66.5	ND~122			(Tong et al.,2014)
内城河,北京	<0.50	0.20~154	ND~302			<2.00	(Lu et al.,2019)
白洋淀,河北	ND~57.6	ND~57.5	ND~74.8	ND~15.0			(Zhang et al.,2018a)
珠江,广东	ND~468	ND~521					(Li et al.,2018b)
鄱阳湖,江西	ND~10.8	ND~48.7	ND~39.7	ND~18.1			(Ding et al.,2017)
珠江三角洲,广东	ND~22.4	ND~914	ND~0.77	ND~102			(Xu et al.,2019)
辽河,吉林	ND~14.6	ND~835					(Dong et al.,2016)
巢湖,安徽	ND	ND	ND~5.37				(Yan et al.,2018b)
青草沙水库,上海	35.9~41.0	ND	32.4~267				(Jiang et al.,2018)
官厅水库,河北	ND~71.4	ND~30.5	ND~10.1	8.40~15.4			(Zhang et al.,2018b)
某河,山东青岛	<0.50	ND~1248	<0.50			<2.00	(Zheng et al.,2020)
渭河,甘肃和陕西	1.56~87.9			1.07~26.8		0.28~12.4	(Li et al.,2018c)

注：ND，未检出；药物缩写见表1-1。

表 1-9 中国地表水中 β-内酰胺类抗生素浓度

采样点	浓度/(ng/L)								文献
	CFX	AMP	PEN-G	PEN-V	CFZ	CTX	CTF	AMOX	
北运河,北京			ND~499						(Ma et al.,2017)
台南某河,台湾	5.30~172								(Lai et al.,2018)
丹江口水库,湖北	ND	ND	ND~2.35	ND~1.71					(Li et al.,2019a)
灞河,陕西西安			ND		ND~33.2	3.57~17.6			(Jia et al.,2018)
东江,广东	ND~25.7		ND~97.0	ND~116					(Chen et al.,2018)
青草沙水库,上海	ND~284		ND~290	ND~405					(Jiang et al.,2018)
黄海南部,山东			ND~11.8						(Du et al.,2017)
松花江,黑龙江					1.20~65.4	ND~5.24			(Wang et al.,2019b)
松花江,吉林								ND~12.3	(He et al.,2018)
松花江,吉林								ND~34.9	(He et al.,2019)
湘江,湖南长沙						ND~830		ND~710	(Lin et al.,2018)
内城河,北京		<0.50~30.8					<1.00		(Lu et al.,2019)
温榆河,北京	25.9							27.7	(Lei et al.,2019)
北运河,北京	27.3							27.7	(Lei et al.,2019)
海河,天津	23.1							30.5	(Lei et al.,2019)
永定新河,天津	23.7							24.2	(Lei et al.,2019)

注：ND，未检出；药物缩写见表 1-1。

通过与国外所报道的地表水中β-内酰胺类抗生素的浓度水平进行比较，发现中国地表水中的阿莫西林浓度水平高于加纳地表水中的阿莫西林浓度水平（3ng/L），低于澳大利亚与英国的地表水中的阿莫西林浓度水平（200ng/L，552ng/L），与法国所报道的地表水中的阿莫西林浓度水平（68ng/L）相当。氨苄西林在国内地表水中的浓度水平范围处于未检出到几十纳克/升不等，远低于美国（1969ng/L）、南非（184ng/L）以及加纳（5509ng/L）所报道的地表水中氨苄西林的浓度水平。总体而言，β-内酰胺类抗生素在中国地表水中的浓度水平与国外相比相对较低。尽管如此，在中国β-内酰胺类抗生素已成为磺胺类药物的替代品，这表明今后仍需更加重视β-内酰胺类抗生素药物在环境中的存在水平和生态风险。

（6）其他类抗生素

表1-10汇总了中国地表水中8种其他类抗生素的浓度水平，它们在化学类中属于不同的类别。这8种其他类抗生素为甲氧苄啶、氯霉素、甲砜霉素、吡哌酸、氟苯尼考、克霉唑、氟康唑、酮康唑。甲氧苄啶是中国地表水中检出率较高的一种抗生素，其次是氯霉素。吉林松花江、上海黄浦江、南海北部湾地表水中氟苯尼考的存在情况有所报道。在江苏秦淮河和太湖、湖南湘江、安徽巢湖、湖南湘潭长江流域对甲砜霉素进行了检测。仅在开阳的喀斯特河及广东珠江间中报道了吡哌酸的存在。除了北京北运河所报道的甲氧苄啶的最高浓度为528ng/L以外，这8种其他类抗生素在中国地表水中的浓度范围在未检出到几十个纳克/升不等。

通过比较国内外所报道的地表水中甲氧苄啶的浓度水平，发现北京北运河所报道的最高浓度水平低于非洲所报道的平均浓度水平（985ng/L），与拉丁美洲与加勒比地区的最高浓度水平（480ng/L）相当。国内其余地区所报道的甲氧苄啶的平均浓度水平与全球地表水平均浓度水平（37ng/L）相当。氯霉素在国内所报道的地表水中的平均浓度水平与韩国地表水中的平均浓度水平（54ng/L）相当，低于肯尼亚地表水中的平均浓度水平（660ng/L）。其他几类抗生素在国外的报道相对较少。

1.2.1.2　非抗生素类药物

中国地表水中共检测到非抗生素类药物51种，涵盖了15个药物使用类别。其中50种非抗生素类药物的浓度水平总结于表1-11～表1-17。除在北京内城河、广东东江所报道的碘普罗胺的浓度水平以及广东珠江三角洲地表水中水杨酸的最高浓度水平达到微克/升级别以外，其他非抗生素类药物的浓度范围在未检出到几百纳克/升水平。此外，与国内其他区域河流相比，北京北运河中检出的多数非抗生素类药物的浓度处于中高水平，这可能与北京地区人口稠密、药物消费量相对较高有关。

在中国地表水中有3种非抗生素类药物检出率较高。这3种非抗生素类药物分别是卡马西平、双氯芬酸、布洛芬。卡马西平在中国不同地区地表水中的浓度水平差异较大，在河北白洋淀、北京北运河的最高浓度水平分别达到271ng/L和200ng/L，但在武汉一些地表水体中未检出卡马西平（武汉严东湖、汉江武汉河段）的存在或者低于定量限；即使其他水体中卡马西平的检出率较高，但所报道的最高浓度水平也相对较低，处于30ng/L以下。布洛芬在不同流域地表水中的浓度水平也存在较大差异。布洛芬在台湾台南某河的

表1-10 中国地表水中其他类抗生素浓度

采样点	浓度/(ng/L)								文献
	TMP	CAP	TAP	KCZ	FF	PIA	CLO	FCZ	
秦淮河,江苏	2.00~10.2	0.33~0.47	7.07~10.3	ND~0.20					(Yan et al.,2018b)
巢湖,安徽	1.33~3.13	ND~3.67	1.03~3.80	1.35~10.0					(Yan et al.,2018b)
大湖,江苏	1.97~4.30	ND	0.57~4.60	ND~1.90					(Yan et al.,2018b)
湘江,湖南	ND~0.65	ND~0.53							(Wang et al.,2019c)
松花江,吉林					ND~36.8				(He et al.,2019)
黄浦江,上海	<LOQ~393								(Sun et al.,2018)
北部湾,南海		ND~9.60			ND~578				(Zhang et al.,2018c)
珠江三角洲,广东				ND~25.8			1.12~36.1		(Yang et al.,2017b)
东江,广东				0.47~52.1			1.36~2.83	0.47~17.6	(Yang et al.,2018)
北运河,北京	ND~528	ND~323							(Yang et al.,2017a)
新秦淮河,江苏				ND					(Liu et al.,2015)
官厅水库,河北	ND~15.3								(Zhang et al.,2018b)
洞庭湖,湖南	ND	ND							(Ma et al.,2016)
台南某河,台湾	ND~9.40		<0.10						(Lai et al.,2018)
内城河,北京	ND~17.4	ND~7.80							(Lu et al.,2019)
温榆河,北京	ND~73.0								(Liu et al.,2019)
汉江,湖北	ND~19.0								(Tong et al.,2014)

续表

采样点	浓度/(ng/L)								文献
	TMP	CAP	TAP	KCZ	FF	PIA	CLO	FCZ	
伊通河，吉林	ND~0.39								(Yu et al.,2019)
灞河，陕西西安	0.79~106	ND~32.6							(Jia et al.,2018)
某排水河，山东青岛	<0.10~33.2	<0.10	<0.10~2.24						(Zheng et al.,2020)
喀斯特河水系，贵州开阳		<LOQ~7.30							(Zou et al.,2018)
喀斯特河水系，贵州开阳		5.70~33.8				ND~7.40			(Huang et al.,2019)
南湖，湖北	ND~2.00							13.1~20.6	(Asghar et al.,2018)
野芷湖，湖北	1.90~2.00							ND~1.00	(Asghar et al.,2018)
汤逊湖，湖北	1.90~2.00							ND~1.00	(Asghar et al.,2018)
东湖，湖北	ND~15.7							2.00~6.70	(Asghar et al.,2018)
严西湖，湖北	0.60~3.50							2.90~8.80	(Asghar et al.,2018)
严东湖，湖北	ND							ND~1.00	(Asghar et al.,2018)
汉江，湖北	9.80							1.00	(Asghar et al.,2018)
长江，湖北	2.50~9.80							ND~1.50	(Asghar et al.,2018)
珠江，广东	12.8~120					ND~19.5			(Zhang et al.,2014)
诸河，广东								2.81~13.6	(Zhang et al.,2015)
北江，广东	2.00~12.0								(Yang et al.,2013)

注：ND，未检出；LOQ，定量限；药物缩写见表1-1。

表 1-11 中国地表水中 β 受体-阻滞剂、镇静类药及精神病用药、解热镇痛药、精神障碍调节剂、X 射线造影剂以及抗痉挛药浓度

采样点	浓度/(ng/L)						文献
	PRO	AMI	SP	MEB	IOP	OLA	
巢湖,安徽	0.20～2.07	1.60～3.50					(Yan et al.,2018b)
秦淮河,江苏	1.03～1.83	ND					(Yan et al.,2018b)
长江,江苏	ND	ND					(Yan et al.,2018b)
太湖,江苏	ND～10.8	ND～3.90					(Yan et al.,2018b)
内城河,北京					<LOQ～1956		(Lu et al.,2019)
洞庭湖,湖南			0.50～0.61				(Wang et al.,2019c)
长江,江苏			1.48～2.64				(Jiang et al.,2019)
钦州湾,广西	ND～0.14			ND			(Cui et al.,2019)
珠江三角洲,广东					9.19～1860		(Yang et al.,2017b)
东江,广东	ND～22.5				ND～61.7		(Yang et al.,2018)
洞庭湖,湖南	ND～22.5						(Ma et al.,2016)
北运河,北京	ND～4.50						(Ma et al.,2017)
南湖,湖北						ND	(Asghar et al.,2018)
野芷湖,湖北						ND	(Asghar et al.,2018)
汤逊湖,湖北						ND	(Asghar et al.,2018)
东湖,湖北						ND	(Asghar et al.,2018)
严西湖,湖北						ND～<LOQ	(Asghar et al.,2018)
严东湖,湖北						ND	(Asghar et al.,2018)
汉江,湖北						ND	(Asghar et al.,2018)
长江,湖北						ND	(Asghar et al.,2018)

注：ND，未检出；LOQ，定量限；药物缩写见表 1-1。

表 1-12　中国地表水中抗惊厥药与抗抑郁药浓度

采样点	浓度/(ng/L)									文献
	COT	GAB	CBZ	FXT	AML	CTT	PXT	VEN	SER	
长江,湖北	1.30~2.10	ND	ND~<LOQ							(Asghar et al.,2018)
严东湖,湖北	1.00~1.20	ND	ND							(Asghar et al.,2018)
严西湖,湖北	1.20~1.70	ND	0.90~1.20							(Asghar et al.,2018)
东湖,湖北	1.10~6.10	ND~8.00	LOQ~7.00							(Asghar et al.,2018)
南湖,湖北	1.30~1.80	ND	4.00~5.00							(Asghar et al.,2018)
野芷湖,湖北	1.10	ND	<LOQ							(Asghar et al.,2018)
汤逊湖,湖北	1.30	ND	1.00							(Asghar et al.,2018)
汉江,湖北	1.00	ND	ND	ND						(Asghar et al.,2018)
洞庭湖,湖南			0.80~6.40	ND~40.2				ND~8.20		(Ma et al.,2016)
台南某河,台湾			2.50~6.00							(Lai et al.,2018)
北运河,北京			10.1~200	ND						(Ma et al.,2017)
黄浦江,上海				2.30~42.9	ND~4.80	ND~5.10	ND~2.10	ND~4.10		(Wu et al.,2017a)
黄浦江,上海				<LOQ	0.12~0.64	<LOQ	ND	<LOQ~3.03	<LOQ	(Ma et al.,2018a)
太湖,江苏			0.27~5.30						0.97~53.2	(Yan et al.,2018b)
长江,江苏			0.43						0.40	(Yan et al.,2018b)
秦淮河,江苏			0.27~1.30						0.37~5.47	(Yan et al.,2018b)
巢湖,安徽			0.43~0.75						0.10~2.40	(Yan et al.,2018b)
钦州湾,广西			ND~0.59							(Cui et al.,2019)
洞庭湖,湖南			ND~0.16							(Wang et al.,2019c)
太湖,江苏			6.30~28.5							(Hu et al.,2017)
流溪河,广东			<LOQ~1.44							(Yang et al.,2017b)
珠江三角洲,广东			<LOQ~9.15							(Yang et al.,2017b)
内城河,北京			<LOQ~17.7							(Lu et al.,2019)
内城河,上海			1.00~30.0							(Zhou et al.,2016a)
官厅水库,河北			ND~5.90							(Zhang et al.,2018b)
白洋淀,河北			15.6~271							(Zhang et al.,2018a)

注：ND，未检出；LOQ，定量限；药物缩写见表 1-1。

表1-13 中国地表水中抗肿瘤药、抗组胺药、血糖调节剂以及镇痛剂浓度

采样点	浓度/(ng/L)							文献
	NFLX	DIP	MFM	TAM	DES	PRE	CHL	
巢湖，安徽	7.30~12.4	0.70~7.73						(Yan et al.,2018b)
秦淮河，江苏	4.60~64.5	1.60~12.7						(Yan et al.,2018b)
长江，江苏	2.00	1.47						(Yan et al.,2018b)
大湖，江苏	3.43~33.7	0.37~9.87						(Yan et al.,2018b)
南湖，湖北武汉			37.5~97.5					(Asghar et al.,2018)
野芷湖，湖北武汉			121					(Asghar et al.,2018)
汤逊湖，湖北武汉			48.5					(Asghar et al.,2018)
东湖，湖北武汉			0.70~9.70					(Asghar et al.,2018)
严西湖，湖北武汉			10.1~45.3					(Asghar et al.,2018)
严东湖，湖北武汉			0.20~3.20					(Asghar et al.,2018)
汉江，湖北武汉			5.60					(Asghar et al.,2018)
长江，湖北武汉			5.40~16.9					(Asghar et al.,2018)
钦州湾，广西				ND~0.06				(Cui et al.,2019)
内城河，北京					<LOQ~5.00			(Lu et al.,2019)
珠江，广东						0.20~2.30		(Gong et al.,2019)
流溪河，广东			ND			<LOQ		(Gong et al.,2019)
内城河，北京			ND					(Kong et al.,2016)
内城河，天津			ND~45.0					(Kong et al.,2016)

注：ND，未检出；LOQ，定量限；药物缩写见表1-1。

表 1-14　中国地表水中皮质激素类药与消炎药浓度

采样点	浓度/(ng/L)								文献
	BET	DEX	CTR	CTS	TML	PNS	BEC	ANP	
内城河,北京	1.90~4.00								(Lu et al.,2019)
珠江河,广东	<LOQ~0.22	<LOQ	0.14~4.60	0.30~32.9	0.62~0.80	0.36~1.80	1.20~3.20		(Gong et al.,2019)
东江,广东		<LOQ	<LOQ~6.40	<LOQ		0.39~0.57			(Gong et al.,2019)
北江,广东		0.30~0.38	<LOQ~1.50	0.25		0.38~0.60			(Gong et al.,2019)
狮子洋水道,广东		<LOQ			<LOQ	0.57~1.10			(Gong et al.,2019)
湘江,湖南								ND~1.20	(Lin et al.,2018)

注：ND，未检出；LOQ，定量限；药物缩写见表 1-1。

表 1-15　中国地表水中消炎药浓度（1）

采样点	浓度/(ng/L)							文献
	DIC	KET	IND	MEFA	IBU	NAP	ACE	
洞庭湖,湖南	2.10~231			0.60~11.4	ND~19.8	ND~3.90		(Ma et al.,2016)
洞庭湖,湖南	ND~11.1	ND~11.3	ND~2.46	ND~7.55			ND~3.88	(Wang et al.,2019c)
钦州湾,广西	ND~7.17	ND~0.69	ND~4.71			ND~0.95		(Cui et al.,2019)
台南某河,台湾		ND~24.7			ND~788		ND~91.0	(Lai et al.,2018)
长江,江苏	2.13~3.55	18.2~152			6.82~10.4		0.57~11.7	(Jiang et al.,2019)
北运河,北京	1.80~122	ND~65.0						(Ma et al.,2017)
内城河,北京	<LOQ~68.0	<LOQ~42.4		2.00~7.30	<LOQ~116			(Lu et al.,2019)
湘江,湖南	1.60~2.90		0.10~1.33	0.72~2.30	12.0~69.0	<LOQ~24.1		(Lin et al.,2018)
太湖,江苏			0.27		3.10~21.4	ND		(Yan et al.,2018b)
长江,江苏					2.77	ND		(Yan et al.,2018b)
秦淮河,江苏			0.30~0.93		8.30~36.0	ND		(Yan et al.,2018b)
巢湖,安徽			0.30~0.33		2.10~2.90	ND~2.03		(Yan et al.,2018b)
流溪河,广东	<LOQ~3.11				9.31~47.6			(Yang et al.,2017b)
珠江三角洲,广东	<LOQ~31.3				22.4~128			(Yang et al.,2017b)

续表

采样点	浓度/(ng/L)							文献
	DIC	KET	IND	MEFA	IBU	NAP	ACE	
内城河,上海	<LOQ~64.0				ND~195			(Zhou et al.,2016a)
松花江,吉林	ND~20.2				ND~14.3	ND~0.60	ND~13.7	(He et al.,2018)
松花江,吉林	2.00~14.5				ND~34.1	1.70~4.30	2.00~76.6	(He et al.,2019)
白洋淀,河北							ND~72.0	(Zhang et al.,2018a)
官厅水库,河北							28.6~507	(Zhang et al.,2018b)
北运河,北京	7.80~170		6.80~77.9	ND~9.90				(Dai et al.,2015)
九龙江,福建	2.80~58.4	1.80~54.4	<MDL~7.90	0.40~28.1	0.50~242	<MDL~10.8		(Lv et al.,2014)

注:ND,未检出;LOQ,定量限;MDL,方法检出限;药物缩写见表 1-1。

表 1-16　中国地表水中消炎药浓度 (2)

采样点	浓度/(ng/L)							文献
	CTL	DEF	FUS	FML	MTZ	SALA	FBP	
珠江,广东	<LOQ~16.0	<LOQ~1.30	0.51~7.50	0.34~2.30				(Gong et al.,2019)
东江,广东	<LOQ~0.32	<LOQ~0.26	0.21	<LOQ				(Gong et al.,2019)
北江,广东	<LOQ~1.40	0.20~0.36	<LOQ~0.42	<LOQ~0.36				(Gong et al.,2019)
长江,湖北武汉					<LOQ~1.10			(Asghar et al.,2018)
严东湖,湖北武汉					ND			(Asghar et al.,2018)
严西湖,湖北武汉					ND~0.80			(Asghar et al.,2018)
东湖,湖北武汉					ND~1.00			(Asghar et al.,2018)
南湖,湖北武汉					1.70~5.10			(Asghar et al.,2018)
野芷湖,湖北武汉					1.30			(Asghar et al.,2018)
汤逊湖,湖北武汉					ND			(Asghar et al.,2018)
汉江,湖北武汉					ND			(Asghar et al.,2018)
珠江三角洲,广东						12.6~6600		(Yang et al.,2017b)
洞庭湖,湖南							ND	(Ma et al.,2016)

注:ND,未检出;LOQ,定量限;药物缩写见表 1-1。

表1-17 中国地表水中血压调节剂及血脂调节剂浓度

采样点	浓度/（ng/L）						文献
	MET	BZF	GEM	IRB	ATO	CLOA	
洞庭湖,湖南	ND~1.60	ND	ND				(Ma et al.,2016)
北运河,北京	55.3~495	1.40~42.9	ND~8.10				(Ma et al.,2017)
洞庭湖,湖南	ND	ND~0.05	ND~30.5				(Wang et al.,2019c)
台南某河,台湾	ND~4.80	ND~61.2					(Lai et al.,2018)
内浜河,北京	<LOQ~47.6	<LOQ~26.9	<LOQ~9.80		<LOQ~18.6		(Lu et al.,2019)
钦州湾,广西		ND~1.41	ND~0.03			ND~0.28	(Cui et al.,2019)
南湖,湖北武汉	4.80~10.8			8.00~18.0			(Asghar et al.,2018)
野芷湖,湖北武汉	2.50			16.7			(Asghar et al.,2018)
汤逊湖,湖北武汉	0.50			<LOQ			(Asghar et al.,2018)
东湖,湖北武汉	ND~10.7			ND~16.7			(Asghar et al.,2018)
严西湖,湖北武汉	ND~0.50			<LOQ			(Asghar et al.,2018)
严东湖,湖北武汉	ND			<LOQ~4.60			(Asghar et al.,2018)
汉江,湖北武汉	<LOQ			ND			(Asghar et al.,2018)
长江,湖北武汉	<LOQ~1.00			<LOQ~ND			(Asghar et al.,2018)
长江,江苏常州	3.73~4.42						(Jiang et al.,2019)
珠江三角洲,广东						<LOQ~4.62	(Yang et al.,2017b)
太湖,江苏			ND~2.20				(Yan et al.,2018b)
长江,长江下游			ND				(Yan et al.,2018b)
秦淮河,江苏南京			ND~0.23				(Yan et al.,2018b)
巢湖,安徽			0.27~1.15				(Yan et al.,2018b)

注：ND，未检出；LOQ，定量限；药物缩写见表1-1。

地表水中最高浓度为 788ng/L，但在北京、上海的最高浓度小于 200ng/L，其他地区的最高浓度水平也只有几十纳克/升，这表明同一种药物在中国不同地区的用药习惯存在显著差异，人口相对密集的地区药物检出浓度水平相对较高。

通过与国外所报道的非抗生素类药物的浓度水平进行对比，发现卡马西平在中国地表水中的平均浓度水平与亚太地区的平均浓度水平（26ng/L）相当，低于全球地表水中平均浓度水平（187ng/L）。双氯芬酸在中国地表水中的平均浓度水平与全球平均浓度水平（32ng/L）相当，低于拉丁美洲及加勒比地区（239ng/L）、非洲（273ng/L）、东欧地区（111ng/L）地表水的平均浓度水平。布洛芬在中国地表水的平均浓度水平与全球平均浓度水平相当（108ng/L），但远高于德国与瑞士的地表水浓度水平。德国与瑞士地表水中的布洛芬不仅检出率低，即使检测出的最高浓度水平也低于定量限。这可能与德国与瑞士的布洛芬用药量相对较少有关。萘普生在中国绝大多数地区地表水中所报道的最高浓度水平低于 10ng/L，与非洲的平均浓度水平（12ng/L）相当，低于全球平均浓度水平（50ng/L），表明中国地表水中的萘普生浓度水平相对较低。氯贝酸在中国地表水中的平均浓度水平与亚太地区的平均浓度水平相当，低于全球平均浓度水平（22ng/L），高于拉丁美洲及加勒比地区的平均浓度水平（0.70ng/L）。对乙酰氨基酚在中国地表水中的平均浓度水平与全球地表水平均浓度水平（161ng/L）相当，高于亚太地区（23ng/L）、东欧地区（28ng/L）地表水中的平均浓度水平，低于非洲地区（5667ng/L）、拉丁美洲及加勒比地区（740ng/L）的地表水平均浓度水平。吲哚美辛在中国地表水中的平均浓度水平低于巴基斯坦地表水中的平均浓度水平（12~26ng/L）。其余非抗生素类药物在国外地表水中的报道相对较少。

1.2.1.3　个人护理品

有关个人护理品（personal care products，PCPs）在地表水中污染水平的研究主要针对这 9 类物质：紫外线吸收剂、防腐剂、甜味剂、保湿剂、消毒剂、杀虫剂、抗氧化剂、雌激素类以及其他类。40 种 PCPs 在中国地表水中的浓度水平列于表 1-18~表 1-22。6 种 PCPs 在地表水环境中检出率较高：三氯生、三氯卡班、二苯甲酮-1、二苯甲酮-3、二苯甲酮-4 以及尼泊金丁酯。珠江三角洲地表水受 PCPs 污染最为严重，最高浓度范围在几到十几微克/升之间。三氯生与三氯卡班在台湾淡水河的浓度水平显著高于中国其他地区的地表水浓度水平，其中三氯卡班的浓度达到微克/升的级别。三氯卡班在中国不同地区的地表水中的浓度水平差异显著。尼泊金丙酯在湖南湘江的浓度水平（ND~1040ng/L）远高于巴基斯坦地表水中的浓度水平（110~206ng/L）。奥克立林在中国地表水中的浓度水平与巴基斯坦地表水中的浓度水平（6.80~12.0ng/L）相当。中国地表水中避蚊胺的浓度水平高于美国明尼苏达州的地表水浓度（7.20~110ng/L）。

1.2.2　沉积物中的 PPCPs

许多 PPCPs 可以在沉积物中富集，同时向上覆水释放，这是一个动态平衡的过程。因此，沉积物在水体中既可以是 PPCPs 的汇，同时又可以是 PPCPs 的源。近年来，针对中国不同区域水体沉积物中 PPCPs 的研究逐渐增多，但目前来看仍然少于针对地表水的研究情况。与地表水类似，沉积物中 PPCPs 的相关研究主要集中在海河流域和珠江流域。

表 1-18 中国地表水中紫外线吸收剂浓度

采样点	浓度/(ng/L)									文献
	BP-1	BP-2	BP-3	BP-4	BP	2,3,4-OH-BP	4-OH-BP	EHMC	OC	
苏州河，上海	6.76~9.77	ND	121~147	47.3~63.2	255~346	ND	4.31~6.63			(Wu et al.,2018)
蕴藻浜，上海	5.37~8.11	ND~1.69	150~194	53.9~54.7	371~713	ND	7.61~9.52			(Wu et al.,2018)
黄浦江，上海	ND~24.6	ND~7.66	68.5~5013	16.9~88.3	200~559	ND	ND~7.80			(Wu et al.,2018)
黄浦江，上海	ND~12.6	ND~34.7	ND~30.0	ND~131	ND		ND~4.70			(Wu et al.,2017b)
南海	0.58~27.3		2.21~36.7	2.91~27.8				3.84~55.7	2.15~71.9	(Tsui et al.,2019)
巢湖，安徽	ND~3.30		1.08~5.07	ND				8.13~10.9	1.60~2.57	(Yan et al.,2018b)
秦淮河，江苏	1.59~1.94		1.33~1.76	ND~2.58				6.01~8.35	1.89~2.01	(Yan et al.,2018b)
南水北调东线，江苏	1.07		1.60	ND				6.33	1.97	(Yan et al.,2018b)
太湖，江苏	ND~28.9		ND~1.57	ND				5.33~14.4	ND~2.39	(Yan et al.,2018b)
长江，江苏	0.15~44.7		ND~45.1							(Ma et al.,2018b)
湘江，湖南	ND~9.00	ND			ND					(Lu et al.,2018)

注：ND，未检出；药物缩写见表 1-1。

表 1-19 中国地表水中紫外线吸收剂、消毒剂及甜味剂浓度

采样点	浓度/(ng/L)							文献
	OPP	TCC	TCS	4-MBC	HSM	ACF	CYC	
温榆河，北京	97.0	137	93.2					(Lei et al.,2018)
永定新河，天津	78.2	134	67.6					(Lei et al.,2018)
珠江三角洲，广东		3.41~239	10.9~241			238~14000	<LOQ~29400	(Yang et al.,2017b)
南海				1.44~98.7	3.60~41.8			(Tsui et al.,2019)
湘江，湖南		ND~13.3	ND~20.0					(Lu et al.,2018)
内城河，北京		0.10~1.30	0.30~6.40					(Lu et al.,2019)
松花江，吉林			ND~2.10					(He et al.,2019)
松花江，吉林			ND~1.50					(He et al.,2018)
钦州湾，广西			ND~3.39					(Cui et al.,2019)
淡水河，台湾			2870~14700					(Shen et al.,2012)
长江，江苏			ND~65.6					(Ma et al.,2018b)
东江，广东						80.0~5300	27.9~124	(Yang et al.,2018)

注：ND，未检出；LOQ，定量限；药物缩写见表 1-1。

表 1-20　中国地表水中甜味剂、杀虫剂、抗氧化剂、雌激素类以及保湿剂浓度

采样点	浓度/(ng/L)										文献
	E1	E2	E3	EE2	SAC	SUR	DEET	BPA	SAL	SQU	
内城河,北京	<LOQ~6.80			<LOQ~46.8			2.00~245	2.60~46.0			(Lu et al.,2019)
松花江,吉林	ND~63.7	4.40~88.1	2.30~48.7								(He et al.,2019)
珠江三角洲,广东					17.6~11200	143~4510					(Yang et al.,2017b)
海河诸河,北京和天津										ND~142	(Kong et al.,2016)
洞庭湖,湖南							2.70~16.6				(Ma et al.,2016)
长江,江苏常州							9.90~575				(Peng et al.,2018)
珠江,广州								9.48~173			(Yang et al.,2018)
巢湖,安徽	ND~0.65										(Yan et al.,2018b)
秦淮河,江苏	0.37~2.27										(Yan et al.,2018b)
长江下游,江苏	ND										(Yan et al.,2018b)
太湖,江苏	ND~1.23										(Yan et al.,2018b)
汉江,湖北武汉									1.70		(Asghar et al.,2018)
长江,湖北武汉									0.90~1.90		(Asghar et al.,2018)
严东湖,湖北武汉									4.00~4.30		(Asghar et al.,2018)
严西湖,湖北武汉									2.10~2.40		(Asghar et al.,2018)
东湖,湖北武汉									2.80~35.1		(Asghar et al.,2018)
南湖,湖北武汉									ND~2.70		(Asghar et al.,2018)
野芷湖,武汉									2.40		(Asghar et al.,2018)
汤逊湖,武汉									3.20		(Asghar et al.,2018)

注：ND,未检出；LOQ,定量限；药物缩写见表 1-1。

表 1-21　中国地表水中防腐剂浓度

采样点	浓度/(ng/L)								文献
	MPB	ETP	PRP	BuP	PHBA	MBTZ	HeP	Xtri	
温榆河,北京	71.6	58.3	70.4	63.3	53.6				(Lei et al.,2018)
北运河,北京	64.4	52.8	59.9	59.3	55.7				(Lei et al.,2018)
海河,天津	65.7	53.9	62.2	59.7	53.1				(Lei et al.,2018)
永定新河,天津	70.1	52.2	60.9	56.5	87.4				(Lei et al.,2018)
珠江三角洲,广东			3.24~121	1.37~89.3		11.6~1250		<LOQ~23.2	(Yang et al.,2017b)
东江,广东				0.30~0.57		1.65~284			(Yang et al.,2018)
湘江,湖南	ND~3174	ND~87.0	ND~1040	ND~9.50			ND	ND~15.6	(Lu et al.,2018)
松花江,吉林	ND~7.60								(He et al.,2019)
松花江,吉林	ND~10.3								(He et al.,2018)
长江,江苏		ND~5.66							(Ma et al.,2018b)
珠江,广州河段			0.66~1.96	0.12~0.50					(Zhao et al.,2019)

注：ND，未检出；LOQ，定量限；药物缩写见表1-1。

表 1-22　中国地表水中防腐剂及其他类护理品浓度

采样点	浓度/(ng/L)						文献
	BT	D4	D5	D6	CBT	BzP	
珠江三角洲,广东	<LOQ~1540						(Yang et al.,2017b)
大庆油田,黑龙江		<LOQ~39.7	<LOQ~62.7	<LOQ~150			(Zhi et al.,2018)
滇池,云南		14.5~20.5	22.7~28.3	16.1~19.9			(Guo et al.,2019)
湘江,湖南					ND	ND	(Lu et al.,2018)
东江,广东					2.80~14.7		(Yang et al.,2018)

注：ND，未检出；LOQ，定量限；药物缩写见表1-1。

1.2.2.1 抗生素

(1) 磺胺类抗生素

中国水体沉积物中共检出 10 种磺胺类抗生素，其浓度水平汇总于表 1-23 和表 1-24。水体沉积物中磺胺类抗生素的研究区域分布在辽河流域以及长江流域。中国水体沉积物中的磺胺类抗生素的浓度处于未检出到几十纳克/克水平，个别磺胺类抗生素的浓度达到几百纳克/克，如西安灞河的磺胺二甲嘧啶的最高浓度为 690ng/g。磺胺二甲嘧啶与磺胺甲噁唑是沉积物中报道较多的两类磺胺类抗生素。其他 8 种磺胺类抗生素，在中国水体沉积物中的报道相对较少。

(2) 喹诺酮类抗生素

喹诺酮类抗生素是重要的合成类抗生素，是广泛应用于人药和兽药的重要品种。中国水体沉积物中共检出 5 种喹诺酮类抗生素，其浓度水平汇总于表 1-25。主要检出的喹诺酮类抗生素单体为诺氟沙星、氧氟沙星、环丙沙星、恩诺沙星与依诺沙星。中国水体沉积物中的喹诺酮类抗生素的浓度处于未检出到几十纳克/克水平。恩诺沙星与诺氟沙星在中国水体沉积物中的浓度水平高于依诺沙星、氧氟沙星与环丙沙星。已有文献对世界范围内其他地区水体沉积物中喹诺酮的污染情况报道较少。

(3) 大环内酯类抗生素

如表 1-26 所示，中国水体沉积物中共汇总了 6 种大环内酯类抗生素的浓度水平。这 6 种大环内酯类抗生素分别为阿奇霉素、克拉霉素、红霉素、罗红霉素、泰乐菌素以及林可霉素。现有研究区域主要分布在南海北部湾及江苏太湖等。这 6 种大环内酯类抗生素在水体沉积物中的浓度处于未检出到几十纳克/克水平。个别水体沉积物的最高浓度达到几百纳克/克，如太湖的阿奇霉素最高浓度为 159ng/g。

(4) 四环素类抗生素

目前，已检出沉积物中四环素类抗生素存在的流域集中在长江流域（表 1-27）。中国水体沉积物中共检出 4 种四环素类抗生素。辽河受土霉素污染较为严重，浓度范围在 4.88~2711ng/g；类似地，西安灞河受土霉素的污染较为严重，其浓度范围在 13.5~2080ng/g。

(5) β-内酰胺类抗生素

中国水体沉积物中共检出 3 种 β-内酰胺类抗生素（表 1-28），主要在西安灞河沉积物中检出头孢唑啉、头孢噻肟以及青霉素 G。其中，头孢唑啉的浓度水平处于 ND~104ng/g 之间，头孢噻肟以及青霉素 G 均未检出。

(6) 其他类抗生素

中国水体沉积物中共检出 4 种其他类抗生素，主要是氯霉素、甲氧苄啶、氟苯尼考以

表 1-23 中国沉积物中磺胺类抗生素浓度（1）

采样点	浓度/(ng/g)					文献
	SMZ	SMX	SD	SPD	SME	
北部湾，南海	ND~0.27	ND~25.0	ND	ND		(Zhang et al.,2018c)
辽河，东北		1.95~14.0				(Xu et al.,2018b)
汉江，湖北	ND~0.52	ND~0.76	ND~1.50		ND~10.0	(Hu et al.,2018b)
三峡水库，湖北	2.13~4.72	6.16~57.0	1.16~41.5		0.80~121	(Yan et al.,2018a)
杭州湾，浙江	0.56~2.03	ND	ND			(Yuan et al.,2019)
淀山湖，上海	ND~12.6	ND~6.94		ND		(Cao et al.,2020)
某河，山东		BDL~0.22		<LOQ		(Hanna et al.,2018)
灞河，陕西西安	7.80~690					(Jia et al.,2018)
太湖，江苏		ND~47.4				(张盼伟等,2016)
新秦淮河，江苏南京		0.10				(Yang et al.,2020)

注：ND，未检出；LOQ，定量限；BDL，低于检出限；药物缩写见表 1-1。

表 1-24 中国沉积物中磺胺类抗生素浓度（2）

采样点	浓度/(ng/g)					文献
	SAAM	SQX	SMR	SDM	SMTZ	
北部湾，南海	ND			ND		(Zhang et al.,2018c)
太湖，江苏		ND~<LOQ				(Zhou et al.,2016b)
诸河，湖北仙桃			ND~1.60			(Tong et al.,2017)
淀山湖，上海				ND~0.06	ND	(Cao et al.,2020)

注：ND，未检出；LOQ，定量限；药物缩写见表 1-1。

表 1-25 中国沉积物中喹诺酮类抗生素浓度

采样点	浓度/(ng/g)					文献
	CIP	ENO	ENR	NOR	OFL	
汉江，湖北	ND~2.50		ND~2.40	ND~7.10	ND~3.80	(Hu et al.,2018b)
瀍河，陕西西安	2.40~62.5			6.04~680		(Jia et al.,2018)
北部湾，南海	ND~4.28	ND~4.48	<LOQ~25.4	ND~52.5	ND~1.63	(Zhang et al.,2018c)
某河，山东	0.68~113		0.40~113	0.04~3.12		(Hanna et al.,2018)
三峡水库，湖北			14.2~86.8	ND~16.7	3.92~72.1	(Yan et al.,2018a)
杭州湾，浙江			0.23~2.05	5.20~13.6		(Yuan et al.,2019)

注：ND，未检出；LOQ，定量限；药物缩写见表 1-1。

表 1-26 中国沉积物中大环内酯类抗生素浓度

采样点	浓度/(ng/g)						文献
	AZM	CTM	ERY	ROX	TYL	LIN	
太湖，江苏	ND~159				ND~58.4	5.22~47.7	(张盼伟等,2016)
北部湾，南海	ND~1.34	ND~0.17	ND~0.55	ND~0.43			(Zhang et al.,2018c)
瀍河，陕西西安				0.66~86.0			(Jia et al.,2018)

注：ND，未检出；药物缩写见表 1-1。

表 1-27　中国沉积物中四环素类抗生素浓度

采样点	浓度/(ng/g)				文献
	CTC	DC	OTC	TC	
灞河,陕西西安	ND~4.64		13.5~2080	6.60~635	(Jia et al.,2018)
辽河,东北	<LOQ~15.9		4.88~2711	<LOQ~43.5	(Xu et al.,2018b)
汉江,湖北	ND~11.0	ND~14.0	ND~4.50	ND~3.00	(Hu et al.,2018b)
三峡水库,湖北	3.60~32.3	ND~6.04	1.63~10.8	8.83~118	(Yan et al.,2018a)
某河,山东		1.44~57.3			(Hanna et al.,2018)
杭州湾,浙江			0.75~4.36	0.84~5.61	(Yuan et al.,2019)

注：ND，未检出；LOQ，定量限；药物缩写见表 1-1。

表 1-28　中国沉积物中 β-内酰胺类抗生素浓度

采样点	浓度/(ng/g)			文献
	CFZ	CTX	PEN-G	
灞河,陕西西安	ND~104	ND	ND	(Jia et al.,2018)

注：ND，未检出；药物缩写见表 1-1。

及酮康唑。如表 1-29 所示，氟苯尼考仅在浙江杭州湾有检出，浓度范围是 0.48~48.0ng/g；在山东城郊的某河以及南海北部湾均未检出。酮康唑仅在南京的新秦淮河有检出，浓度为 0.30ng/g。辽河水体沉积物的甲氧苄啶浓度水平显著高于其他地区所报道的水体沉积物的甲氧苄啶浓度水平。

表 1-29　中国沉积物中其他类抗生素浓度

采样点	浓度/(ng/g)				文献
	CAP	FF	TMP	KCZ	
某河,山东	0.62~16.10	ND			(Hanna et al.,2018)
北部湾,南海	ND~<LOQ	ND	0.07~2.82		(Zhang et al.,2018c)
太湖,江苏			1.12~103		(张盼伟 等,2016)
汉江,湖北			ND~6.90		(Hu et al.,2018b)
三峡水库,湖北			4.00~20.9		(Yan et al.,2018a)
灞河,陕西西安	2.05~9.42		0.79~31.4		(Jia et al.,2018)
杭州湾,浙江		0.48~48.0			(Yuan et al.,2019)
辽河,东北			2.01~394		(Xu et al.,2018b)
新秦淮河,江苏南京				0.30	(Yang et al.,2020)

注：ND，未检出；LOQ，定量限；药物缩写见表 1-1。

1.2.2.2　非抗生素类

中国水体沉积物中共检出的 8 种非抗生素的浓度水平汇总于表 1-30。研究区域主要集中在太湖、上海的淀山湖以及南京的新秦淮河等长江下游流域。在南京的新秦淮河的水体沉积物中检测到氯氮平的浓度为 0.02ng/g，布洛芬的浓度为 0.10ng/g，但未检出双氯酚酸的存在。巴西托多斯桑托斯湾的沉积物中布洛芬的浓度在 14.3ng/g，与上海淀山湖的最高检出浓度水平相当。卡马西平在太湖水体沉积物中的平均浓度高于巴西托多斯桑托斯湾的平均浓度水平（4.81ng/g）。双氯芬酸在上海淀山湖的水体沉积物中平均浓度水平远高于巴西托多斯桑托斯湾（1.06ng/g）以及巴基斯坦水体中的沉积物最高检出浓度（18ng/g）。卡马西平在太湖水体沉积物中的浓度水平高于巴基斯坦水体中的沉积物最高检出浓度（5.90ng/g）。

表 1-30　中国水体沉积物中非抗生素类药物浓度

采样点	浓度/(ng/g)								文献
	DTZ	CBZ	CLOA	DIC	IBU	KET	NAP	CLZ	
太湖,江苏	ND～55.3	1.00～31.9							(张盼伟 等,2016)
淀山湖,上海			0.10～1.04	ND～109	ND～17.4	2.67～24.3	ND～22.7		(Cao et al.,2020)
新秦淮河,江苏南京		0.60		ND	0.10			0.02	(Yang et al.,2020)

注：ND，未检出；药物缩写见表 1-1。

1.2.2.3　个人护理品

在广东的珠江三角洲、上海的淀山湖以及南京的新秦淮河的水体沉积物中检测到了 3 种 PCPs，分别是消毒剂三氯生、三氯卡班以及二苯甲酮-3。如表 1-31 所示，所检测到的这三种 PCPs 浓度均低于 20ng/g。二苯甲酮-3 在南京新秦淮河的浓度远低于巴基斯坦水体中的沉积物检出浓度（18.0～56.0ng/g）。

表 1-31　中国水体沉积物中个人护理品浓度

采样点	浓度/(ng/g)			文献
	TCC	TCS	BP-3	
珠江三角洲,广东	ND～7.40	ND～0.10		(Xie et al.,2019a)
淀山湖,上海	0.06～9.09	ND～20.1		(Cao et al.,2020)
新秦淮河,江苏南京			1.90	(Yang et al.,2020)

注：ND，未检出；药物缩写见表 1-1。

从浓度水平上来看，中国地表水环境中 PPCPs 的调查研究目前主要针对抗生素类 PPCPs 展开，它们的总体浓度水平与检出频率均较高，应继续加以关注。而对其他类别 PPCPs 的研究较为缺乏，尽管相较以往而言，在地表水以及沉积物中检出的其他类别的 PPCPs 的存在有所增加。今后应开展更多类别的研究或优化 PPCPs 检测分析技术，以便加强对中国地表水环境中其他类别 PPCPs 的科学认知。

从地域上看，PPCPs 在中国水环境中的存在浓度具有很高的空间变异性。在人口密集、经济发达的东部地区，其地表水和沉积物中 PPCPs 的浓度水平较高。但是，目前针对中国大多数地区，尤其是西部地区水体中 PPCPs 的相关研究较少，其污染情况目前还不清楚。随着西部地区经济的发展，PPCPs 污染的空间分布情况或将发生变化。因此，有必要加强调查中国不同区域水环境中 PPCPs 的污染状况，以便更好地理解中国水环境中 PPCPs 的区域变异规律。

参 考 文 献

徐维海，2007. 典型抗生素类药物在珠江三角洲水环境中的分布、行为与归宿 [D]. 广州：中国科学院广州地球化学研究所.

张盼伟，周怀东，赵高峰，等，2016. 太湖表层沉积物中 PPCPs 的时空分布特征及潜在风险 [J]. 环境科学，37 (9)：3348-3355.

Agunbiade F O, Moodley B, 2016. Occurrence and distribution pattern of acidic pharmaceuticals in surface water, wastewater, and sediment of the Msunduzi River, Kwazulu-Natal, South Africa [J]. Environmental Toxicology and Chemistry, 35 (1)：36-46.

Asghar M A, Zhu Q, Sun S, et al., 2018. Suspect screening and target quantification of human pharmaceutical residues in the surface water of Wuhan, China, using UHPLC-Q-Orbitrap HRMS [J]. Science of the Total Environment, 635：828-837.

Ashfaq M, Li Y, Rehman M S U, et al., 2019. Occurrence, spatial variation and risk assessment of pharmaceuticals and personal care products in urban wastewater, canal surface water, and their sediments：A case study of Lahore, Pakistan [J]. Science of the Total Environment, 688：653-663.

Azanu D, Styrishave B, Darko G, et al., 2018. Occurrence and risk assessment of antibiotics in water and lettuce in Ghana [J]. Science of the Total Environment, 622-623：293-305.

Bielen A, Simatovic A, Kosic-Vuksic J, et al., 2017. Negative environmental impacts of antibiotic-contaminated effluents from pharmaceutical industries [J]. Water Research, 126：79-87.

Boyd G R, Reemtsma H, Grimm D A, et al., 2003. Pharmaceuticals and personal care products (PPCPs) in surface and treated waters of Louisiana, USA and Ontario, Canada [J]. Science of the Total Environment, 311 (1-3)：135-149.

Brausch J M, Rand G M, 2011. A review of personal care products in the aquatic environment：Environmental concentrations and toxicity [J]. Chemosphere, 82 (11)：1518-1532.

Bu Q W, Wang B, Huang J, et al., 2013. Pharmaceuticals and personal care products in the aquatic environment in China：A review [J]. Journal of Hazardous Materials, 262：189-211.

Cao S S, Duan Y P, Tu Y J, et al., 2020. Pharmaceuticals and personal care products in a drinking water resource of Yangtze River Delta Ecology and Greenery Integration Development Demonstration Zone in China：Occurrence and human health risk assessment [J]. Science of the Total Environment, 721：137624.

Chen K, Zhou J L, 2014. Occurrence and behavior of antibiotics in water and sediments from the Huangpu River, Shanghai, China [J]. Chemosphere, 95：604-612.

Chen Y, Chen H, Zhang L, et al., 2018. Occurrence, distribution, and risk assessment of antibiotics in a subtropical river-reservoir system [J]. Water, 10 (2)：104.

Chen Y, Xi X, Xu J, et al., 2019. Distribution patterns of antibiotic residues in an urban river catchment [J]. Water and Environment Journal, 33 (1)：31-39.

Conley J M, Symes S J, Schorr M S, et al., 2008. Spatial and temporal analysis of pharmaceutical concentrations in the upper Tennessee River basin [J]. Chemosphere, 73 (8): 1178-1187.

Cui Y, Wang Y, Pan C, et al., 2019. Spatiotemporal distributions, source apportionment and potential risks of 15 pharmaceuticals and personal care products (PPCPs) in Qinzhou Bay, South China [J]. Marine Pollution Bulletin, 141: 104-111.

Dai G H, Wang B, Huang J, et al., 2015. Occurrence and source apportionment of pharmaceuticals and personal care products in the Beiyun River of Beijing, China [J]. Chemosphere, 119: 1033-1039.

Danner M C, Robertson A, Behrends V, et al., 2019. Antibiotic pollution in surface fresh waters: Occurrence and effects [J]. Science of the Total Environment, 664: 793-804.

Daughton C G, 2005. "Emerging" chemicals as pollutants in the environment: A 21st century perspective [J]. Renewable Resources Journal, 23 (4): 6-23.

Daughton C G, 2004. Non-regulated water contaminants: Emerging research [J]. Environmental Impact Assessment Review, 24 (7): 711-732.

Deng W J, Li N, Ying G G, 2018. Antibiotic distribution, risk assessment, and microbial diversity in river water and sediment in Hong Kong [J]. Environmental Geochemistry and Health, 40 (5): 2191-2203.

Ding H, Wu Y, Zhang W, et al., 2017. Occurrence, distribution, and risk assessment of antibiotics in the surface water of Poyang Lake, the largest freshwater lake in China [J]. Chemosphere, 184: 137-147.

Dong D, Zhang L, Liu S, et al., 2016. Antibiotics in water and sediments from Liao River in Jilin Province, China: Occurrence, distribution, and risk assessment [J]. Environmental Earth Sciences, 75 (16): 1202.

Du J, Zhao H, Liu S, et al., 2017. Antibiotics in the coastal water of the South Yellow Sea in China: Occurrence, distribution and ecological risks [J]. Science of the Total Environment, 595: 521-527.

Du J, Zhao H, Wang Y, et al., 2019. Presence and environmental risk assessment of selected antibiotics in coastal water adjacent to mariculture areas in the Bohai Sea [J]. Ecotoxicology and Environmental Safety, 177: 117-123.

Gong J, Lin C, Xiong X, et al., 2019. Occurrence, distribution, and potential risks of environmental corticosteroids in surface waters from the Pearl River Delta, South China [J]. Environmental Pollution, 251: 102-109.

Guo J, Zhou Y, Zhang B, et al., 2019. Distribution and evaluation of the fate of cyclic volatile methyl siloxanes in the largest lake of southwest China [J]. Science of the Total Environment, 657: 87-95.

Hanna N, Sun P, Sun Q, et al., 2018. Presence of antibiotic residues in various environmental compartments of Shandong province in eastern China: Its potential for resistance development and ecological and human risk [J]. Environment International, 114: 131-142.

He S, Dong D, Sun C, et al., 2019. Contaminants of emerging concern in a freeze-thaw river during the spring flood [J]. Science of the Total Environment, 670: 576-584.

He S, Dong D, Zhang X, et al., 2018. Occurrence and ecological risk assessment of 22 emerging contaminants in the Jilin Songhua River (Northeast China) [J]. Environmental Science and Pollution Research, 25 (24): 24003-24012.

Hong B, Lin Q Y, Yu S, et al., 2018. Urbanization gradient of selected pharmaceuticals in surface water at a watershed scale [J]. Science of the Total Environment, 634: 448-458.

Hu J, Zhou J, Zhou S, et al., 2018a. Occurrence and fate of antibiotics in a wastewater treatment plant and their biological effects on receiving waters in Guizhou [J]. Process Safety and Environmental Protection, 113: 483-490.

Hu X L, Bao Y F, Hu J J, et al., 2017. Occurrence of 25 pharmaceuticals in Taihu Lake and their removal from two urban drinking water treatment plants and a constructed wetland [J]. Environmental Science and Pollution Research, 24 (17): 14889-14902.

Hu Y, Yan X, Shen Y, et al., 2018b. Antibiotics in surface water and sediments from Hanjiang River, Central China: Occurrence, behavior and risk assessment [J]. Ecotoxicology and Environmental Safety, 157: 150-158.

Huang F, Zou S, Deng D, et al., 2019. Antibiotics in a typical karst river system in China: Spatiotemporal variation and environmental risks [J]. Science of the Total Environment, 650 (1): 1348-1355.

Kolpin D W, Furlong E T, Meyer M T, et al., 2002. Pharmaceuticals, hormones, and other organic wastewater contaminants in U. S. streams, 1999-2000: A national reconnaissance [J]. Environmental Science& Technology, 36 (18): 4005-4008.

Jia J, Guan Y, Cheng M, et al., 2018. Occurrence and distribution of antibiotics and antibiotic resistance genes in Ba River, China [J]. Science of the Total Environment, 642: 1136-1144.

Jiang H Y, Zhang D D, Xiao S C, et al., 2013. Occurrence and sources of antibiotics and their metabolites in river water, WWTPs, and swine wastewater in Jiulongjiang River basin, south China [J]. Environmental Science and Pollution Research, 20: 9075-9083.

Jiang X, Qu Y, Zhong M, et al., 2019. Seasonal and spatial variations of pharmaceuticals and personal care products occurrence and human health risk in drinking water - A case study of China [J]. Science of the Total Environment, 694: 133711.

Jiang Y, Xu C, Wu X Y, et al., 2018. Occurrence, seasonal variation and risk assessment of antibiotics in Qingcaosha Reservoir [J]. Water, 10 (2): 115.

Jiang Y H, Li M X, Guo C S, et al., 2014. Distribution and ecological risk of antibiotics in a typical efflu-ent-receiving river (Wang yang River) in north China [J]. Chemosphere, 112: 267-274.

Karnjanapiboonwong A, Suski J G, Shah A A, et al., 2011. Occurrence of PPCPs at a wastewater treat-ment plant and in soil and groundwater at a land application site [J]. Water, Air, and Soil Pollution, 216 (1-4): 257-273.

Kim S C, Carlson K, 2007. Quantification of human and veterinary antibiotics in water and sediment using SPE/LC/MS/MS [J]. Analytical and Bioanalytical Chemistry, 387 (4): 1301-1315.

Kong L, Kadokami K, Duong H T, et al., 2016. Screening of 1300 organic micro-pollutants in groundwa-ter from Beijing and Tianjin, North China [J]. Chemosphere, 165: 221-230.

Lai W P, Lin Y C, Wang Y H, et al., 2018. Occurrence of emerging contaminants in aquaculture waters: cross-contamination between aquaculture systems and surrounding waters [J]. Water, Air, and Soil Pol-lution, 229 (8): 249.

Lapworth D J, Baran N, Stuart M E, et al., 2012. Emerging organic contaminants in groundwater: A re-view of sources, fate and occurrence [J]. Environmental Pollution, 163: 287-303.

Lei K, Zhu Y, Chen W, et al., 2019. Spatial and seasonal variations of antibiotics in river waters in the Haihe River Catchment in China and ecotoxicological risk assessment [J]. Environment International, 130: 104919.

Lei K, Zhu Y, Chen W, et al., 2018. The occurrence of home and personal care products in the Haihe River catchment and estimation of human exposure [J]. Science of the Total Environment, 643: 63-72.

Li S, Shi W, Li H, et al., 2018a. Antibiotics in water and sediments of rivers and coastal area of Zhuhai City, Pearl River Estuary, south China [J]. Science of the Total Environment, 636: 1009-1019.

Li S, Shi W Z, Liu W, et al., 2018b. A duodecennial national synthesis of antibiotics in China's major rivers and seas (2005—2016) [J]. Science of the Total Environment, 615: 906-917.

Li S, Shi W, You M, et al., 2019a. Antibiotics in water and sediments of Danjiangkou Reservoir, China: Spatiotemporal distribution and indicator screening [J]. Environmental Pollution, 246: 435-442.

Li Y, Fang J, Yuan X, et al., 2018c. Distribution characteristics and ecological risk assessment of tetracyclines pollution in the Weihe River, China [J]. International Journal of Environmental Research and Public Health, 15 (9): 1803.

Li Z G, Liu X Y, Huang Z J, et al., 2019b. Occurrence and ecological risk assessment of disinfection byproducts from chlorination of wastewater effluents in East China [J]. Water Research, 157: 247-257.

Lin H, Chen L, Li H, et al., 2018. Pharmaceutically active compounds in the Xiangjiang River, China: Distribution pattern, source apportionment, and risk assessment [J]. Science of the Total Environment, 636: 975-984.

Liu F, Chen L, Huang F, et al., 2018a. The occurrence and distribution of antibiotics in the Karst river system in Kaiyang, Southwest China [J]. Water Supply, 18 (6): 2044-2052.

Liu J C, Lu G G, Xie Z X, et al., 2015. Occurrence, bioaccumulation and risk assessment of lipophilic pharmaceutically active compounds in the downstream rivers of sewage treatment plants [J]. Science of the Total Environment, 511: 54-62.

Liu J L, Wang R M, Huang B, et al., 2012. Biological effects and bioaccumulation of steroidal and phenolic endocrine disrupting chemicals in high-back crucian carp exposed to wastewater treatment plant effluents [J]. Environmental Pollution, 162: 325-331.

Liu J L, Wong M H, 2013. Pharmaceuticals and personal care products (PPCPs): A review on environmental contamination in China [J]. Environment International, 59: 208-224.

Liu X, Zhang G, Liu Y, et al., 2019. Occurrence and fate of antibiotics and antibiotic resistance genes in typical urban water of Beijing, China [J]. Environmental Pollution, 246: 163-173.

Liu X, Lu S, Meng W, et al., 2018b. Occurrence, source, and ecological risk of antibiotics in Dongting Lake, China [J]. Environmental Science and Pollution Research, 25: 11063-11073.

Liu X H, Liu Y, Lu S Y, et al., 2018c. Occurrence of typical antibiotics and source analysis based on PCA-MLR model in the East Dongting Lake, China [J]. Ecotoxicology and Environmental Safety, 163: 145-152.

Locatelli M a F, Sodre F F, Jardim W F, 2011. Determination of antibiotics in Brazilian surface waters using liquid chromatography-electrospray tandem mass spectrometry [J]. Archives of Environmental Contamination And Toxicology, 60 (3): 385-393.

Lu G H, Piao H T, Gai N, et al., 2019. Pharmaceutical and personal care products in surface waters from the inner city of Beijing, China: Influence of hospitals and reclaimed water irrigation [J]. Archives of Environmental Contamination and Toxicology, 76 (2): 255-264.

Lu J, Li H, Luo Z, et al., 2018. Occurrence, distribution, and environmental risk of four categories of personal care products in the Xiangjiang River, China [J]. Environmental Science and Pollution Research, 25 (27): 27524-27534.

Lv M, Sun Q, Hu A Y, et al., 2014. Pharmaceuticals and personal care products in a mesoscale subtropical watershed and their application as sewage markers [J]. Journal of Hazardous Materials, 280: 696-705.

Ma L D, Li J, Li J J, et al., 2018a. Occurrence and source analysis of selected antidepressants and their metabolites in municipal wastewater and receiving surface water [J]. Environmental Science: Processes & Impacts, 20 (7): 1020-1029.

Ma R, Wang B, Lu S, et al., 2016. Characterization of pharmaceutically active compounds in Dongting Lake, China: Occurrence, chiral profiling and environmental risk [J]. Science of the Total Environment, 557-558: 268-275.

Ma R, Wang B, Yin L, et al., 2017. Characterization of pharmaceutically active compounds in Beijing, China: Occurrence pattern, spatiotemporal distribution and its environmental implication [J]. Journal of Hazardous materials, 323: 147-155.

Ma X, Wan Y, Wu M, et al., 2018b. Occurrence of benzophenones, parabens and triclosan in the Yangtze River of China, and the implications for human exposure [J]. Chemosphere, 213: 517-525.

Madikizela L M, Tavengwa N T, Chimuka L, 2017. Status of pharmaceuticals in African water bodies: Occurrence, removal and analytical methods [J]. Journal of Environmental Management, 193: 211-220.

Mcbride M, Wyckoff J, 2002. Emerging liabilities from pharmaceuticals and personal care products [J]. Environmental Claims Journal, 14 (2): 175-189.

Murata A, Takada H, Mutoh K, et al., 2011. Nationwide monitoring of selected antibiotics: Distribution and sources of sulfonamides, trimethoprim, and macrolides in Japanese rivers [J]. Science of the Total Environment, 409 (24): 5305-5312.

Nakada N, Komori K, Suzuki Y, et al., 2007. Occurrence of 70 pharmaceutical and personal care products in Tone River basin in Japan [J]. Water Science and Technology, 56 (12): 133-140.

Pan C Y, Bao Y Y, Xu B T, 2020. Seasonal variation of antibiotics in surface water of Pudong New Area of Shanghai, China and the occurrence in typical wastewater sources [J]. Chemosphere, 239: 124816.

Peng F J, Pan C G, Zhang M, et al., 2017. Occurrence and ecological risk assessment of emerging organic chemicals in urban rivers: Guangzhou as a case study in China [J]. Science of the Total Environment, 589: 46-55.

Peng Y, Fang W, Krauss M, et al., 2018. Screening hundreds of emerging organic pollutants (EOPs) in surface water from the Yangtze River Delta (YRD): Occurrence, distribution, ecological risk [J]. Environmental Pollution, 241: 484-493.

Richardson S D, 2009. Water analysis: Emerging contaminants and current issues [J]. Analytical Chemistry, 81 (12): 4645-4677.

Roberts J, Kumar A, Du J, et al., 2016. Pharmaceuticals and personal care products (PPCPs) in Australia's largest inland sewage treatment plant, and its contribution to a major Australian river during high and low flow [J]. Science of the Total Environment, 541: 1625-1637.

Shen J Y, Chang M S, Yang S H, et al., 2012. Simultaneous determination of triclosan, triclocarban, and transformation products of triclocarban in aqueous samples using solid-phase micro-extraction-HPLC-

MS/MS [J]. Journal of Separation Science, 35 (19): 2544-2552.

Su D, Ben W, Strobel B W, et al., 2020. Occurrence, source estimation and risk assessment of pharmaceuticals in the Chaobai River characterized by adjacent land use [J]. Science of the Total Environment, 712: 134525.

Sui Q, Huang J, Deng S, et al., 2010. Occurrence and removal of pharmaceuticals, caffeine and DEET in wastewater treatment plants of Beijing, China [J]. Water Research, 44 (2): 417-426.

Sun S, Chen Y, Lin Y, et al., 2018. Occurrence, spatial distribution, and seasonal variation of emerging trace organic pollutants in source water for Shanghai, China [J]. Science of the Total Environment, 639: 1-7.

Tamtam F, Mercier F, Le Bot B, et al., 2008. Occurrence and fate of antibiotics in the Seine River in various hydrological conditions [J]. Science of the Total Environment, 393 (1): 84-95.

Tan R, Liu R, Li B, et al., 2018. Typical endocrine disrupting compounds in rivers of northeast China: Occurrence, partitioning, and risk assessment [J]. Archives of Environmental Contamination and Toxicology, 75 (2): 213-223.

Tong L, Huang S, Wang Y, et al., 2014. Occurrence of antibiotics in the aquatic environment of Jianghan Plain, central China [J]. Science of the Total Environment, 497-498: 180-187.

Tong L, Qin L T, Xie C, et al., 2017. Distribution of antibiotics in alluvial sediment near animal breeding areas at the Jianghan Plain, Central China [J]. Chemosphere, 186: 100-107.

Tsui M M P, Chen L, He T, et al., 2019. Organic ultraviolet (UV) filters in the South China sea coastal region: Environmental occurrence, toxicological effects and risk assessment [J]. Ecotoxicology and Environmental Safety, 181: 26-33.

Wang D G, Zheng Q D, Wang X P, et al., 2016. Illicit drugs and their metabolites in 36 rivers that drain into the Bohai Sea and north Yellow Sea, north China [J]. Environmental Science and Pollution Research, 23 (16): 16495-16503.

Wang J, Wei H, Zhou X, et al., 2019a. Occurrence and risk assessment of antibiotics in the Xi'an section of the Weihe River, northwestern China [J]. Marine Pollutution Bulletin, 146: 794-800.

Wang W, Wang H, Zhang W, et al., 2017a. Occurrence, distribution, and risk assessment of antibiotics in the Songhua River in China [J]. Environmental Science and Pollution Research, 24 (23): 19282-19292.

Wang W, Zhang W, Liang H, et al., 2019b. Seasonal distribution characteristics and health risk assessment of typical antibiotics in the Harbin section of the Songhua River basin [J]. Environmental Technology, 40 (20): 2726-2737.

Wang W, Zhou L, Gu X, et al., 2018. Occurrence and distribution of antibiotics in surface water impacted by crab culturing: A case study of Lake Guchenghu, China [J]. Environmental Science and Pollution Research, 25 (23): 22619-22628.

Wang Y, Liu Y, Lu S, et al., 2019c. Occurrence and ecological risk of pharmaceutical and personal care products in surface water of the Dongting Lake, China-during rainstorm period [J]. Environmental Science and Pollution Research, 26 (28): 28796-28807.

Wang Z, Du Y, Yang C, et al., 2017b. Occurrence and ecological hazard assessment of selected antibiotics in the surface waters in and around Lake Honghu, China [J]. Science of the Total Environment, 609:

1423-1432.

Wu M，Xiang J，Chen F，et al.，2017a. Occurrence and risk assessment of antidepressants in Huangpu River of Shanghai，China [J]. Environmental Science and Pollution Research，24（25）：20291-20299.

Wu M H，Li J，Xu G，et al.，2018. Pollution patterns and underlying relationships of benzophenone-type UV-filters in wastewater treatment plants and their receiving surface water [J]. Ecotoxicology and Environmental Safety，152：98-103.

Wu M H，Xie D G，Xu G，et al.，2017b. Benzophenone-type UV filters in surface waters：An assessment of profiles and ecological risks in Shanghai，China [J]. Ecotoxicology and Environmental Safety，141：235-241.

Xie H，Hao H，Xu N，et al.，2019a. Pharmaceuticals and personal care products in water，sediments，aquatic organisms，and fish feeds in the Pearl River Delta：Occurrence，distribution，potential sources，and health risk assessment [J]. Science of the Total Environment，659：230-239.

Xie H，Wang X，Chen J，et al.，2019b. Occurrence，distribution and ecological risks of antibiotics and pesticides in coastal waters around Liaodong Peninsula，China [J]. Science of the Total Environment，656：946-951.

Xu C，Chen L，You L，et al.，2018a. Occurrence，impact variables and potential risk of PPCPs and pesticides in a drinking water reservoir and related drinking water treatment plants in the Yangtze Estuary [J]. Environmental Science：Processes & Impacts，20（7）：1030-1045.

Xu K，Wang J，Gong H，et al.，2019. Occurrence of antibiotics and their associations with antibiotic resistance genes and bacterial communities in Guangdong coastal areas [J]. Ecotoxicology and Environmental Safety，186：109796.

Xu Y，Guo C，Lv J，et al.，2018b. Spatiotemporal profile of tetracycline and sulfonamide and their resistance on a catchment scale [J]. Environmental Pollution，241：1098-1105.

Xu Z，Li T，Bi J，et al.，2018c. Spatiotemporal heterogeneity of antibiotic pollution and ecological risk assessment in Taihu Lake Basin，China [J]. Science of the Total Environment，643：12-20.

Yan M，Xu C，Huang Y，et al.，2018a. Tetracyclines，sulfonamides and quinolones and their corresponding resistance genes in the Three Gorges Reservoir，China [J]. Science of the Total Environment，631-632：840-848.

Yan Z，Yang H，Dong H，et al.，2018b. Occurrence and ecological risk assessment of organic micropollutants in the lower reaches of the Yangtze River，China：A case study of water diversion [J]. Environmental Pollution，239：223-232.

Yang H，Lu G，Yan Z，et al.，2020. Residues，bioaccumulation，and trophic transfer of pharmaceuticals and personal care products in highly urbanized rivers affected by water diversion [J]. Journal of Hazardous Materials，391：122245.

Yang L，He J T，Su S H，et al.，2017a. Occurrence，distribution，and attenuation of pharmaceuticals and personal care products in the riverside groundwater of the Beiyun River of Beijing，China [J]. Environmental Science and Pollution Research，24（18）：15838-15851.

Yang X，Chen F，Meng F G，et al.，2013. Occurrence and fate of PPCPs and correlations with water quality parameters in urban riverine waters of the Pearl River Delta，South China [J]. Environmental Science and Pollution Research，20：5864-5875.

Yang Y Y, Liu W R, Liu Y S, et al., 2017b. Suitability of pharmaceuticals and personal care products (PPCPs) and artificial sweeteners (ASs) as wastewater indicators in the Pearl River Delta, South China [J]. Science of the Total Environment, 590-591: 611-619.

Yang Y Y, Zhao J L, Liu Y S, et al., 2018. Pharmaceuticals and personal care products (PPCPs) and artificial sweeteners (ASs) in surface and ground waters and their application as indication of wastewater contamination [J]. Science of the Total Environment, 616-617: 816-823.

Yu Y, Wu G, Wang C, et al., 2019. Pollution characteristics of antibiotics and antibiotic resistance of coliform bacteria in the Yitong River, China [J]. Environmental Monitoring and Assessment, 191 (8): 516.

Yuan J, Ni M, Liu M, et al., 2019. Occurrence of antibiotics and antibiotic resistance genes in a typical estuary aquaculture region of Hangzhou Bay, China [J]. Marine Pollution Bulletin, 138: 376-384.

Zhang N S, Liu Y S, Van den Brink P J, et al., 2015. Ecological risks of home and personal care products in the riverine environment of a rural region in South China without domestic wastewater treatment facilities [J]. Ecotoxicology and Environmental Safety, 122: 417-425.

Zhang P, Zhou H, Li K, et al., 2018a. Occurrence of pharmaceuticals and personal care products, and their associated environmental risks in a large shallow lake in north China [J]. Environmental Geochemistry and Health, 40 (4): 1525-1539.

Zhang P, Zhou H, Li K, et al., 2018b. Occurrence of pharmaceuticals and personal care products, and their associated environmental risks in Guanting Reservoir and its upstream rivers in north China [J]. RSC Advances, 8 (9): 4703-4712.

Zhang Q Q, Jia A, Wan Y, et al., 2014. Occurrence of three classes of antibiotics in a natural river basin: Association with antibiotic-resistant *Escherichia coli* [J]. Environmental Science& Technology, 48: 14317-14325.

Zhang R, Pei J, Zhang R, et al., 2018c. Occurrence and distribution of antibiotics in mariculture farms, estuaries and the coast of the Beibu Gulf, China: Bioconcentration and diet safety of seafood [J]. Ecotoxicology and Environmental Safety, 154: 27-35.

Zhang R, Zhang R, Yu K, et al., 2018d. Occurrence, sources and transport of antibiotics in the surface water of coral reef regions in the South China Sea: Potential risk to coral growth [J]. Environmental Pollution, 232: 450-457.

Zhang R J, Tang J H, Li J, et al., 2013. Antibiotics in the offshore waters of the Bohai Sea and the Yellow Sea in China: Occurrence, distribution and ecological risks [J]. Environmental Pollution, 174: 71-77.

Zhao X, Qiu W, Zheng Y, et al., 2019. Occurrence, distribution, bioaccumulation, and ecological risk of bisphenol analogues, parabens and their metabolites in the Pearl River Estuary, South China [J]. Ecotoxicology and Environmental Safety, 180: 43-52.

Zheng Y, Lu G H, Shao P W, et al., 2020. Source tracking and risk assessment of pharmaceutical and personal care products in surface waters of Qingdao, China, with emphasis on influence of animal farming in rural areas [J]. Archives of Environmental Contamination and Toxicology, 78 (4): 579-588.

Zhi L, Xu L, He X, et al., 2018. Occurrence and profiles of methylsiloxanes and their hydrolysis product in aqueous matrices from the Daqing oilfield in China [J]. Science of the Total Environment, 631-632: 879-886.

Zhou H，Ying T，Wang X，et al.，2016a. Occurrence and preliminarily environmental risk assessment of selected pharmaceuticals in the urban rivers，China [J]. Science Report，6：34928.

Zhou L J，Wu Q L，Zhang B B，et al.，2016b. Occurrence，spatiotemporal distribution，mass balance and ecological risks of antibiotics in subtropical shallow Lake Taihu，China [J]. Environmental Science：Processes& Impacts，18（4）：500-513.

Zou S Z，Huang F Y，Chen L，et al.，2018. The occurrence and distribution of antibiotics in the Karst river system in Kaiyang，southwest China [J]. Water Science& Technology，18：2044-2052.

第 2 章

污染物筛选
方法学

伴随着全球工业化和城镇化的快速发展，化学品的种类不断增多，目前已经商业化的化学品超过 840 万种，其中在美国《化学文摘》登记的有机化学品也有 24 万种之多。近几十年来，有机化学品的使用给人类及生态环境带来的风险越来越受到各国政府和学者的关注。由于环境中存在的污染物种类越来越多，给环境管理带来了巨大的挑战，管理者时刻面临着诸如此类的问题：哪种或者哪类化学品应该被重点管理？如何识别出环境中存在的对人体健康及环境带来最高风险的污染物？由于人力物力及时间资源等客观条件的限制，对环境中存在的全部化学品进行全面风险评价既不合理也不可能。因此，需要确定和开发识别优先控制污染物的原则和手段，对众多有毒污染物进行分类和排序，有针对性地筛选出需要重点或者优先管理的具有最大潜在风险的污染物。不同的研究小组都在致力于研究开发可以识别、分类或者排序众多化学品的筛选方法。不同筛选方法的目的和应用领域可能略有不同，但是它们都是通过评估化学品的潜在危害等基本手段来识别出对人体健康和生态环境具有最大风险的污染物，形成一份最终的环境优先污染物清单，以集中资源进行有效的环境管理。为了更好地认识化学品筛选方法，降低对生态环境的危害，本章结合文献报道对现有的筛选方法进行综述。

2.1　筛选方法概述

2.1.1　概述

从 20 世纪 90 年代开始，一些综述性文章对化学品的评分排序系统进行了汇总，比如 Waters 等描述了 17 种排序评分系统，其中包括 9 种风险源排序系统和 8 种化学品排序方法；Foran 和 Glenn 综合分析了 8 种"现存化学品评分系统"，其中包括了对效应标准、终点和评分标准的概述；Davis 等详细评价了 53 种常用化学品的筛选和排序方法，以期通过对比来发展出通用的化学品排序方法；Reus 等对比了欧洲常用的 8 种用于农药排序的方法，发现不同的排序方法获得的结果有很大的差异。

在筛选过程中，研究者通过评价不同污染物对环境或者人体健康的潜在风险对污染物进行分类或者排序，主要考虑不同污染物的暴露、危害特征或者将两者结合起来进行风险表征。目前，不同的国家和研究小组已经开发出大量的优先污染物筛选方法。比如欧盟开发的"欧盟风险排序方法（European Union risk ranking method，EURAM）"，该方法主要用于"欧洲现有商业化学品名录"中的化学品评估与排序，它使用一个简单的暴露-效应模型来表征化学品对人类以及环境的潜在风险并根据风险大小对化学品进行排序。此外，在欧盟水框架协议（water framework direct，WFD）背景下开发了"基于监测和基于模型结合的优先筛选方法（the combined monitoring-based and modeling-based priority setting scheme，COMMPS）"。在美国，研究者开发了名为"化学品危害评估管理策略（chemical hazard evaluation for management strategies，CHEMS-1）"的筛选方法，该方法作为一个筛选工具来评价化学品对人类以及环境的危害。安全饮用水法授权美国环保局筛选并发布污染物候选清单，作为优先管理的污染物，每五年更新一次。安全饮用水法同时授权美国环保局从现有污染物候选清单中筛选出至少 5 种污染物补充列入国家饮用水标准，组成新的美国饮用水标准。其他一些筛选方法还包括地下水普遍性评分方法（groundwater ubiquity score，GUS-index）、风险筛选环境指示因子法（risk-screening environmental indicator，RSEI）和印第安纳州化学品相对危害评分方法（Indiana relative chemical hazard score，IRCHS）等。加拿大环境部和健康部专门开发了针对国内现有化学品的筛选工具。尽管目前已经存在不同层次的污染物筛选方法，但是在一些重要的科学问题上并未达成共识。

由于不同的目的和计算法则，不同筛选方法所使用的术语有所不同。一般而言，涉及具有潜在风险化学品识别、分类、评分或者排序的方法都可以认为是污染物筛选方法。表2-1 汇总了近年来由不同研究组或者政府管理部门开发的筛选方法。这些方法涉及范围广泛，涉及简单的评价持久性属性到详细的筛选水平的风险评价等不同复杂程度的方法。

表 2-1　常用筛选方法汇总

编号	筛选方法名称（简称）	类型	文献
1	欧盟风险排序方法(EURAM)	H	（Hansen et al.，2010；Van Haelst et al.，2000）
2	基于检监测和基于模型结合的优先筛选方法(COMMPS)	R	（Lerche et al.，2002）
3	2007 CERCLA 有害物质优先排序方法	H	（ATSDR，2009）
4	化学品危害评估管理策略(CHEMS-1)	H	（Davis et al.，1994；Swanson et al.，1997）
5	污染物候选列表 3(CCL3)	R	（USEPA，2009d，2009c，2009b）
6	地下水筛选评分方法(GUS-index)	H	（Gustafson，1989）
7	印第安纳州相对化学危险评分方法(IRCHS)	H	（CMTI，2006）
8	基于 ChMP 的风险优先排序方法	H	（USEPA，2009e）
9	风险筛选环境指标法(RSEI)	R	（USEPA，2009f）
10	计分卡风险评分系统	H	（Guinée et al.，1993；Hertwich et al.，2001）
11	废物最小化优先工具(WMPT)	H	（Pennington et al.，2001；Ralston et al.，2000；USEPA，1997）
12	加拿大环境保护署 DSL 化学品分类	H	（Breton et al.，2000；CEPA，2003；Hughes et al.，2009）
13	危险物质的动态选择和优先排序方法(OSPAR DYNAMEC)	H	（OSPAR，2006）
14	基于风险的杀虫剂优先排序方法	R	（Whiteside et al.，2008）
15	基于环境风险的欧盟兽药排序方法	R	（Kools et al.，2008）
16	风险评价工具(ASTER)	H	（Russom et al.，1991）
17	化学品危害识别和评估工具(CHIAT)	R	（Eriksson et al.，2005，2006，2007）

续表

编号	筛选方法名称(简称)	类型	文献
18	化学品预防管控筛选方法	H	(Müller-Herold et al.，2005)
19	土壤生态毒性分类指数(ECRIS)	H	(Senese et al.，2010)
20	基于 GIS 的农业化学品地表水风险评估方法	R	(Verro et al.，2002，2009)
21	哈斯图(Hasse Diagram)筛选方法	H	(Halfon et al.，1986；Lerche et al.，2002)
22	农药评分排序筛选方法(PestScreen)	H	(Juraske et al.，2007)
23	风险评估、识别和排序模型(RAIDAR)	R	(Aront et al.，2006，2008)
24	不同生态系统农药风险分类方法	H	(Finizio et al.，2001)
25	化学危害排序和识别方法(RICH)	H	(Baun et al.，2006)
26	得分和排序模型(SCRAM)	H	(Mitchell et al.，2002；Snyder et al.，2000a，2000b，2000c)
27	瑞士药物环境分类方法(SECIS)	R	(Agerstrand et al.，2010)

注：1. H 和 R 分别代表该方法为基于危害和基于风险的筛选方法；

2. 缩写：ATSDR，毒物与疾病注册局（Agency for Toxic Substances and Disease Registry）；USEPA，美国环保局（United States Environmental Protection Agency）；CMTI，清洁生产技术研究所（Clean Manufacturing Technology Institute）；CEPA，加拿大环境保护署（Canadian Environmental Protection Agency）；CERCLA，综合环境反应补偿和责任法案（Comprehensive Environmental Response，Compensation and Liability Act）。

2.1.2　方法要素组成

尽管不同筛选方法的开发目的和使用的排序原则有所不同，但是这些方法基本上都包含三个部分：化学品数据库（chemical universe）、按照一定规则组织的参数和表征危害的终点、最终污染物清单。图 2-1 为筛选方法的一般流程与组成要素。总体上，一个完整的筛选方法应该包括化学品数据库、目的与应用、参数与终点、算法、优控污染物清单等。

2.1.2.1　化学品数据库

化学品数据库通常包含大量的化学品，是筛选的工作基础和对象。在现有的筛选方法中，通常使用已有商用化学品名录作为筛选方法的对象和出发点。比如，EURAM 对 EINECES 清单中化学品的优先级进行了设置；CHEMS-1 和 RSEI 均对 TRI 清单中的化学品进行筛选；加拿大环境部和健康部对国内现有化学品清单中应进行筛选评价的化学品进行了分类。但是，对于特定地定的筛选方法，其首要任务是识别并建立针对特定地点的广谱污染物清单，然后对其进行筛选与排序。

2.1.2.2　目的与应用

筛选方法的建立并非为了进行定量风险评价，而是为了提供一种简单快速的方法来筛选出最危险的化学品。正如 Davis 等所论述的一样，根据文献资料表明，筛选的目的包括环境管理、设置污染物优先序以及影响评价。

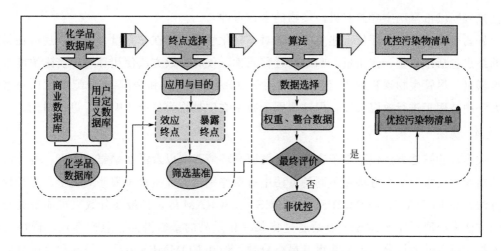

图 2-1　筛选方法的一般流程与组成要素

化学品环境管理的需求为建立可供管理者应用的筛选方法提供了契机。如欧盟于 1993 年 3 月 23 日通过了 Council Regulation 793/93 法案，促进了 EURAM 筛选方法的开发。EURAM 筛选出了因对人类或环境具有潜在危害而需要立即引起重视的优先化学品清单；《安全饮水法》（SDWA）授权美国环保局每五年出版一次需要管理的潜在污染物清单，这一方法通过对现有未被管理的化学品进行筛选，找出那些在饮用水中存在并可能需要管理的化学品。2007 年美国超级基金法案（CERCLA）有害物质优先清单包括了在国家优先管理场所（national priority list，NPL）经常被检出的优先污染物。

筛选方法的另一个重要应用是设置污染物优先顺序。Kools 等建立了一个排序方法来识别具有相对较高优先级的污染物作为可能需要进行详细风险评价的物质。Snyder 等建立了一种筛选方法，取名为评分与排序模型（the scoring and ranking model，SCRAM），用于筛选需要进行风险评价和进一步研究的优先污染物。

一些方法已经用于化学品环境影响评价或生命周期评价。RSEI 是一种用于评价有毒化学品排放所造成的环境影响的筛选工具。PestScreen 是由 Juraske 等建立的用于评价杀虫剂毒性对人类和环境影响的筛选工具。此外，有研究在生命周期评价（life cycle assessment，LCA）中应用人体毒性潜能（human toxicity potentials，HTP）来反映每单位化学品排放到环境中对人类的潜在危害。

2.1.2.3　参数与终点

化学品的危害在于其对人类或生态系统的暴露和（或）潜在毒性。为评价某种特殊物质的相对或绝对危害，筛选方法中可以包括表征暴露和效应的不同终点。

效应表征通常用于评价某种化学品对各类受体（如水生生物、非哺乳类陆生生物、哺乳类陆生生物）的毒性。对这些受体的毒性可用于表征毒物对人类健康以及环境的潜在毒性作用。根据不同的毒性效应终点，急性、亚慢性和慢性毒性数据均可应用于筛选方法。但由于不同方法的目的和复杂程度存在差异，无须在一个筛选方法中囊括所有的效应终点，尤其是在用于评价对某种特定受体的效应方法中，如 Baun 等仅使用了急性水生生物毒性来判断城市暴雨中异源有机污染物的潜在毒性。

暴露表征通常用于评价上述生物受体对某种化学品的潜在暴露量。用于描述潜在暴露量的终点包括排放量、使用量、归趋和迁移属性，仅有少数方法使用环境中实际浓度来表征暴露量。尽管生物累积因子/生物浓缩因子（BAF/BCF）和辛醇-水分配系数在一些筛选方法中被用于进行效应表征，但这些因子在本文中被视为暴露影响因子进行讨论。

2.1.2.4　算法

大多数的筛选方法包括用于表征人类健康和环境影响以及潜在暴露的终点。终点与参数的组织、权重及整合方法在不同的方法中有所差别，尤其是对于那些对化学品进行评分的方法，如 EURAM、COMMPS、CHEMS-1、SCRAM 等，其最终分数很可能是通过不同的方法来获取。在 SCRAM 中是通过将某一化学品的暴露潜能、急性毒性、慢性毒性和人类健康毒性的评分相加来获得其最终分数；但在 COMMPS 中是将暴露和效应分数相乘来获取基于风险的优先度指数。此外，不同的方法对人体健康效应、环境效应（如 EURAM）或不同暴露途径下的急性毒性（如 CHEMS-1）赋予的权重因子不同。大部分筛选方法应用几个简单的数学公式对化学品的危害进行评分，但有些方法（如 RSEI 和 WMPT）则使用模型和软件包进行评分。

2.1.2.5　优控污染物清单

优控污染物清单是筛选方法的输出结果，管理者根据清单判断何种或何类化学品应予以优先控制。

2.2　筛选方法构建的关键问题

2.2.1　危险与风险

化学物质的风险是暴露和危险的函数，而危险仅是持久性、生物累积性以及毒性的函数。暴露评价可以提供环境浓度或者某一受体的暴露量等信息。因此，在本书中，我们认为只有使用环境浓度来表征暴露的筛选方法是基于风险的筛选方法；相反，使用持久性或者生物累积性等表征暴露潜能的方法是基于危险的筛选方法。此外，仅仅使用化学品的排放量和使用量原始数据来表征暴露的方法也被视为基于危险的筛选方法。表 2-1 列出的方法中仅有 9 个筛选方法考虑了环境中污染物的实际暴露浓度。

尽管数据的缺乏给建立基于风险的筛选方法带来了很大的困难与挑战，但建立基于风险的优先污染物筛选方法仍是目前的研究热点与发展趋势。在这一点上，优先污染物筛选方法与定量风险评价体系有着共通之处。而两者最大的区别在于暴露评价的方法详尽程度不同。在定量风险评价中，暴露评价需要提供不同潜在暴露途径下的暴露浓度与受体的暴露量；在优先污染物筛选方法中，污染物的暴露点浓度可以通过简单的模型估算或者对特定地点的样品检测获取。美国环保局提出的筛选水平的风险评价（screening level risk assessments，SLRAs）为基于风险的优先污染物筛选方法提供了基本的框架结构。SLRAs作为一种保守的基于风险的筛选方法可以识别优先污染物并进行排序，以决定是否需要进行更详细的风险评价。目前已经有不同的筛选方法应用 SLRAs 的基本原则和框架进行污染物筛选。

2.2.2　终点的选择

终点的选择是建立一个新的筛选方法所面临的重要问题之一。终点的选择取决于许多因素，比如潜在的受体（人体健康、生态系统或者考虑两者）、程序的复杂程度以及数据的可获取程度。有些终点在不同的方法中被广泛采用，而部分终点仅仅在某些特定方法中使用。

在多数方法中，毒理学终点用作表征污染物对人体健康或者生态系统的潜在危害效应。最常用的终点包括如下几类，并将效应表征所采用的终点汇总在表 2-2 中。

表 2-2　效应表征所采用的终点汇总

毒性效应	终点
水生生物毒性	急性毒性：EC_{50}、LC_{50}、LD_{50}； 慢性毒性 LOEC、NOEC、NOEL、PNEC、EC_{50}、LC_{50}、EC_{10}； 其他基准：BCF、分子质量、K_{OW}
陆生生物（非哺乳类）毒性	急性毒性：ED_{50}、EC_{50}、LD_{50}； 慢性毒性：LOEL、NOEL
哺乳类或人体非致癌效应	急性毒性：ED_{50}、LC_{50}、LD_{50}； 慢性毒性：ED_{50}、LOEC、LOEL、NOEC、NOEL、R phrase、R_V、MRDD、MRLs、RfD、RfC、STEL、TLV
致癌、致畸和基因毒性	致癌毒性：ED_{10}、TD_{50}、DBP-CAN、由于暴露于化学品而导致的体重和数量的变化或者某种定性毒理学证据、R phrase； 致畸毒性：致突变证据、效应的严重性或剂量、由于暴露于化学品而导致的体重和数量的变化或者某种定性毒理学证据、R phrase； 基因毒性：LOEL、效应的严重性或剂量、R phrase
生长/繁殖毒性	LOEL、NOEL、R phrase、由于暴露于化学品而导致的体重和数量的变化或者某种定性毒理学证据
物理危害及其他属性	沸点、可燃性、化学活性、腐蚀性

① 水生生物毒性：水生生物毒性根据受试时间、毒性指标等因素，主要分为急性毒性、慢性毒性、遗传毒性和内分泌干扰毒性。急性毒性主要有半数效应浓度（EC_{50}）、半数致死浓度（LC_{50}）、半数致死剂量（LD_{50}）等。慢性毒性主要有最低观察效应浓度（LOEC）、无观察效应浓度（NOEC）、无观察效应水平（NOEL）、预测无效应浓度（PNEC）、半数效应浓度（EC_{50}）、半数致死浓度（LC_{50}）、百分之十效应浓度（EC_{10}）等。其他基准包括辛醇-水分配系数（K_{OW}）、生物浓缩因子（BCF）、分子质量等。目前最常用的毒理学终点包括半数致死浓度（LC_{50}）和半数效应浓度（EC_{50}）。

② 陆生生物（非哺乳类）毒性：陆生生物急性毒性数据包括半数效应剂量（ED_{50}）、半数效应浓度（EC_{50}），半数致死剂量（LD_{50}），慢性毒性数据主要包括最低观察效应水

平（LOEL）、无观察效应水平（NOEL）等。最常用的毒理学终点为半数致死剂量（LD_{50}）。

③ 哺乳类或人体非致癌效应：急性毒性终点包括半数效应剂量（ED_{50}）、半数致死浓度（LC_{50}）、半数致死剂量（LD_{50}）等。慢性毒性终点包括半数效应剂量（ED_{50}）、最低观察效应浓度（LOEC）、最低观察效应水平（LOEL）、无观察效应浓度（NOEC）、无观察效应水平（NOEL）、重复剂量毒性（R phrase）、毒性严重程度等级（R_V）、最大推荐日剂量（MRDD）、最小风险水平（MRLs）、参考剂量（RfD）和参考浓度（RfC）、短期暴露极限（STEL）、允许最高浓度（TLV）等。其中常用的毒理学终点包括急性半数致死剂量（LD_{50}）、慢性最低观察效应水平（LOEL）、无观察效应水平（NOEL）、参考剂量（RfD）或者参考浓度（RfC）。

④ 致癌、致畸和基因毒性：致癌毒性终点包括百分之十效应剂量（ED_{10}）、半数毒性剂量（TD_{50}）、水体消毒副产物致癌性评估（DBP-CAN）、由于暴露于化学品而导致的体重和数量的变化或者某种定性毒理学证据、重复剂量毒性（R phrase）等。致畸毒性数据包括致突变证据、效应的严重性或剂量、由于暴露于化学品而导致的体重和数量的变化或者某种定性毒理学证据、重复剂量毒性（R phrase）等。基因毒性包括最低观察效应水平（LOEL）、效应的严重性或剂量、重复剂量毒性（R phrase）等。综合上述毒性终点的使用现状，结果表明，最常用的终点包括由于暴露于化学品而导致的体重和数量的变化或者某种定性毒理学证据。

⑤ 生长/繁殖毒性：生长/繁殖毒性终点包括最低观察效应水平（LOEL）、无观察效应水平（NOEL）、重复剂量毒性（R phrase）、由于暴露于化学品而导致的体重和数量的变化或者某种定性毒理学证据等。常用的终点包括由于暴露于化学品而导致的体重和数量的变化或者某种定性毒理学证据。

⑥ 物理危害及其他属性：其终点主要包括沸点、可燃性、反应性、腐蚀性等。常用的终点包括可燃性及化学活性。

对于水生生物毒性和陆生生物（非哺乳类）毒性而言，由于缺乏慢性毒性数据，通常选择急性毒性数据。由于风险评价中慢性毒性数据相对缺乏，急需有关慢性或亚慢性数据的毒理学研究。对于哺乳或者非致癌人体效应，上述列出的毒理学终点在生态系统研究或者人体健康研究中都有应用。在致癌、致畸以及基因毒性的有关毒理学数据中，目前多数侧重于使用定性数据，仅有少数筛选方法使用了定量数据，比如致癌斜率因子等。随着该领域研究的增多，定量数据将会逐渐被应用于污染物筛选评价中。

表 2-3 汇总了表征暴露潜能以及实际暴露环境浓度的终点，这些表征暴露的终点用来衡量化学品的暴露潜能或者实际暴露水平。最常用的表征暴露的终点包括：

① 生物/化学转化属性：其终点包括光降解潜能（半衰期）、活性污泥（CO_2 呼吸量）、生化需氧量（BOD）、特征同向全球半衰期（τ）、特征同向迁移范围（ρ）、降解半衰期（水、土壤、沉积物、大气）、水解、OECD/ISO 降解性能测试、整体持久性、光降解转化率（CO_2 呼吸量或有机组分含量）、Biowin 3 或 Biowin 5 的降解结果等。其中常用的终点包括化合物在生物体、空气、水、土壤以及沉积物中的半衰期（$T_{1/2}$）。

② 迁移与分布属性：该属性的终点包括生物累积因子（BAF）或生物浓缩因子

（BCF）、沸点、逸度、亨利常数（K_H）、辛醇-空气分配系数（K_{OA}）、有机碳-水分配系数（K_{OC}）、辛醇-水分配系数（K_{OW}）、长距离迁移潜力（LRTP）、熔点、分子量、净通量、蒸气压、水溶解度、是否经口或皮肤吸收或吸附等。其中常用的终点包括生物累积因子（BAF）、生物浓缩因子（BCF）、辛醇-水分配系数（K_{OW}）。

③ 排放量、检出率、剂量或浓度：其终点包括排放量和使用量及使用频率、环境浓度实测值、环境浓度预测值、日暴露剂量、排放权重因子（RWF）、检出率、日参考剂量、病理学剂量（TD）、摄入量等。其中常用的终点包括排放量、使用量、环境浓度（模型估算或者实际测定数据）。

表 2-3　暴露表征所采用的终点汇总

暴露属性	终点
生物/化学转化属性	光降解潜能（半衰期） 活性污泥（CO_2 含量） 生化需氧量（BOD） 特征同向全球半衰期（τ） 特征同向迁移范围（ρ） 降解半衰期（水、土壤、沉积物、大气） 水解 OECD/ISO 降解性能测试 整体持久性 光降解转化率（CO_2 或有机组分含量） Biowin 3 或 Biowin 5 的降解结果
迁移与分布属性	生物累积因子（BAF）或生物浓缩因子（BCF） 沸点 逸度 亨利常数（K_H） 辛醇-空气分配系数（K_{OA}） 有机碳-水分配系数（K_{OC}） 辛醇-水分配系数（K_{OW}） 长距离迁移潜力（LRTP） 熔点 分子量 净通量 蒸气压 水溶解度 是否经口或皮肤吸收或吸附
排放量、检出率、剂量或浓度	排放量和使用量及使用频率 环境浓度实测值 环境浓度预测值 日暴露剂量 排放权重因子（RWF） 检出率 日参考剂量 病理学剂量（TD） 摄入量

暴露浓度受多种因素影响，通常与污染物的排放量、使用量、环境中的迁移以及在不同环境介质中的分配、归趋过程有关。在现有的筛选方法中，多数使用模型估算环境中污染物的浓度，很少有方法使用环境实测浓度。美国的候选污染物清单筛选方法采用测定浓度进行暴露表征，但是，在缺乏测定浓度数据的情况下，使用量和总排放量则被用于表征暴露量。

2.2.3 筛选基准

一旦确定了终点，下一步将是设定筛选基准。通过对比污染物的实际数据与基准值来判断该物质是否应被优先控制与管理。

目前有关基准值的设定方面没有科学意义上的共识。表 2-4 列出了文献中有关生物累积性的基准与评分原则。首先，对于基准值的设定没有统一的规定和方式。有的方法采用非黑即白的双边判断模式，而有的筛选方法则采用赋分的方式进行分级；其次，不同的方法采用的基准值存在较大的差异；最后，由于不同的基准值而导致该终点在整体得分中的权重有所不同。

表 2-4　不同筛选方法生物累积性筛选基准

BCF 或 BAF	评分或判定	参考文献
>5000	B	(Hughes et al.，2009；UNEP，2001；UNECE，1998；USEPA，1998)
>1000	B	(USEPA，1998)
>500	B	(OSPAR，2006)
>2000	B	(EC，2003)
>5000	vB	(EC，2003)
<100	低	
100~5000	中等	(Baun et al.，2006)
≥5000	高	
<100	0 (0)	
100~1000	1 (0.33)	
1000~10000	2 (0.67)	(Lerche et al.，2002；Hansen et al.，2010)
>10000	3 (1)	
无 BCF	3 (1)	
>100000	5 (1)	
>10000 ~100000	4 (0.8)	
>1000~10000	3 (0.6)	(Snyder et al.，2000b)
>100 ~ 1000	2 (0.4)	
≤100	1 (0.2)	
10<BCF≤10000	$HV_{BCF}=0.5(\lg BCF)+0.5$	
BCF≤10	$HV_{BCF}=1$	(Swanson et al.，1997)
BCF>10000	$HV_{BCF}=2.5$	

注：1. B 代表具有生物累积性，vB 代表具有强生物累积性；

2. 缩写：BCF，生物浓缩因子（bioconcentration factor）；BAF，生物累积因子（bioaccumulation factor）；UNEP，联合国环境项目（United Nations Environmental Program）；UNECE，联合国欧洲经济委员会（United Nations Economic Commissions for Europe）；USEPA，美国环保局（United States Environmental Protection Agency）；OSPAR，奥斯陆和巴黎委员会（Oslo and Paris Commissions）；EC，欧盟委员会（European Commissiom）。

对于毒性的基准设置，不同的筛选方法使用的基准值有一定差异，其中水生生物的急性半数致死浓度（LC_{50}）是常用的终点之一，表 2-5 列出了不同方法中所采用的基准值。可以看出，目前在基准值设定上也没有共识。此外，在基于风险的筛选方法中，需要针对每个污染物设定筛选基准。目前已经存在一些筛选基准，比如美国国家海洋与大气管理局的筛选基准值、第四区（Region Ⅳ）生态筛选基准值、第三区（Region Ⅲ）淡水生态筛选基准值、第五区（Region Ⅴ）生态筛选基准值等。有关筛选基准的推导方法可以参考 Barron 等和 Suter 等的综述。

表 2-5　基于危害的筛选方法中急性 LC_{50} 的筛选基准

急性 LC_{50}/(mg/L)	评分或判定	参考文献
$1 \leqslant LC_{50} < 1000$ $\geqslant 1000$ < 1	$HV_{FA} = -1.67(\lg LC_{50}) + 5.0$ $HV_{FA} = 0$ $HV_{FA} = 5$	(Davis et al.,1994)
$\leqslant 1$ $1 < LC_{50} \leqslant 10$ > 10	高危害 中等危害 低危害	(USEPA,2009e)
1 $1 \sim 100$ > 100	高危害 中等危害 低危害	(Ralston et al.,2000)
< 1	T	(Hughes et al.,2009；OSPAR,2006)
< 1 $1 \sim 10$ $10 \sim 100$ $100 \sim 1000$ > 1000	2 1.5 1 0.5 0.25	(Senese et al.,2010)
$\geqslant 25$ $2.5 \leqslant LC_{50} < 25$ $0.2 < LC_{50} < 2.5$ $\leqslant 0.2$	低危害 中等危害 高危害 超高危害	(Juraske et al.,2007)
$\geqslant 100$ $1 \leqslant LC_{50} < 100$ < 1	低危害 中等危害 高危害	(Baun et al.,2006)
$\leqslant 1$ $1 < LC_{50} \leqslant 10$ $10 < LC_{50} \leqslant 100$ $100 < LC_{50} \leqslant 1000$ > 1000	5 4 4 2 1	(UNECE,1998)

注：1. T 代表具有高毒性；

2. 缩写：LC_{50}，半数致死浓度；HV，危害性得分（hazard value）。

2.2.4　暴露评估

暴露浓度是风险评价中亟须的数据，也是优先污染物筛选中亟须的。文献中涉及的大部分筛选方法都使用与污染物归趋和转换相关的参数来表征暴露潜能，但 COMMPS、CCL3、RSEI、CHIAT 和 SECIS 等筛选方法也考虑了环境浓度（实测值或计算值）。

模型模拟是用来表征环境暴露的主要方法之一。在缺乏实测数据的情况下，COMMPS 可应用多介质质量平衡模型来预测环境浓度。Whiteside 等也建立了一种基于风险的用于杀虫剂排序的方法，该方法中应用了 GENECC 模型来预测不同暴露途径下的暴露浓度。在其他筛选方法中用到的模型包括 EMEA 模型、SEWSYS 模型和基于 GIS 的模型。

在筛选方法中应用模型是优劣并存的。其主要优势在于管理者可利用模型来预测尚未合成的化学品在环境中的归趋、暴露及浓度，而这些是无法从环境中实测获取的。此外，在时间和资源都非常有限的大尺度环境模拟中，模型是非常有用的可获取环境浓度数据的工具。其劣势则在于模型的不确定性和可靠的模型输入数据相对缺乏。

另一种获取环境暴露浓度的方法涉及对某特定场所实测数据的利用。实测数据一般通过常规监测或文献调研获取。通常而言，在污染物筛选中实测数据更受推崇，但由于资源的限制、合适的监测方法缺乏等原因，实测数据不易获取。尤其是在发展中国家，其较落后的社会发展状况及监测方法为获取实测数据带来了更大的难度。

在本文综述涉及的方法中，仅有 4 种考虑了实测值，均为文献值或数据库检索值。这 4 种方法分别是 CCL3、COMMPS、CHIAT 和 SECIS。可能存在的问题是常规监测数据通常是根据现有标准进行例行监测，因此，常规监测手段可能忽略了新兴污染物以及污染物的降解产物，而且这与筛选未知潜在风险污染这一出发点相悖。针对高效识别和分析环境中遗留化合物与新兴污染物的需要，快速灵敏的识别方法得到了发展。随着分析科学的发展和高级分析技术在环境监测与研究中的深入应用，越来越多与污染物浓度、归趋及其行为相关的数据已经比以往更易获取。在各种分析方法中，多残留、多种类或者高通量分析方法正成为研究热点，这些方法为更深入地认知污染物在环境中的赋存状况提供了工具。因此，我们推荐在筛选方法中集中应用多残留方法，尤其是对于某一特定场所污染物的筛选。

表 2-6 总结了一些最近的关于多残留方法的典型研究。这些不同的方法中涵盖了大范围的化学品，包括杀虫剂（如有机氯农药，含氮、含磷、含氯杀虫剂）及其代谢物、药品及个人护理品（PPCPs）、多氯联苯（PCBs）、多环芳烃（PAHs）、多溴联苯醚（PBDEs）、多氯代二苯并二噁英或呋喃（PCDD/Fs）、持久性有机污染物（POPs）、多肽药物和真菌毒素等。已有各种方法被开发出来用于不同的环境基质，如水/污水、沉积物、土壤、动物饲料、牛奶、谷物、茶叶、蜂蜜、烟草及动物纤维。可喜的是某些研究在多残留方法中还关注于非目标化合物的分析，这将促进多残留方法在筛选方法中应用，以此来识别潜在污染物。以上种种迹象表明，多残留方法在环境化学品识别中具有巨大的潜力。

表 2-6　近年来开发的多残留分析方法

污染物种类	数目[①]	介质	样品净化	使用仪器	文献
有机氯农药	16	鱼食	液液萃取、SPE	GC-MS/MS	(Nardelli et al.,2010)
拟除虫菊酯农药	6	茶叶	多层 SPE	UPLC-MS/MS	(Lu et al.,2010)
农药类	85	沉积物	SPE	GC-MS	(Smalling et al.,2008)
兽药	107	鸡蛋、肉类	StrataX SPE	HRLC-ToF-MS	(Peters et al.,2009)

污染物种类	数目[①]	介质	样品净化	使用仪器	文献
农药、内分泌干扰物等	934	水	—	LVI-GC-MS	(Gómez et al.，2009)
药物	76	屠宰废水	氨基键合 SPE	LC-MS/MS	(Shao et al.，2009)
苯并咪唑类药物	19	牛奶	液液萃取	LC-MS	(Jedziniak et al.，2009)
多环芳烃、多氯联苯、酚、激素	41	水	—	LVI-GC-MS	(Prieto et al.，2010)
多环芳烃、多氯联苯、酚、农药	150	水	—	GC-ToF-MS	(Portolés et al.，2011)
消炎药	7	牛奶	液液萃取	LC-MS/MS	(Malone et al.，2009)
药物、农药及其转化产物	12	废水	—	LC-HR-MS/MS	(Helbling et al.，2010)
药物	47	污水、地表水	—	UPLC-MS/MS	(Gracia-Lor et al.，2011)
农药、酚、氯苯、多环芳烃	60	水	—	GC-ToF-MS	(Hernández et al.，2007)
微污染物及其降解产物	400	地表水、废水	—	LC-ToF-MS	(Gómez et al.，2009)
抗生素	14	沉积物	反相 HLB	RRLC-MS/MS	(Yang et al.，2010)
多氯联苯、多溴联苯醚	14	羊肝	在线净化	GC-MS	(Zhang et al.，2011)
溴代杀虫剂	8	水果	SPE	LC-MS/MS	(Kim et al.，2013)
抗生素	22	肉类	QuEChERS	HPLC-MS	(Chen et al.，2014)
抗生素	46	鸡蛋	SPE	HPLC-MS/MS	(Bladek et al.，2012)
杀虫剂	118	烟草	QuEChRS	LC-MS/MS	(Yang et al.，2014)
磺胺类药物	22	肉类	QuEChRS	HPLC-HRMS	(Abdallah et al.，2014)
兽药	120	器官	SPE	LC-MS/MS	(Schneider et al.，2012)
抗生素	41	牛肉	SPE	UHPLC-MS/MS	(Freitas et al.，2014)
杀虫剂	78	茶叶	D-SPE	GC-MS/MS	(Hou et al.，2014)
兽药	200	蜂蜜	SPE	UHPLC-MS/MS	(Spoerri et al.，2014)
抗生素	33	牛奶	SPE	UHPLC-MS/MS	(Freitas et al.，2013)
农药	373	菠菜	SPE	SFC/MS	(Ishibashi et al.，2015)
抗生素	43	肉类	D-SPE	UHPLC-MS/MS	(Yamaguchi et al.，2015)
农药	219	谷类	D-SPE	GC-MS/MS	(He et al.，2015)
农药	259	烟草	D-SPE	GC-MS/MS	(Khan et al.，2015)
农药和多环芳烃	119	多脂鱼	D-SPE	GC-MS/MS	(Chatterjee et al.，2016)
农药	114	烟草	SPE	GC-MS	(Cao et al.，2016)
农药	135	蔬菜	QuEChERS，	GC-ToF-MS	(Meghesan-Breja et al.，2015)
农药辅剂	6	小米、山药	QuEChERS	GC-MS	(Qi et al.，2019)
多氯联苯	38	茶叶	D-SPE	GC-MS	(Gao et al.，2020)
持久性有机污染物	85	人体血清	QuEChERS	GC-EI-MS/MS	(Lee et al.，2020)
农药	41	水果	QuEChERS	GC-MS/MS	(Lachter et al.，2020)
抗生素	40	牛奶、肌肉、肝脏	SPE	UHPLC-MS/MS	(Freitas et al.，2016)
药物	53	水体、沉积物、悬浮固体	SPE，MAE	LC-ESI-MS-MS	(Aminot et al.，2015)

续表

污染物种类	数目①	介质	样品净化	使用仪器	文献
农药	243	豆蔻	QuEChERS	GC-MS/MS	(Shabeer et al.,2018)
农药	50	水果	QuEChERS	UPLC/Q-ToF-MS	(Yang et al.,2018)
兽药	128	肉类	QuEChERS	LC-MS/MS	(Wei et al.,2015)
农药	44	菠菜	QuEChERS	LC-MS/MS	(Qin et al.,2016)
农药	37	烟草	r-DSPE	LC-MS	(Yu et al.,2015)
杀菌剂	26	牛奶、肉类	SPE	UPLC-qOrbitrap	(Cepurnieks et al.,2015)
药品及个人护理品	29	水生物	PuLE/SPE	LC-MS/MS	(Miller et al.,2015)
真菌毒素	8	花粉	QuEChERS	GC-MS/MS	(Morariu et al.,2017)
多肽药物	7	鸡肉	SPE	LC-MS/MSB	(Boison et al.,2015)
激素和抗生素	12	肉类	PLE	UHPLC-MS/MS	(Wang et al.,2019)
药物	164	肉类	SPE	UHPLC-HRMS	(Pugajeva et al.,2019)
镇静剂	14	人体血浆	SPE	UPLC-MS/MS	(Zhang et al.,2018)

① 分析化合物的数目。

注：缩写：GC，气相色谱（gas chromatography）；MS，质谱（mass spectrometry）；UPLC，超高效液相色谱（ultra performance liquid chromatography）；SPE，固相萃取（solid phase extraction）；HRLC，高分辨率液相色谱（high resolution liquid chromatography）；ToF-MS，飞行时间质谱（time of flight-mass spectrometry）；LVI，大体积进样（large volume injection）；HPLC，高效液相色谱（high performance liquid chromatography）；Q-ToF-MS，四级杆-飞行时间质谱（quadrupole-time of flight mass spectrometry）；RRLC，快速高分辨液相色谱（rapid resolution liquid chromatography）；ECD，电子捕获检测器（electron capture detector）；QuEChERS，快速、简单、廉价、有效、稳定和安全净化程序（quick，easy，cheap，effective，rugged and safe procedure）；D-SPE，分散固相萃取（dispesive solid phaed extraction）；UHPLC，超高压液相色谱（ultra high-pressure liquid chromatography）；SFC，超临界流体色谱（supercritical fluid chromatography）；EI，电子轰击离子化（electron impact ionization）；ESI-MS，电喷雾电离质谱（electrospray ionization mass spectrometry）；r-DSPE，反分散固相萃取（reversed dispersive solid phase extraction）；UPLC-qOrbitrap，超高效液相色谱-四极轨道质谱联用（ultra performance liquid chromatography coupled to quadrupole orbitrap mass spectrometry）；PLE，加压溶剂萃取（pressurized liquid extraction）；UHPLC-HRMS，液相色谱与高分辨率轨道质谱联用（liquid chromatography coupled to high resolution orbitrap mass spectrometry）；MAE，微波辅助提取（microwave assisted extraction）。

近年来，多残留方法正在优先污染物筛选研究领域逐步发展，尤其是在针对特定场所的优先污染物筛选。Bruchet 等针对污水及天然水中的 EDCs、PPCPs 的筛选建立了一个广谱的分析方法。此外，还有研究者建立了针对水体中酚类的筛选方法，并将其成功应用于太湖优先控制酚类的筛选。我们坚信高通量多残留方法将在筛选方法的应用中展现出良好的前景。

2.3　方法学研究进展评述

尽管不同的生态风险以及环境管理中采用的术语有所不同，但是污染物筛选是识别风险因子，为生态风险评价提供目标的主要手段。由于缺乏环境实测数据，目前大多数筛选方法是基于危险的体系。尽管图 2-1 给出了统一的筛选方法框架，但是在终点选择、筛选基准设定、权重与整合数据方面没有达成共识。

对于不同的筛选方法及依据，目前面临的最主要的问题在于根据物质持久性、生物累积性等性质进行的筛选只是考虑了物质本身的属性，没有结合环境中污染物的分布状况。毒性是一个与剂量有关的量，有些学者认为 PBT 评价只能表征该种物质是否"危险"，而并不能表征其在环境中对生态系统及人体健康的"风险"，即"危险"是物质持久性、生物累积性及毒性的函数，而"风险"则是物质的持久性、生物累积性、毒性及含量的函数。因此，开展以风险分析为基础的污染物筛选是非常必要的。

使用以风险分析为基础的筛选手段迫切需要解决以下几个问题：第一，如何提高化学分析的准确度和灵敏度，尽可能多地检测出环境中存在的痕量污染物。虽然目前已经存在一些多残留分析方法，但也仅仅限于现有管理标准的污染物列表。因此，急需一套高通量的可以同时识别和计算环境中污染物含量的前处理方法。第二，如何提高暴露评价准确度与精确度，目前暴露评价模型有很多，比如 EUSES、E-FAST 等。但是，再有效的模型也存在缺陷。对于水体生物，弄清楚其分配过程以及生物有效性是关键。第三，如何提高 PNEC 推导的准确度。如上所述，PNEC 的获取要通过 NOEC 来计算，而 NOEC 的计算则存在难度。首先，毒理学慢性数据的缺乏，急慢性转换因子是一种常用的急慢性数据转换的方法，欧盟推荐对于一般有机化合物采用 100，但是目前研究表明，雌激素类化合物具有不同的急慢性转换因子；其次，实验室内获取的毒性数据是个体水平上获得的，如何外推至种群乃至群落水平是目前应当急需解决的一个问题。

环境中优先污染物筛选是目前的热点研究课题之一，建立环境优先污染物清单是实现科学环境管理的重要途径。本章基于大量研究总结了环境化学品的筛选方法，是对目前筛选研究领域一个较为系统的概括。在前人研究的基础上，我们从整体上总结了环境化学品筛选的基本步骤，如图 2-2 所示。

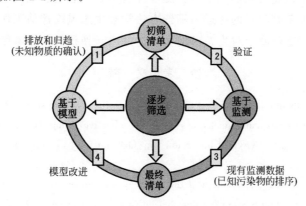

图 2-2　环境化学品筛选的基本步骤

基于现有监测数据对化学品的筛选目标性强，是在长期监测和大量毒性试验的基础上确定的优控污染物清单，同时也是对已产生环境危害的化学品的验证。该筛选方法所涉及的化学品，从进入环境后的暴露水平，到化学品的环境归趋，再到定量的毒性效应评价，都在国际上获得了广泛认可，比如斯德哥尔摩公约确定的农药、多氯联苯类化合物、多环芳烃类化合物等优控持久性有机污染物。然而，伴随着化学品数量的逐年递增，越来越多进入环境的化学品缺乏监测数据，再加上化学品之间、环境与化学品之间的交互作用，增加了环境分析的复杂性，识别具有潜在危害但缺乏监测数据的化学品就存在一定的阻碍，单纯依靠监测手段筛选化学品无法满足需求。因此，环境模型在预测化学品的存在水平、环境归趋过程和 PBT 属性方面，一定程度上解决了数据匮乏的问题。随着研究不断深入，针对化学品的筛选模型也在不断发展。一是表现在暴露水平和归趋过程的预测上，具有代表性的环境多介质模型具有广泛应用，该方法可以辅助研究人员评估进入各环境介质的量以及在不同环境介质间的迁移转化过程。目前，多介质模型在空间维度和时间尺度上评估河流中污染物的应用较多。二是表现在预测化学品属性方面，针对化学品比较显著的持久性、生物累积性、毒性和长距离迁移性等评价特征，特别是化学品的毒性预测，相关模型有美国环保局开发的 ECOSAR 预测软件，PBT Profiler 软件和基于化学品结构建立的 QSAR 模型等。化学品属性的预测模型主要基于分子结构，其结果可为筛选提供数据支持。基于模型的筛选方法与基于监测的筛选方法相比，各有优势和缺点。基于模型的筛选方法可以弥补数据的缺乏，对于环境潜在危害化学品具有预测性作用，但在模拟的同时也引入了不确定性。基于监测的筛选方法对已产生或具有显著危害性的化学品具有较强的目标性，是对有害化学品的验证。综合分析，模型和监测的筛选方法相结合将有效促进优控污染物清单的建立，特别是对监测数据较少，但有证据表明该化学品具有潜在危害性的物质进行筛选，比如 PPCPs 和 EDCs 等新兴污染物。为了更加详细地介绍有关环境化学品的筛选方法和风险评价，以及相关控制技术和策略。后续章节我们将以 PPCPs 为例，分别从基于监测数据对高风险 PPCPs 的筛选，基于模型对高风险 PPCPs 的筛选，基于监测和模型结合的高风险 PPCPs 的筛选，典型高风险 PPCPs 的水生态基准、生态风险评估，以及高风险 PPCPs 的控制技术和策略等方面综合介绍 PPCPs 的筛选及生态风险评估。在社会经济和科学技术快速发展的助推下，随着环境学、生态学、地理学、生物学、分析技术、数学和概率学等基础学科的渗透，筛选方法学和生态风险评估工作还有很大的发展空间，这些工作将在一定程度上对生态环境和人体健康起到积极的保障作用。

参 考 文 献

Abdallah H，Arnaudguilhem C，Jaber F，et al.，2014. Multiresidue analysis of 22 sulfonamides and their metabolites in animal tissues using quick，easy，cheap，effective，rugged，and safe extraction and high resolution mass spectrometry（hybrid linear ion trap-Orbitrap）［J］. Journal of Chromatography A，1355：61-72.

Ågerstrand M，Rudén C，2010. Evaluation of the accuracy and consistency of the Swedish Environmental Classification and Information System for pharmaceuticals［J］. Science of the Total Environment，408（11）：2327-2339.

Aminot Y，Litrico X，Chambolle M，et al.，2015. Development and application of a multi-residue method for the determination of 53 pharmaceuticals in water，sediment，and suspended solids using liquid chromatography-tandem mass spectrometry［J］. Analytical and Bioanalytical Chemistry，407（28）：8585-8604.

Aront J A，Mackay D，2008. Policies for chemical hazard and risk priority setting：Can persistence，bioaccumulation, toxicity, and quantity information be combined? [J]. Environmental Science and Technology, 42 (13): 4648-4654.

Arnot J A, Mackay D, Webster E, et al., 2006. Screening level risk assessment model for chemical fate and effects in the environment [J]. Environmental Science and Technology, 40 (7): 2316-2323.

ATSDR, 2009. 2007 CERCLA priority list of hazardous substances that will be the subject of toxicological profiles and support document [R]. Washington, DC: U. S. Department of Health and Human Services, Agency for Toxic Substances and Disease Registry.

Barron M G, Wharton S R, 2005. Survey of methodologies for developing media screening values for ecological risk assessment [J]. Integrated Environmental Assessment and Management, 1 (4): 320-332.

Baun A, Eriksson E, Ledin A, et al., 2006. A methodology for ranking and hazard identification of xenobiotic organic compounds in urban stormwater [J]. Science of the Total Environment, 370 (1): 29-38.

Bladek T, Posyniak A, Gajda A, et al., 2012. Multi-class procedure for analysis of antibacterial compounds in eggs by liquid chromatography-tandem mass spectrometry [J]. Bulletin of the Veterinary Institute in Pulawy, 56 (3): 321-327.

Boison J O, Lee S, Matus J, 2015. A multi-residue method for the determination of seven polypeptide drug residues in chicken muscle tissues by LC-MS/MS [J]. Analytical and Bioanalytical Chemistry, 407 (14): 4065-4078.

Breton R, Chénier R, 2000. Environmental categorization and screening of the Canadian Domestic Substances List [M]. Washington, DC: American Chemical Society.

Buchman M F, 2008. NOAA screening quick reference tables [R]. Seattle, WA: Office of Response and Restoriation Division, National Oceanic and Atmospheric Administration.

Cao J, Sun N, Yu W, et al., 2016. Multiresidue determination of 114 multiclass pesticides in flue-cured tobacco by solid-phase extraction coupled with gas chromatography and tandem mass spectrometry [J]. Journal of Separation Science, 39 (23): 4629-4636.

CEPA, 2003. Guidance manual for the categorization of organic and inorganic substances on Canada's Domestic Substances List [R]. Quebec: Existing Substances Branch, Environment Canada.

Cepurnieks G, Rjabova J, Zacs D, et al., 2015. The development and validation of a rapid method for the determination of antimicrobial agent residues in milk and meat using ultra performance liquid chromatography coupled to quadrupole-Orbitrap mass spectrometry [J]. Journal of Pharmaceutical and Biomedical Analysis, 102: 184-192.

Chatterjee N S, Utture S, Banerjee K, et al., 2016. Multiresidue analysis of multiclass pesticides and polyaromatic hydrocarbons in fatty fish by gas chromatography tandem mass spectrometry and evaluation of matrix effect [J]. Food Chemistry, 196: 1-8.

Chen Y, Schwack W, 2014. High-performance thin-layer chromatography screening of multi class antibiotics in animal food by bioluminescent bioautography and electrospray ionization mass spectrometry [J]. Journal of Chromatography A, 1356: 249-257.

CMTI, 2006. Indiana relative chemical hazard score (IRCHS) [M]. Washington, DC: Unitecl States Environmental Protection Agency.

Davis G, Jones S, 1994. Comparative evaluation of chemical ranking and scoring methodologies [R]. Tennessee, USA: Center for Clean Products and Clean Technologies: University of Tennessee.

EC, 2003. Technical guidance document on risk assessment [R]. Ispra, Italy: Joint Research Centre, Institute for Health and Consumer Protection, European Chemicals Bureau.

Eriksson E，Baun A，Mikkelsen P S，et al.，2005. Chemical hazard identification and assessment tool for evaluation of stormwater priority pollutants [J]. Water Science and Technology，51（2）：47-55.

Eriksson E，Baun A，Mikkelsen P S，et al.，2006. Selected stormwater priority pollutants（SSPP）-Introduction and database [R]. Copenhagen，Denmark：Institute of Environment and Resources，Technical University of Denmark.

Eriksson E，Baun A，Scholes L，et al.，2007. Selected stormwater priority pollutants-a European perspective [J]. Science of the Total Environment，383（1-3）：41-51.

Finizio A，Calliera M，Vighi M，2001. Rating systems for pesticide risk classification on different ecosystems [J]. Ecotoxicology and Environmental Safety，49（3）：262-274.

Foran B A，Glenn B S，1993. Criteria to identify chemical candidates for sunsetting in the Great Lake basin [R]. Washington，DC：Department of Health Care Science：The George Washington University.

Freitas A，Barbosa J，Ramos F，2013. Development and validation of a multi-residue and multiclass ultra-high-pressure liquid chromatography-tandem mass spectrometry screening of antibiotics in milk [J]. International Dairy Journal，33（1）：38-43.

Freitas A，Barbosa J，Ramos F，2014. Multi-residue and multi-class method for the determination of antibiotics in bovine muscle by ultra-high-performance liquid chromatography tandem mass spectrometry [J]. Meat Science，98（1）：58-64.

Freitas A，Barbosa J，Ramos F，2016. Matrix effects in ultra-high-performance liquid chromatography-tandem mass spectrometry antibiotic multi-detection methods in food products with animal origins [J]. Food Analytical Methods，9（1）：23-29.

Friday G P，1998. Ecological Screening values for surface water，sediment，and soil [R]. Aiken，SC：Weistinghouse Savannah River Company，Savannah River Technology Center.

Gao G，Chen H，Dai J，et al.，2020. Determination of polychlorinated biphenyls in tea using gas chromatography-tandem mass spectrometry combined with dispersive solid phase extraction [J]. Food Chemistry，316：126290.

Gómez M J，Gomez-Ramos M M，Aguera A，et al.，2009. A new gas chromatography/mass spectrometry method for the simultaneous analysis of target and non-target organic contaminants in waters [J]. Journal of Chromatography A，1216（18）：4071-4082.

Gómez M J，Gomez-Ramos M M，Malato O，et al.，2010. Rapid automated screening，identification and quantification of organic micro-contaminants and their main transformation products in wastewater and river waters using liquid chromatography-quadrupole-time-of-flight mass spectrometry with an accurate-mass database [J]. Journal of Chromatography A，1217（45）：7038-7054.

Gracia-Lor E，Sancho J V，Hernandez F，2011. Multi-class determination of around 50 pharmaceuticals，including 26 antibiotics，in environmental and wastewater samples by ultra-high performance liquid chromatography-tandem mass spectrometry [J]. Journal of Chromatography A，1218（16）：2264-2275.

Guinée J，Heijungs R，1993. A proposal for the classification of toxic substances within the framework of life cycle assessment of products [J]. Chemosphere，26（10）：1925-1944.

Gustafson D I，1989. Groundwater ubiquity score：A simple method for assessing pesticide leachability [J]. Environmental Toxicology and Chemistry，8（4）：339-357.

Halfon E，Reggiani M G，1986. On ranking chemicals for environmental hazard [J]. Environmental Science and Technology，20（11）：1173-1179.

Hansen B G，Van Haelst A G，Van Leeuwen K，et al.，1999. Priority setting for existing chemicals：

European Union risk ranking method [J]. Environmental Toxicology and Chemistry, 18 (4): 772-779.

He Z, Wang L, Peng Y, et al., 2015. Multiresidue analysis of over 200 pesticides in cereals using a QuEChERS and gas chromatography-tandem mass spectrometry-based method [J]. Food Chemistry, 169: 372-380.

Helbling D E, Hollender J, Kohler H-P E, et al., 2010. High-throughput identification of microbial transformation products of organic micropollutants [J]. Environmental Science & Technology, 44 (17): 6621-6627.

Hernández F, Portoles T, Pitarch E, et al., 2007. Target and nontarget screening of organic micropollutants in water by solid-phase microextraction combined with gas chromatography/high-resolution time-of-flight mass spectrometry [J]. Analytical Chemistry, 79 (24): 9494-9504.

Hertwich E G, Mateles S F, Pease W S, et al., 2001. Human toxicity potentials for life-cycle assessment and toxics release inventory risk screening [J]. Environmental Toxicology and Chemistry, 20 (4): 928-939.

Hou X, Lei S, Qiu S, et al., 2014. A multi-residue method for the determination of pesticides in tea using multi-walled carbon nanotubes as a dispersive solid phase extraction absorbent [J]. Food Chemistry, 153: 121-129.

Hughes K, Paterson J, Meek M E, 2009. Tools for the prioritization of substances on the Domestic Substances List in Canada on the basis of hazard [J]. Regulatory Toxicology and Pharmacology, 55 (3): 382-393.

Ishibashi M, Izumi Y, Sakai M, et al., 2015. High-throughput simultaneous analysis of pesticides by supercritical fluid chromatography coupled with high-resolution mass spectrometry [J]. Journal of Agricultural and Food Chemistry, 63 (18): 4457-4463.

Jedziniak P, Szprengier-Juszkiewicz T, Olejnik M, 2009. Determination of benzimidazoles and levamisole residues in milk by liquid chromatography-mass spectrometry: Screening method development and validation [J]. Journal of Chromatography A, 1216 (46): 8165-8172.

Juraske R, Anton A, Castells F, et al., 2007. PestScreen: A screening approach for scoring and ranking pesticides by their environmental and toxicological concern [J]. Environment International, 33 (7): 886-893.

Khan Z S, Girame R, Utture S C, et al., 2015. Rapid and sensitive multiresidue analysis of pesticides in tobacco using low pressure and traditional gas chromatography tandem mass spectrometry [J]. Journal of Chromatography A, 1418: 228-232.

Kim J H, Seo J S, Moon J K, et al., 2013. Multi-residue method development of 8 benzoylurea insecticides in mandarin and apple using high performance liquid chromatography and liquid chromatography-tandem mass spectrometry [J]. Journal of the Korean Society for Applied Biological Chemistry, 56 (1): 47-54.

Kools S A E, Boxall A, Moltmann J F, et al., 2008. A ranking of European veterinary medicines based on environmental risks [J]. Integrated Environmental Assessment and Management, 4 (4): 399-408.

Lachter D R, Nudi A H, Porto G F, et al., 2020. Multiresidue method for triazines and pyrethroids determination by solid-phase extraction and gas chromatography-tandem mass spectrometry [J]. Journal of Environmental Science and Health Part B, 55 (10): 865-875.

Lee J E, Oh H B, Im H, et al., 2020. Multiresidue analysis of 85 persistent organic pollutants in small human serum samples by modified QuEChERS preparation with different ionization sources in mass spectrometry [J]. Journal of Chromatography A, 1623: 461170.

Lerche D, Sorensen P B, Larsen H S, et al., 2002. Comparison of the combined monitoring-based and modelling-based priority setting scheme with partial order theory and random linear extensions for ranking of chemical substances [J]. Chemosphere, 49 (6): 637-649.

Lu C, Liu X, Dong F, et al., 2010. Simultaneous determination of pyrethrins residues in teas by ultra-performance liquid chromatography/tandem mass spectrometry [J]. Analytica Chimica Acta, 678 (1): 56-62.

Mackay D, Mccarty L S, Macleod M, 2001. On the validity of classifying chemicals for persistence, bio-accumulation, toxicity, and potential for long-range transport [J]. Environmental Toxicology and Chemistry, 20 (7): 1491-1498.

Macleod M, Scheringer M, Mckone T E, et al., 2010. The state of multimedia mass-balance modeling in environmental science and decision-making [J]. Environmental Science and Technology, 44 (22): 8360-8364.

Malone E M, Dowling G, Elliott C T, et al., 2009. Development of a rapid, multi-class method for the confirmatory analysis of anti-inflammatory drugs in bovine milk using liquid chromatography tandem mass spectrometry [J]. Journal of Chromatography A, 1216 (46): 8132-8140.

Meghesan-Breja A, Cimpoiu C, Hosu A, 2015. Multiresidue analysis of pesticides and metabolites from fruits and vegetables by gas chromatography-time-of-flight mass spectrometry [J]. Acta Chromatographica, 27 (4): 657-685.

Miller T H, Mceneff G L, Brown R J, et al., 2015. Pharmaceuticals in the freshwater invertebrate, Gammarus pulex, determined using pulverised liquid extraction, solid phase extraction and liquid chromatography-tandem mass spectrometry [J]. Science of the Total Environment, 511: 153-160.

Mitchell R R, Summer C L, Blonde S A, et al., 2002. SCRAM: A scoring and ranking system for persistent, bioaccumulative, and toxic substances for the North American Great Lakes-Resulting chemical scores and rankings [J]. Human and Ecological Risk Assessment, 8 (3): 537-557.

Morariu I D, Avasilcai L, Vieriu M, et al., 2017. Novel multiresidue method for the determination of eight trichothecene mycotoxins in pollen samples using QuEChERS-based GC-MS/MS [J]. Revista De Chimie, 68 (2): 304-306.

Muir D C G, Howard P H, 2006. Are there other persistent organic pollutants? A challenge for environmental chemists [J]. Environmental Science & Technology, 40 (23): 7157-7166.

Müller-Herold U, Morosini M, Schucht O, 2005. Choosing chemicals for precautionary regulation: A filter series approach [J]. Environmental Science & Technology, 39 (3): 683-691.

Naito W, Gamo Y, Yoshida K, 2006. Screening-level risk assessment of di (2-ethylhexyl) phthalate for aquatic organisms using monitoring data in Japan [J]. Environmental Monitoring and Assessment, 115 (1-3): 451-471.

Nardelli V, Dell'oro D, Palermo C, et al., 2010. Multi-residue method for the determination of organo-chlorine pesticides in fish feed based on a cleanup approach followed by gas chromatography-triple quadrupole tandem mass spectrometry [J]. Journal of Chromatography A, 1217 (30): 4996-5003.

OSPAR, 2006. Dynamic selection and prioritization mechanism for hazardous substances new DYNAMEC manual [M]. OSPAR Commission.

Pennington D W, Bare J C, 2001. Comparison of chemical screening and ranking approaches: the waste minimization prioritization tool versus toxic equivalency potentials [J]. Risk analysis, 21 (5): 897-912.

Peters R J B，Bolck Y J C，Rutgers P，et al.，2009. Multi-residue screening of veterinary drugs in egg，fish and meat using high-resolution liquid chromatography accurate mass time-of-flight mass spectrometry [J]. Journal of Chromatography A，1216（46）：8206-8216.

Portolés T，Pitarch E，Lopéz F J，et al.，2011. Development and validation of a rapid and wide-scope qualitative screening method for detection and identification of organic pollutants in natural water and wastewater by gas chromatography time-of-flight mass spectrometry [J]. Journal of Chromatography A，1218（2）：303-315.

Prieto A，Schrader S，Moeder M，2010. Determination of organic priority pollutants and emerging compounds in wastewater and snow samples using multiresidue protocols on the basis of microextraction by packed sorbents coupled to large volume injection gas chromatography-mass spectrometry analysis [J]. Journal of Chromatography A，1217（38）：6002-6011.

Pugajeva I，Ikkere L E，Judjallo E，et al.，2019. Determination of residues and metabolites of more than 140 pharmacologically active substances in meat by liquid chromatography coupled to high resolution Orbitrap mass spectrometry [J]. Journal of Pharmaceutical and Biomedical Analysis，166：252-263.

Qi Y，Ma C，Wan M，et al.，2019. Multiresidue determination of six pesticide adjuvants in characteristic minor crops using QuEChERS method and gas chromatography-mass spectrometry [J]. Chemistryselect，4（1）：66-70.

Qin Y，Huang B，Zhang J，et al.，2016. Analytical method for 44 pesticide residues in spinach using multi-plug-filtration cleanup based on multiwalled carbon nanotubes with liquid chromatography and tandem mass spectrometry detection [J]. Journal of Separation Science，39（9）：1757-1765.

Ralston M D，Fort D L，Jon J H，et al.，2000. The U. S. Environmental Protection Agency waste minimization prioritization tool：Computerized system for prioritizing chemicals based on PBT characteristics [M]. Washington，DC：American Chemical Society.

Reus J，Leendertse P，Bockstaller C，et al.，2002. Comparison and evaluation of eight pesticide environmental risk indicators developed in Europe and recommendations for future use [J]. Agriculture Ecosystems and Environment，90（2）：177-187.

Russom C L，Anderson E B，Greenwood B E，et al.，1991. ASTER：an integration of the AQUIRE data base and the QSAR system for use in ecological risk assessments [J]. The Science of the Total Environment，109-110：667-670.

Schneider M J，Lehotay S J，Lightfield A R，2012. Evaluation of a multi-class，multi-residue liquid chromatography-tandem mass spectrometry method for analysis of 120 veterinary drugs in bovine kidney [J]. Drug Testing and Analysis，4：91-102.

Senese V，Boriani E，Baderna D，et al.，2010. Assessing the environmental risks associated with contaminated sites：Definition of an Ecotoxicological Classification index for landfill areas（ECRIS）[J]. Chemosphere，80（1）：60-66.

Shabeer T P A，Girame R，Utture S，et al.，2018. Optimization of multi-residue method for targeted screening and quantitation of 243 pesticide residues in cardamom（Elettaria cardamomum）by gas chromatography tandem mass spectrometry（GC-MS/MS）analysis [J]. Chemosphere，193：447-453.

Shao B，Chen D，Zhang J，et al.，2009. Determination of 76 pharmaceutical drugs by liquid chromatography-tandem mass spectrometry in slaughterhouse wastewater [J]. Journal of Chromatography A，1216（47）：8312-8318.

Smalling K L，Kuivila K M，2008. Multi-residue method for the analysis of 85 current-use and legacy pesticides in bed and suspended sediments [J]. Journal of Chromatography A, 1210 (1): 8-18.

Snyder E M, Snyder S A, Giesy J P, et al., 2000a. SCRAM: A scoring and ranking system for persistent, bioaccumulative, and toxic substances for the North American Great Lakes—Part Ⅰ. Structure of the scoring and ranking system [J]. Environmental Science and Pollution Research, 7 (1): 52-61.

Snyder E M, Snyder S A, Giesy J P, et al., 2000b. SCRAM: A scoring and ranking system for persistent, bioaccumulative, and toxic substances for the North American Great Lakes—Part Ⅱ. Bioaccumulation potential and persistence [J]. Environmental Science and Pollution Research, 7 (2): 116-121.

Snyder E M, Snyder S A, Giesy J P, et al., 2000c. SCRAM: A scoring and ranking system for persistent, bioaccumulative, and toxic substances for the North American Great Lakes—part Ⅲ. Acute and subchronic or chronic toxicity [J]. Environmental Science and Pollution Research, 7 (3): 176-184.

Snyder E M, Snyder S A, Giesy J P, et al., 2000d. SCRAM: A scoring and ranking system for persistent, bioaccumulative, and toxic substances for the North American Great Lakes—Part Ⅳ. Results from representative chemicals, sensitivity analysis, and discriminatory power [J]. Environmental Science and Pollution Research, 7 (4): 220-224.

Spoerri A S, Jan P, Cognard E, et al, 2014. Comprehensive screening of veterinary drugs in honey by ultrahigh-performance liquid chromatography coupled to mass spectrometry [J]. Food Additives and Contaminants Part A, 31 (5): 806-816.

Suter G W, Barnthouse L W, Bartell S M, et al, 2006. Ecological risk assessment [M]. Florida, USA: CRC Press.

Swanson M B, Davis G A, Kincaid L E, et al, 1997. A screening method for ranking and scoring chemicals by potential human health and environmental impacts [J]. Environmental Toxicology and Chemistry, 16 (2): 372-383.

UNECE, 1998. Protocol to the 1979 convention on long-range transboundary air pollution on persistent organic pollutants [R]. Aarhus, Denmark: United Nations Economic Commission for European.

UNEP, 2001. Final act of the conference of plenipotentiaries on The Stockholm Convention on persistent organic pollutants [R]. Geneva, Switzerland: United Nations Environment Program.

USEPA, 1997. Waste minimization prioritization tool beta test version 1. 0: User's guide and system documentation [R]. Washington, DC: Office of Solid Waste and Office of Pollution Prevention and Toxics, U. S. Environmental Protection Agency.

USEPA, 1998. Proposed category for persistent, bioaccumulative, and toxic chemicals [J]. Federal Register, 63 (192): 53417-53424.

USEPA, 2001. The role of screening-level risk assessments and refining contaminants of concern in baseline ecological risk assessments [R]. Washington DC: Office of Solid Waste and Emergency Response, USEPA.

USEPA, 2009a. Fact sheet: Final third drinking water Contaminant Candidate List (CCL3) [R]. Washington, DC: Office of Water, United States Environmental Protection Agency.

USEPA, 2009b. Final contaminant candidate List 3 chemicals: Classification of the PCCL to CCL [R]. Washington, DC: Office of Water, United States Environmental Protection Agency.

USEPA, 2009c. Final contaminant candidate list 3 chemicals: Identifying the universe [R]. Washington, DC: Office of Water, United States Environmental Protection Agency.

USEPA, 2009d. Final contaminant candidate list 3 chemicals: Screening to a PCCL [R]. Washington, DC: Office of Water, United States Environmental Protection Agency.

USEPA，2009e. Methodology for risk-based prioritization under ChAMP [R]. Washington，DC：Office of Pollution Prevention and Toxics，U. S. Environmental Protection Agency.

USEPA，2009f. User's manual for RSEI version 2. 2. 0 [R]. Washington DC：Office of Pollution Prevention and Toxics，USEPA.

Van Haelst A G，Hansen B G，2000. Priority setting for existing chemicals：Automated data selection routine [J]. Environmental Toxicology and Chemistry，19 (9)：2372-2377.

Verro R，Calliera M，Maffioli G，et al.，2002. GIS-Based system for surface water risk assessment of agricultural chemicals. 1. Methodological approach [J]. Environmental Science & Technology，36 (7)：1532-1538.

Verro R，Finizio A，Otto S，et al.，2009. Predicting pesticide environmental risk in intensive agricultural areas. I：Screening level risk assessment of individual chemicals in surface waters [J]. Environmental Science & Technology，43 (2)：522-529.

Wang M，Wang Y，Peng B，et al.，2019. Multi-class determination of steroid hormones and antibiotics in fatty hotpot ingredients by pressurized liquid extraction and liquid chromatography-tandem mass spectrometry [J]. Journal of Pharmaceutical and Biomedical Analysis，171：193-203.

Waters R D，Crutcher M D，Parker F L，1993. Hazard ranking systems for chemicial wastes and chemical waste sites [M]. Washington，DC：Academic Press.

Wei H，Tao Y，Chen D，et al.，2015. Development and validation of a multi-residue screening method for veterinary drugs，their metabolites and pesticides in meat using liquid chromatography-tandem mass spectrometry [J]. Food Additives and Contaminants Part A，32 (5)：686-701.

Weinstein J E，Crawford K D，Garner T R，et al.，2010. Screening level ecological and human health risk assessment of polycyclic aromatic hydrocarbons in stormwater detention pond sediments of Coastal South Carolina，USA [J]. Journal of Hazardous Materials，178 (1-3)：906-916.

Wenning R，Dodge D，Peck B，et al.，2000. Screening-level ecological risk assessment of polychlorinated dibenzo-p-dioxins and dibenzofurans in sediments and aquatic biota from the Venice Lagoon，Italy [J]. Chemosphere，40 (9-11)：1179-1187.

Whiteside M，Mineau P，Morrison C，et al.，2008. Comparison of a score-based approach with risk-based ranking of in-use agricultural pesticides in Canada to aquatic receptors [J]. Integrated Environmental Assessment and Management，4 (2)：215-236.

Worman A，Packman A I，Johansson H，et al.，2002. Effect of flow-induced exchange in hyporheic zones on longitudinal transport of solutes in streams and rivers [J]. Water Resources Research，38 (1)：1001.

Yamaguchi T，Okihashi M，Harada K，et al.，2015. Rapid and easy multiresidue method for the analysis of antibiotics in meats by ultrahigh-performance liquid chromatography-tandem mass spectrometry [J]. Journal of Agricultural and Food Chemistry，63 (21)：5133-5140.

Yang F，Bian Z，Chen X，et al.，2014. Analysis of 118 pesticides in tobacco after extraction with the modified QuEChRS method by LC-MS-MS [J]. Journal of Chromatographic Science，52 (8)：788-792.

Yang J F，Ying G G，Zhao J L，et al.，2010. Simultaneous determination of four classes of antibiotics in sediments of the Pearl Rivers using RRLC-MS/MS [J]. Science of the Total Environment，408 (16)：3424-3432.

Yang X，Luo J，Duan Y，et al.，2018. Simultaneous analysis of multiple pesticide residues in minor fruits by ultrahigh-performance liquid chromatography/hybrid quadrupole time-of-fight mass spectrometry [J].

Food Chemistry，241：188-198.

Yu F，Chen L，Pan L，et al.，2015. Determination of multi-pesticide residue in tobacco using multi-walled carbon nanotubes as a reversed-dispersive solid-phase extraction sorbent ［J］. Journal of Separation Science，38（11）：1894-1899.

Zhang L，Wu P，Jin Q，et al.，2018. Multi-residue analysis of sedative drugs in human plasma by ultra-high performance liquid chromatography tandem mass spectrometry ［J］. Journal of Chromatography B，1072：305-314.

Zhang Z，Ohiozebau E，Rhind S M，2011. Simultaneous extraction and clean-up of polybrominated diphenyl ethers and polychlorinated biphenyls from sheep liver tissue by selective pressurized liquid extraction and analysis by gas chromatography-mass spectrometry ［J］. Journal of Chromatography A，1218（8）：1203-1209.

Zhong W，Wang D，Xu X，et al.，2010. Screening level ecological risk assessment for phenols in surface water of the Taihu Lake ［J］. Chemosphere，80（9）：998-1005.

第 3 章

基于监测数据的我国水环境中高风险PPCPs筛选

在过去的 20 年中，环境科学研究的关注点从传统的优先污染物（如多环芳烃、重金属等）逐渐转移到新兴污染物，其中药品及个人护理品（PPCPs）就是新兴污染物中最重要的一类。PPCPs 种类繁多，包括用于治疗人类和动物疾病的人用药和兽药、个人护理品（如沐浴露、清洁剂等）及家用化学品中添加的消毒剂、香料等。由于传统的污水处理工艺通常不能有效去除 PPCPs 类物质，污水排放则成为 PPCPs 进入环境的主要途径之一。其他可能的排放途径包括水产养殖业直接排放、农业及畜牧业中产生的粪便排放等。制药厂、医院等也可能是环境水体中 PPCPs 的重要来源。

据报道，在世界范围内水体中均广泛检出 PPCPs 类污染物。PPCPs 引起环境科学研究者的特别关注，主要出于如下几个方面的原因：a. PPCPs 产量和使用量较大，且已有研究表明许多 PPCPs 在污水处理过程中不能够被降解；b. 许多 PPCPs 具有持久性或者假持久性（因连续排放所致），且由于其活性而对非目标生物具有毒性；c. 部分 PPCPs 可能具有生物累积性而可在不同营养级水平的生物体内富集。因此，自 20 世纪 90 年代开始，有关环境中 PPCPs 存在、毒性效应及风险评价的研究迅速增长。

中国是世界上最大的药物生产和使用国，仅抗生素的年使用量超过 2.5 万吨。针对我国不同区域的水环境中 PPCPs 的污染状况已有大量报道，但目前仅有较少研究系统分析我国不同区域天然环境水体中 PPCPs 存在情况和生态风险。因此，本章对中国天然水环境中 PPCPs 的暴露水平进行了汇总和评述；在此基础上，本章对上述 PPCPs 的生态风险进行分析，最终提出我国水环境中应该优先关注的 PPCPs 类物质。

3.1　数据来源

为全面掌握当前中国水环境中 PPCPs 的污染状况，对现有研究进行了系统的调研。使用的数据库包括：ISI Web of Science、PubMed、Elsevier、Springer、谷歌®学术搜索、中国知网及万方数据库。鉴于 PPCPs 相关研究较多，对于初步检索到的文献资料进行整理，仅保留与中国天然水环境中 PPCPs 最为相关的研究。对于缺乏详细浓度数据或缺乏明确地理信息的研究不予考虑。

毒性数据主要来源于美国环保局的 ECOTOX 数据库及文献资料。毒性数据要求准确、可靠且相关毒性试验在药物非临床研究质量管理规范（GLP）导则下进行。

3.2　评估方法

风险分析方法参考欧盟有关风险评价导则以及文献，采用风险商（risk quotient，RQ）来表征因 PPCPs 污染带来的生态风险。风险商值法的计算较为简便，只需将实测中的暴露浓度值除以推导出来的预测无效应浓度即可：

$$RQ = \frac{MEC}{PNEC} \tag{3-1}$$

式中，MEC 为实测环境浓度；PNEC 为预测无效应浓度。

MEC 来源于本研究中收集的案例研究。数据处理时考虑每个采样点的浓度数据；对于仅报道 PPCPs 浓度范围的，使用最大值；对于报道为未检出以及低于检出限的情况，将检出限的一半作为其环境浓度水平。由于毒性数据（尤其是慢性毒性数据）缺乏，采用物种敏感度分布（SSD）方法推导 PNEC 存在较大困难，因此本研究中采用评价因子法（AF 法）推导 PPCPs 的 PNEC。AF 法是采用已知的最敏感生物的毒性数据乘以（或者除以）相应的评价因子计算基准值，该方法操作简便。在推导 PNEC 时，倾向使用无观察效应浓度。PNEC 推导根据最低 NOEC 数据结合不同的评价因子计算得出。

3.2.1　暴露评估

为反映 PPCPs 在整个中国的暴露水平，在暴露评估中仅考虑大多数研究中涉及的且在中国水体中具有广泛分布的 PPCPs。最终，暴露评估中考虑的 PPCPs 包括 3 种磺胺类抗生素［磺胺二甲嘧啶（SM2）、磺胺甲噁唑（SMX）和磺胺嘧啶（SD）］、4 种喹诺酮类抗生素［诺氟沙星（NOR）、氧氟沙星（OFL）、恩诺沙星（ENK）和环丙沙星（CIP）］、2 种大环内酯类抗生素［罗红霉素（ROX）和红霉素（ERY）］、3 种四环素类抗生素［四环素（TC）、土霉素（OTC）和多四环素（DC）］、3 种消炎药［双氯芬酸（DIC）、布洛芬（IBU）和吲哚美辛（IND）］、美托洛尔（MET）、卡马西平（CB2）、氯霉素（CAP）、甲氧苄啶（TMP）、2 种消毒剂［三氯生（TCS）、三氯卡班（TCC）］，共计 21 种。

图 3-1 绘制了中国地表水中 21 种广泛研究报道的 PPCPs 物质的浓度水平频数分布。卡马西平的浓度水平波动较小，主要集中在 0.5ng/L 以下和 1～1.5ng/L 范围内。双氯芬酸的浓度水平集中在 1～5ng/L 范围内；不同研究之间所检测到双氯芬酸浓度水平存在数量级的差异，少部分研究所报道的双氯芬酸的浓度水平在 100～200ng/L 之间。美托洛尔的浓度水平集中在 0.1～0.5ng/L 以及 1～2ng/L。吲哚美辛的浓度水平波动较小，大部分研究所监测到的浓度水平集中在 1～2ng/L 范围内。布洛芬的浓度水平在 0.25～30ng/L 范围内较为集中。磺胺甲噁唑的浓度水平集中在 1～50ng/L 之间。磺胺二甲嘧啶的浓度水平在 0.1～1ng/L 范围内较为集中，其次是集中在小于 0.05ng/L 浓度段；磺胺二甲嘧啶在不同研究所报道的浓度水平存在数量级的差异，有较少研究所报道的浓度水平在450～500ng/L 范围内。磺胺嘧啶的浓度水平主要集中在 0.1～1ng/L 范围内，存在部分研究的浓度水平在 100～750ng/L 范围内。诺氟沙星的浓度水平在不同研究之间存在显著差异，大部分报道的浓度水平集中在 1～10ng/L 以及小于 0.05ng/L，存在部分研究所报道的浓度水平与整体水平之间相差 4～6 个数量级。环丙沙星的浓度水平集中在 0.025～0.05ng/L 以及 0.1～1ng/L 范围内，有 3 个研究所报道的浓度水平在 500～3000ng/L 范围内。绝大多数所报道的氧氟沙星的浓度水平集中在小于 10ng/L 范围内，存在少部分研究所报道的浓度水平在 100～1200ng/L 范围内。恩诺沙星的浓度水平集中在 0.1～10ng/L 范围内，存在少部分研究所报道的浓度水平在 2000～6000ng/L 范围内。罗红霉素的浓度水平集中在小于 50ng/L 范围内，存在少部分研究所报道的浓度水平在 2500～2600ng/L 范围内。红霉素的浓度水平集中在 1～50ng/L 范围内。土霉素的浓度水平集中在 0.1～1ng/L 范围内，存在部分研究所报道的浓度水平在 100～3000ng/L 范围内。对于四环素，

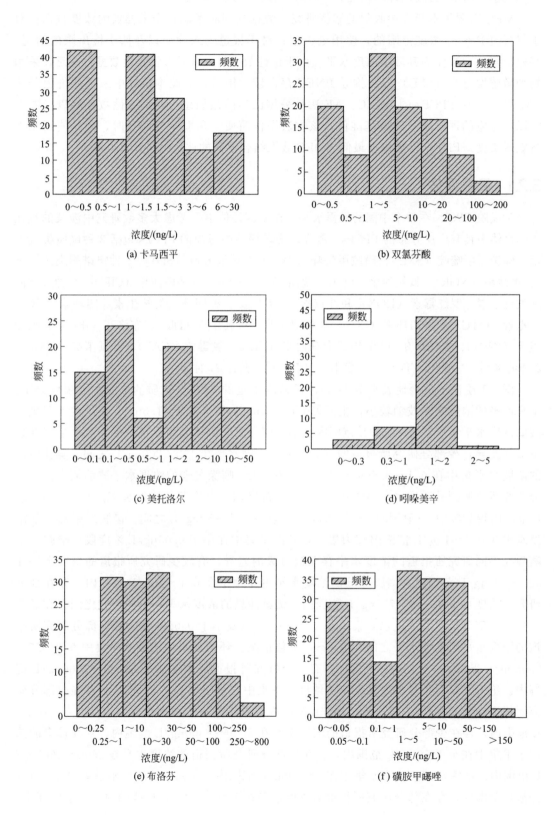

(a) 卡马西平

(b) 双氯芬酸

(c) 美托洛尔

(d) 吲哚美辛

(e) 布洛芬

(f) 磺胺甲噁唑

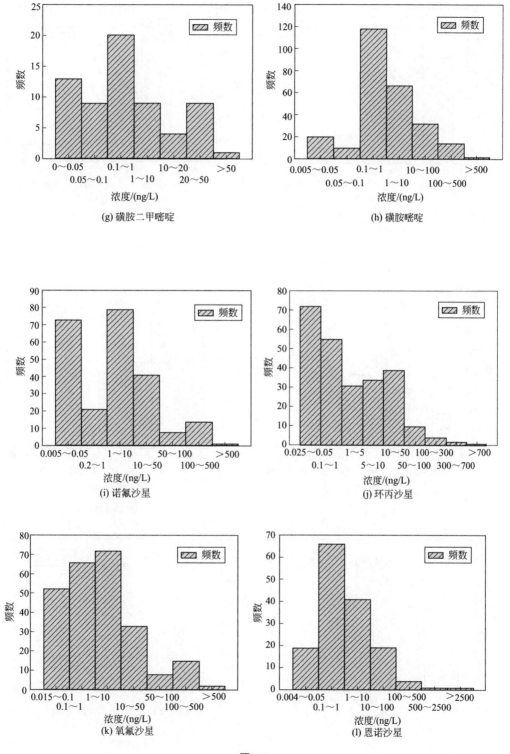

(g) 磺胺二甲嘧啶

(h) 磺胺嘧啶

(i) 诺氟沙星

(j) 环丙沙星

(k) 氧氟沙星

(l) 恩诺沙星

图 3-1

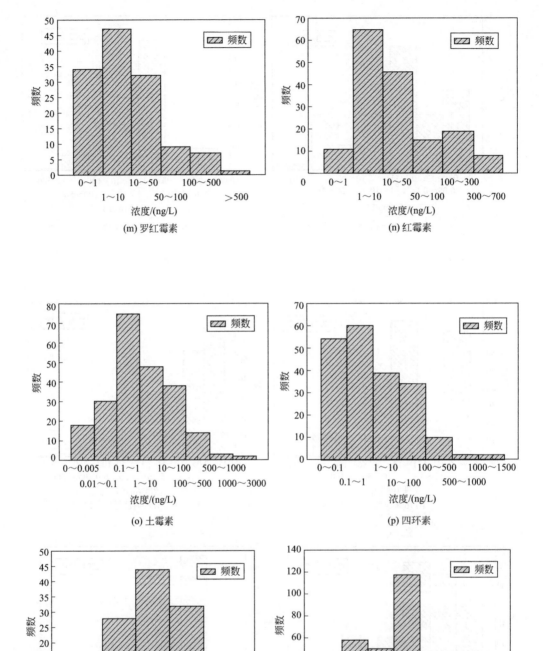

(m) 罗红霉素

(n) 红霉素

(o) 土霉素

(p) 四环素

(q) 多西环素

(r) 甲氧苄啶

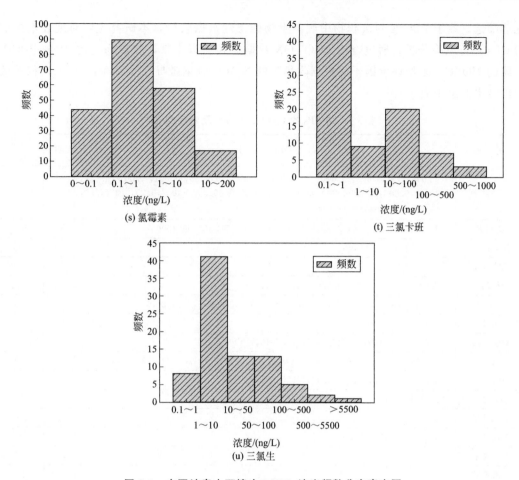

图 3-1 中国地表水环境中 PPCPs 浓度频数分布直方图

少部分研究所报道的浓度水平在 100～1500ng/L 范围内。多西环素的浓度水平集中在 1～10ng/L 范围内。甲氧苄啶的浓度水平集中在 1～5ng/L 范围内。氯霉素与三氯卡班的浓度水平集中在 0.1～1ng/L 范围内，但三氯卡班的浓度水平波动较大，部分研究所报道的浓度水平在 500～1000ng/L 范围内。三氯生的浓度水平集中在 1～10ng/L 范围内，但不同研究之间所报道的浓度水平存在显著差异，浓度之间最高相差 5 个数量级，部分研究所报道的三氯生的浓度水平可达 10000～15000ng/L。整体上，这 21 种 PPCPs 物质的浓度水平集中在 100ng/L 以下，少部分研究所报道的浓度水平在微克/升水平。

总体而言，由现有报道可以发现，同一种 PPCPs 在不同水体中的浓度存在较大差异，这可能与该物质在不同地区的使用量存在差异有关。此外，即使同一河流的同一种 PPCPs，也可能由于采样时间的不同存在一定的浓度差异，这可能与 PPCPs 使用和排放的季节变化等有一定的关系。不同地区人口数量、生活水平、个人护理习惯以及用药习惯等实际情况存在差异，导致同一种 PPCPs 在不同水体中的暴露水平存在差异。

3.2.2 效应评估

本研究基于现有监测数据，对中国水环境中需要优先关注的 PPCPs 类物质进行了优先性筛选。鉴于 PPCPs 对沉积物中底栖生物的毒性数据较少，本研究主要对地表水中的 PPCPs 进行风险分析。通过查找 ECOTOX 数据库和已有文献，收集到上述 21 种 PPCPs 物质的 NOEC，采用评价因子法根据收集到的 NOEC 数据推导 PPCPs 的 PNEC，相关数据集结果汇总于表 3-1 中。

表 3-1　PPCPs 的 PNEC、NOEC 及对应的 AF

化合物	NOEC/(mg/L)	AF	PNEC/(μg/L)
卡马西平	0.00001, 0.00003, 0.0001, 0.0002, 0.00045, 0.0005, 0.001, 0.002, 0.003, 0.00462,0.005,0.006,0.009,0.01,0.025,0.05,0.0615,0.1,0.2,0.25,0.377,0.5, 1,1.78,2,10,11,19,50,100,200	10	0.001
氯霉素	2,10,15,25,30.7,50,5.9,60,70,80,100,105,250,369.09,1000	10	200
恩诺沙星	5,9.3,10,10.2,25,40	10	500
吲哚美辛	0.001,0.0919,0.1,0.5	50	0.02
美托洛尔	0.0012,0.005,0.045,0.523,3.2,6.15,12.6	10	0.12
土霉素	0.001,0.0031,0.007,0.1,0.183,0.25,0.3,1,3.6,4,5,7,10,25,40,75	10	0.1
环丙沙星	0.1,100	100	1
双氯芬酸	0.0005,0.00106,0.00495,0.01,0.02013,0.1009,1,10	10	0.05
红霉素	0.002,0.0031,0.0078,0.01,0.0103,0.047,0.1,11.1,12.5,33.3,50,100,1000	10	0.2
布洛芬	0.01,0.1,1.02,2.43,5,5.36,10,20	10	1
诺氟沙星	2,4.01,4.02	100	20
氧氟沙星	10	100	100
多西环素	0.02,0.183,50,75,29000	10	2
罗红霉素	0.01	100	0.1
磺胺嘧啶	1	100	10
磺胺二甲嘧啶	1.563,30,50	100	15.63
磺胺甲噁唑	0.0059,0.0094,0.0284,0.09,0.614,1.25,5,100	10	0.59
四环素	340	100	3.4
甲氧苄啶	1,6,25.5,100	50	20
三氯生	0.0003,0.00045,0.0009,0.006,0.0151,0.018,0.023,0.04,0.05,0.0713, 0.0752,0.12,0.156,0.1621,0.17,0.23,0.339,0.5	10	0.03
三氯卡班	0.000056,0.000212,0.00025,0.00079,0.001,0.00128,0.0016,0.0019,0.00219, 0.00705,0.0079,0.0098,0.036,0.05,0.06	10	0.0056

　　在所进行风险分析的 21 种 PPCPs 中，PNEC 值的范围在 0.001~500μg/L。其中恩诺沙星的 PNEC 值最大，为 500μg/L。其次为氯霉素，PNEC 值为 200μg/L。卡马西平的 PNEC 值最小，为 0.001μg/L。基于不同的受试生物、测试终点、暴露时间所获取的 NOEC 值中，红霉素、土霉素以及卡马西平的 NOEC 值的跨越范围较大，分别在 0.02~1000mg/L、0.02~29000mg/L 以及 0.00001~200mg/L 之间。

3.2.3　风险表征

　　为了更加清晰地表征中国地表水环境中 PPCPs 的生态风险，本研究根据 RQ 的大小将风险水平分为四个类别：RQ≤0.1，可忽略风险；0.1<RQ≤1，低风险；1<RQ≤10，

中等风险；RQ＞10，高风险。

3.3　PPCPs优先性筛选

如图 3-2，磺胺二甲嘧啶、氧氟沙星、恩诺沙星、甲氧苄啶、磺胺嘧啶、氯霉素及诺氟沙星的生态风险基本可以忽略。考虑最大浓度的情况下，布洛芬、磺胺甲噁唑、四环素及多西环素的生态风险水平较低，但是如果考虑上述 PPCPs 在中国水环境中的平均浓度，则其风险是可忽略的。在考虑最大水体浓度时，有 8 种 PPCPs 处于中等到高等生态风险。其中，双氯芬酸、环丙沙星、红霉素的生态风险处于中等水平；卡马西平、罗红霉素、土霉素、三氯生以及三氯卡班处于高等风险水平。根据平均浓度来看，卡马西平、三氯卡班的生态风险处于中等水平；而三氯生的生态风险仍处于高等水平。但需要注意的是，由于 PPCPs 之间的联合毒作用机制尚不清楚，本研究进行的风险评价并未考虑 PPCPs 之间的混合效应及 PPCPs 与环境介质之间交互作用对毒性效应的影响。

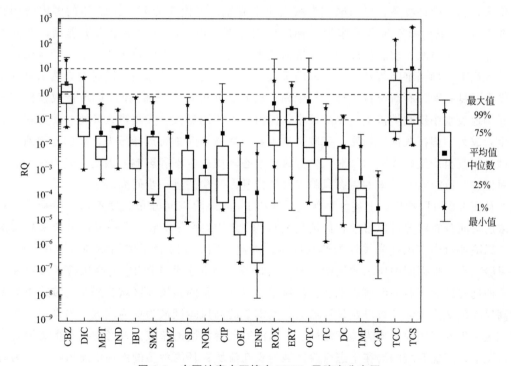

图 3-2　中国地表水环境中 PPCPs 风险商分布图

尽管不同研究所采用的风险表征方法并不完全一致，本研究所得到的风险评价结果与其他研究具有可比性。Guruge 等对斯里兰卡的地表水体中的 PPCPs 进行风险分析表明，至少有一个采样点所计算的布洛芬、磺胺甲噁唑、双氯芬酸、克拉霉素、环丙沙星、三氯生及三氯卡班的生态风险处于中等到高等水平（1＜RQ≤10 或者 RQ≥10）。Hossain 等对孟加拉国的河流水体中的药物进行风险评估，结果表明在最大水体浓度（最坏情景分析）的情况下卡马西平处于低生态风险水平（0.1＜RQ≤1），磺胺甲噁唑处于中等生态风险水平。而我国地表水体在最大水体浓度（最坏情景分析）的情况下卡马西平则处于高风险水平。

综合以上分析，考虑最大水体浓度（最坏情景分析）的情况下，中国地表水中共有 8 种 PPCPs 具有潜在生态风险，应该在今后的环境管理中优先考虑。这 8 种 PPCPs 包括：1 种消炎药（双氯芬酸）、1 种抗惊厥药（卡马西平）、2 种大环内酯类抗生素（红霉素和罗红霉素）、1 种喹诺酮类抗生素（环丙沙星）、1 种四环素类抗生素（土霉素）、2 种消毒剂（三氯生和三氯卡班）。特别是三氯生和三氯卡班，其最大浓度下的生态风险值已超过 100，具有高度生态风险。

卡马西平作为用于中枢神经系统的抗惊厥及抗癫痫类药物，根据中国医药统计年报的数据显示，其 2015 年的产量为 231t。双氯芬酸是用于肌肉骨骼系统的消炎止痛类药物。红霉素在 2015 年的国内使用量为 1429t。罗红霉素是临床广泛使用的大环内酯类抗生素，2015 年的国内使用量为 346t；主要用于治疗敏感细菌引起的各种感染性疾病等，耐酸性好，是目前大环内酯类抗生素中血药浓度较高者。环丙沙星体外抗菌活性强，尤其对肠杆菌属、绿脓杆菌、流感杆菌、淋球菌、链球菌、金黄色葡萄球菌等。土霉素作为四环素类抗生素，属于两性物质，可与碱或者酸反应生成盐；可快速抑菌，2015 年的国内使用量为 3853t。三氯生和三氯卡班作为一种广谱消毒剂，被广泛应用于个人护理品，在洗衣粉、牙膏及漱口水、皮肤护理剂以及抗菌皂等日化用品及医疗消毒剂中有着广泛应用，起到杀灭病菌、抑制细菌繁殖、祛除因病菌感染而产生的异味的作用，同时对自然菌群的组成没有不良影响。有研究报道称三氯生和三氯卡班可对人体肝细胞的 DNA 造成损伤。虽然我国地表水中磺胺类抗生素风险很小，但由于其使用量大、频繁进入环境，使得磺胺类抗生素成为"假持久性"物质，磺胺类抗生素对环境细菌具有选择压力，可诱导细菌产生抗性基因甚至产生超级细菌，对人体健康和生态环境产生不利影响。因此，应当在今后加强对磺胺类抗生素所带来的生态风险以及抗性基因风险的进一步研究。

从图 3-2 可以看出，上述 8 种优先性 PPCPs 的风险空间分布高度不均。检验污染物的浓度空间分布状况可以帮助我们清楚地认识 PPCPs 污染分布，进一步找出未来高层次生态风险评价中应该优先关注的热点区域。因此，图 3-3 绘制了中国不同流域中 PPCPs 的风险水平，根据图中所示的风险商分布可以确定各优先性 PPCPs 的高风险区域：卡马西平的优先控制区域为海河流域和长江流域；罗红霉素的高风险区域为海河流域；土霉素的高风险区域为黄河流域以及长江流域；红霉素的高风险区域为黄河流域；消毒剂三氯生和三氯卡班的高风险区域为珠江流域、东南沿海及台湾诸河流域。在考虑最大生态风险商的情况下，双氯芬酸的潜在生态风险区域为长江流域；环丙沙星的潜在生态风险区域为海河流域和长江流域。总体而言，海河流域、长江流域、黄河流域、珠江流域以及东南沿海及台湾诸河流域为目前中国 PPCPs 的高生态风险区域。这些流域人口稠密，特别是海河北京段、海河天津段、上海长江入海口、珠江三角洲、台湾半岛诸河等所在流域的经济相对发达，可能会消耗和排放大量的 PPCPs 类物质。

基于上述风险评估方法，对 21 种中国水体中具有广泛分布的 PPCPs 进行风险评估，筛选结果表明，中国地表水中共有 8 种 PPCPs 具有潜在生态风险。这 8 种 PPCPs 分别是双氯芬酸、卡马西平、红霉素、罗红霉素、土霉素、环丙沙星、三氯生和三氯卡班。海河

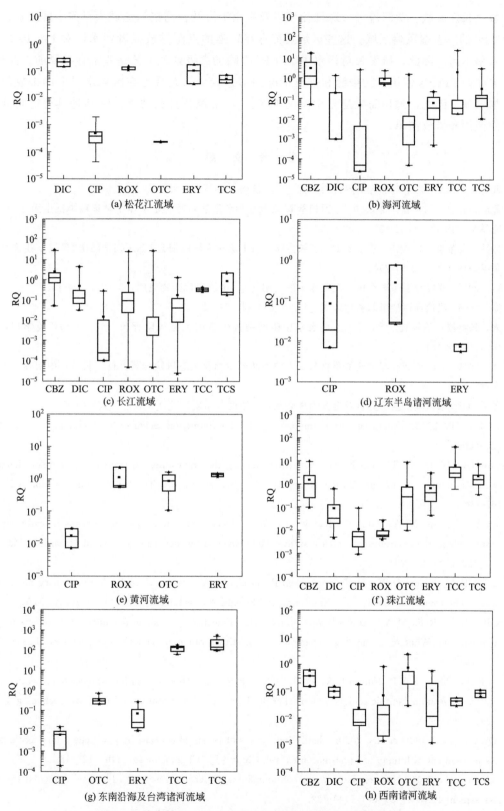

图 3-3 优先性 PPCPs 在中国不同流域水环境中的风险水平

流域、长江流域、黄河流域、珠江流域以及东南沿海及台湾诸河流域为目前中国所筛选的 PPCPs 的高生态风险区域。这些区域可能存在较强的点源排放或者污水厂对 PPCPs 的去除效率不高。因此，研发针对污水中 PPCPs 去除的高级处理工艺是非常有必要的。此外，有关中国 PPCPs 使用、污染源和排放情况的信息较少，尤其是在区域水平上的排放数据更加紧缺。因此，迫切需要建立中国的 PPCPs 污染源及排放清单，特别是具有空间分辨率的使用和排放清单。

参 考 文 献

丁世玲，2013. 三氯卡班的光降解行为研究 [D]. 济南：齐鲁工业大学.

洪蕾洁，石璐，张亚雷，等，2012. 固相萃取-高效液相色谱法同时测定水体中种磺胺类抗生素 [J]. 环境科学，33（2）：652-657.

李林朋，马慧敏，胡俊杰，等，2010. 三氯生和三氯卡班对人体肝细胞 DNA 损伤的研究 [J]. 生态环境学报，19（12）：2897-2901.

史毅，2011. 罗红霉素药理作用及在临床上的应用 [J]. 中国现代药物应用，5（2）：154-155.

汪梅，2004. 浅谈环丙沙星的药物知识 [J]. 工企医刊，5：92.

汪涛，杨再福，陈勇航，等，2016. 地表水中磺胺类抗生素的生态风险评价 [J]. 生态环境学报，25（09）：1508-1514.

杨林，2011. 海河流域底泥中残留药物与个人护理品的检测及生态风险分析 [D]. 长沙：中南林业科技大学.

叶赛，2008. 水环境抗生素分析及全国沿岸陆源排海浓度分布研究 [D]. 大连：大连海事大学.

Arp H P H，2012. Emerging decontaminants [J]. Environmental Science & Technology，46（8）：4259-4260.

Ashton D，Hilton M，Thomas K V，2004. Investigating the environmental transport of human pharmaceuticals to streams in the United Kingdom [J]. Science of the Total Environment，333（1-3）：167-184.

Bendz D，Paxéus N A，Ginn T R，et al.，2005. Occurrence and fate of pharmaceutically active compounds in the environment，a case study：Höje River in Sweden [J]. Journal of Hazardous Materials，122（3）：195-204.

Boxall A B A，Kolpin D W，Halling-Sørensen B，et al.，2003. Peer reviewed：Are veterinary medicines causing environmental risks? [J]. Environmental Science & Technology，37（15）：286A-294A.

Boxall A B A，Rudd M A，Brooks B W，et al.，2012. Pharmaceuticals and personal care products in the environment：What are the big questions? [J]. Environmental Health Perspectives，120（9）：1221-1229.

Brain R A，Ramirez A J，Fulton B A，et al.，2008. Herbicidal effects of sulfamethoxazole in Lemna gibba：Using p-aminobenzoic acid as a biomarker of effect [J]. Environmental Science & Technology，42（23）：8965-8970.

Bu Q，Cao Y，Yu G，et al.，2020. Identifying targets of potential concern by a screening level ecological risk assessment of human use pharmaceuticals in China [J]. Chemosphere，246：125818.

Daughton C G，2004. Non-regulated water contaminants：Emerging research [J]. Environmental Impact Assessment Review，24（7）：711-732.

Daughton C G，2005. "Emerging" chemicals as pollutants in the environment：A 21st century perspective

［J］. Renewable Resources Journal，23（4）：6-23.

Daughton C G，Ternes T A，1999. Pharmaceuticals and personal care products in the environment：agents of subtle change? ［J］. Environmental Health Perspectives，107（S6）：907-938.

Dsikowitzky L，Schwarzbauer J，Littke R，2002. Distribution of polycyclic musks in water and particulate matter of the Lippe River（Germany）［J］. Organic Geochemistry，33（12）：1747-1758.

Duboudin C，Ciffroy P，Magaud H，2004. Effects of data manipulation and statistical methods on species sensitivity distributions ［J］. Environmental Toxicology and Chemistry，23（2）：489-499.

Duvall S E，Barron M G，2000. A screening level probabilistic risk assessment of mercury in Florida everglades food webs ［J］. Ecotoxicology & Environmental Safety，47（3）：298-305.

Erickson B E，2002. Analyzing the ignored environmental contaminants ［J］. Environmental Science & Technology，36（7）：140A-145A.

Fawell J，Ong C N，2012. Emerging contaminants and the implications for drinking water ［J］. International Journal of Water Resources Development，28（2）：247-263.

Field J A，Johnson C A，Rose J B，2006. What is "emerging"? ［J］. Environmental Science & Technology，40（23）：7105.

Gulkowska A，He Y，So M K，et al.，2007. The occurrence of selected antibiotics in Hong Kong coastal waters ［J］. Marine Pollution Bulletin，54（8）：1287-1293.

Guruge K S，Goswami P，Tanoue R，et al.，2019. First nationwide investigation and environmental risk assessment of 72 pharmaceuticals and personal care products from Sri Lankan surface waterways ［J］. Science of the Total Environment，690：683-695.

Heberer T，2002. Occurrence，fate，and removal of pharmaceutical residues in the aquatic environment：a review of recent research data ［J］. Toxicology Letters，131（1-2）：5-17.

Hossain A，Nakamichi S，Habibullah-Al-Mamun M，et al.，2018. Occurrence and ecological risk of pharmaceuticals in river surface water of Bangladesh ［J］. Environmental Research，165：258-266.

Hu Z，Shi Y，Cai Y，2011. Concentrations，distribution，and bioaccumulation of synthetic musks in the Haihe River of China ［J］. Chemosphere，84（11）：1630-1635.

Huang Q，Yu Y，Tang C，et al.，2010. Determination of commonly used azole antifungals in various waters and sewage sludge using ultra-high performance liquid chromatography-tandem mass spectrometry ［J］. Journal of Chromatography A，1217（21）：3481-3488.

Kannan K，Reiner J L，Yun S H，et al.，2005. Polycyclic musk compounds in higher trophic level aquatic organisms and humans from the United States ［J］. Chemosphere，61（5）：693-700.

Kaplan S，2013. Review：Pharmacological pollution in water ［J］. Critical Reviews in Environmental Science and Technology，43（10）：1074-1116.

Kim J W，Jang H S，Kim J G，et al.，2009. Occurrence of pharmaceutical and personal care products （PPCPs）in surface water from Mankyung River ［J］. Journal of Health Science，55（2）：249-258.

Klimisch H J，Andreae M，Tillmann U，1997. A systematic approach for evaluating the quality of experimental toxicological and ecotoxicological data ［J］. Regulatory Toxicology and Pharmacology，25（1）：1-5.

Kolpin D W，Furlong E T，Meyer M T，et al.，2002. Pharmaceuticals，hormones，and other organic wastewater contaminants in U. S. streams，1999－2000：A national reconnaissance ［J］. Environmental Science & Technology，36（6）：1202-1211.

Lin Y C，Tsai Y T，2009. Occurrence of pharmaceuticals in Taiwan's surface waters：Impact of waste streams from hospitals and pharmaceutical production facilities [J]. Science of the Total Environment, 407 (12): 3793-3802.

Liu H, Zhang G, Liu C Q, et al., 2009. The occurrence of chloramphenicol and tetracyclines in municipal sewage and the Nanming River, Guiyang City, China [J]. Journal of Environmental Monitoring, 11 (6): 1199-1205.

Loos R, Gawlik B M, Locoro G, et al., 2009. EU-wide survey of polar organic persistent pollutants in European river waters [J]. Environmental Pollution, 157 (2): 561-568.

Luo Y, Xu L, Rysz M, et al., 2011. Occurrence and transport of tetracycline, sulfonamide, quinolone, and macrolide antibiotics in the Haihe River basin, China [J]. Environmental Science & Technology, 45 (5): 1827-1833.

Mackay D, Barnthouse L, 2010. Integrated risk assessment of household chemicals and consumer products: Addressing concerns about triclosan [J]. Integrated Environmental Assessment and Management, 6 (3): 390-392.

Mcbride M, Wyckoff J, 2002. Emerging liabilities from pharmaceuticals and personal care products [J]. Environmental Claims Journal, 14 (2): 175-189.

Monteiro S C, Boxall A B A, 2009. Factors affecting the degradation of pharmaceuticals in agricultural soils [J]. Environmental Toxicology and Chemistry, 28 (12): 2546-2554.

Murata A, Takada H, Mutoh K, et al., 2011. Nationwide monitoring of selected antibiotics: Distribution and sources of sulfonamides, trimethoprim, and macrolides in Japanese rivers [J]. Science of the Total Environment, 409 (24): 5305-5312.

Nakata H, 2005. Occurrence of synthetic musk fragrances in marine mammals and sharks from Japanese coastal waters [J]. Environmental Science & Technology, 39 (10): 3430-3434.

Peck A, 2006. Analytical methods for the determination of persistent ingredients of personal care products in environmental matrices [J]. Analytical and Bioanalytical Chemistry, 386 (4): 907-939.

Richardson B J, Lam P K S, Martin M, 2005. Emerging chemicals of concern: Pharmaceuticals and personal care products (PPCPs) in Asia, with particular reference to Southern China [J]. Marine Pollution Bulletin, 50 (9): 913-920.

Santos L H M L M, Araújo A N, Fachini A, et al., 2010. Ecotoxicological aspects related to the presence of pharmaceuticals in the aquatic environment [J]. Journal of Hazardous Materials, 175 (1-3): 45-95.

Tamtam F, Mercier F, Le Bot B, et al., 2008. Occurrence and fate of antibiotics in the Seine River in various hydrological conditions [J]. Science of the Total Environment, 393 (1): 84-95.

Tong L, Li P, Wang Y, et al., 2009. Analysis of veterinary antibiotic residues in swine wastewater and environmental water samples using optimized SPE-LC/MS/MS [J]. Chemosphere, 74 (8): 1090-1097.

Vulliet E, Cren-Olivé C, 2011. Screening of pharmaceuticals and hormones at the regional scale, in surface and groundwaters intended to human consumption [J]. Environmental Pollution, 159 (10): 2929-2934.

Wang L, Ying G G, Zhao J L, et al., 2010. Occurrence and risk assessment of acidic pharmaceuticals in the Yellow River, Hai River and Liao River of north China [J]. Science of the Total Environment, 408 (16): 3139-3147.

Wang P, Yuan T, Hu J, et al., 2011. Determination of cephalosporin antibiotics in water samples by optimised solid phase extraction and high performance liquid chromatography with ultraviolet detector [J].

International Journal of Environmental Analytical Chemistry, 91 (13): 1267-1281.

Wei R, Ge F, Huang S, et al., 2011. Occurrence of veterinary antibiotics in animal wastewater and surface water around farms in Jiangsu Province, China [J]. Chemosphere, 82 (10): 1408-1414.

Wei R C, Ge F, Chen M, et al., 2012. Occurrence of ciprofloxacin, enrofloxacin, and florfenicol in animal wastewater and water resources [J]. Journal of Environmental Quality, 41 (5): 1481-1486.

Wenning R, Dodge D, Peck B, et al., 2000. Screening-level ecological risk assessment of polychlorinated dibenzo-p-dioxins and dibenzofurans in sediments and aquatic biota from the Venice Lagoon, Italy [J]. Chemosphere, 40 (9-11): 1179-1187.

Xu W H, Zhang G, Zou S C, et al., 2007. Determination of selected antibiotics in the Victoria Harbour and the Pearl River, South China using high-performance liquid chromatography-electrospray ionization tandem mass spectrometry [J]. Environmental Pollution, 145 (3): 672-679.

Xu W H, Zhang G, Zou S C, et al., 2009. A preliminary investigation on the occurrence and distribution of antibiotics in the Yellow River and its tributaries, China [J]. Water Environment Research, 81 (3): 248-254.

Zhang X, Yao Y, Zeng X, et al., 2008. Synthetic musks in the aquatic environment and personal care products in Shanghai, China [J]. Chemosphere, 72 (10): 1553-1558.

Zhong W, Wang D, Xu X, et al., 2010. Screening level ecological risk assessment for phenols in surface water of the Taihu Lake [J]. Chemosphere, 80 (9): 998-1005.

Zhou H, Wu C, Huang X, et al., 2010. Occurrence of selected pharmaceuticals and caffeine in sewage treatment plants and receiving rivers in Beijing, China [J]. Water Environment Research, 82 (11): 2239-2248.

Zhou L J, Ying G G, Zhao J L, et al., 2011a. Trends in the occurrence of human and veterinary antibiotics in the sediments of the Yellow River, Hai River and Liao River in northern China [J]. Environmental Pollution, 159 (7): 1877-1885.

Zhou X F, Dai C M, Zhang Y L, et al., 2011b. A preliminary study on the occurrence and behavior of carbamazepine (CBZ) in aquatic environment of Yangtze River Delta, China [J]. Environmental Monitoring and Assessment, 173 (1-4): 45-53.

第 4 章

基于模型分析的我国水环境中高风险PPCPs筛选

4.1　筛选模型

化学品对环境和人体健康产生的危害受到广泛关注。目前，基于环境监测手段可有效控制具有明确危害性的化学品，对人类生产和使用有害化学品具有重要预防作用。基于监测的筛选方法虽在一定程度上明确了需要重点关注的化学品清单，但对于具有潜在危害的化学品的筛选研究仍面临以下几个问题。首先，现存化学品和新合成的化学品的数量庞大，为了在众多的化学品中筛选出优控污染物清单，需要有关化学品的大量信息，同时还需投入大量的精力和资金。其次，科学的筛选方法需要获取化学品排放到环境中的数量、化学品的使用方式、暴露水平以及评估化学品的迁移性、生物累积性和毒性所需的监测数据。对所有化学品的属性进行全面检测显然既不合理也无必要。特别是药物和内分泌干扰物等新兴污染物，受存在水平和检测技术的限制，其化学属性数据相对匮乏。最后，化学品并不是简单的赋存在单一介质中，而是随环境和人类活动的影响可迁移到各种环境介质中，并发生一系列的分配、平流、反应和扩散等复杂的环境过程，而仅仅依靠监测手段无法明确化学品的归趋过程。综合上述分析，研究人员开发了大量的筛选模型，对物质的使用模式、环境污染范围、产量、环境暴露浓度和固有的危害属性等进行模拟。基于模型的筛选方式是建立在基于监测的筛选手段之上的，是对研究对象的模拟，具有很高的理论意义和研究价值。

4.1.1　暴露评估模型

4.1.1.1　多介质模型

多介质模型是化学品管控的重要工具。模拟污染物的环境归趋过程一般分为以下四个阶段：

① 取得关于化学品排放数量的输入数据；

② 利用多介质质量平衡模型处理数据；

③ 获取模型输出数据；

④ 解释模型结果。

多介质建模的结果可以评估化学品对人类和生态环境的暴露程度，并对化学品归趋的重要过程提供参考，例如通过使用化学品在环境中的生物积累性、持久性和长期迁移潜力等表征暴露潜能的方法实现对目标污染物筛选和风险评估的目的。多介质模型用于描述化学物质在环境的归趋过程已有近40年的历史。随着多介质模型不断改进和发展，其作为一种辅助性决策工具，在化学品筛选研究领域更具综合性和可靠性。特别是在缺乏监测数据的情况下，多介质模型能将关于化学品性质、环境条件和化学品排放速率或排放量等信息整合到对各环境单元（例如空气、水、土壤、沉积物、悬浮沉积物、生物区系和气溶胶等）的质量和浓度的估算中，利用分配、平流、反应和扩散等理论对这些介质的化学品浓度进行估算。因此，在利用多介质模型进行环境风险评估时，如何确定化学品赋存到各种环境介质的量至关重要。目前应用比较成熟的评估模型主要有环境多介质逸度模型及以源排放估算和水文水质为基础的化学品归趋模型。

环境多介质逸度模型最初由 Mackay 提出，该方法基于逸度概念，根据质量平衡原理建立环境多介质逸度模型。逸度是指化学物质从一种环境介质进入另一种环境介质的趋势，当不同介质间的逸度相等时即认为达到平衡，否则，物质将从高逸度的环境介质向低逸度环境介质迁移，目前在评估污染物在环境中的迁移和转化方面应用最为广泛。根据所研究系统的特点，可以将逸度模型分为 Level Ⅰ、Level Ⅱ、Level Ⅲ、Level Ⅳ，逸度模型的分类如表 4-1 所示。Level Ⅰ 模型描述了污染物化学行为的一般趋势，如污染物向不同介质的分配和相对浓度。Level Ⅱ 模型可以更好地描述化学品的平流和降解反应，相比于Level Ⅰ 模型，需要输入化学品在空气、水、沉积物等环境介质的停留时间，还包括输入速率和输出浓度等排放数据，Level Ⅱ 模型通过计算化学品在环境的停留时间来评估其在不同介质的归趋过程。Level Ⅲ 模型可解释由于不同介质间的逸度差所形成的化学迁移，因此需要物质的迁移速率数据并计算持久性时间。Level Ⅳ 逸度模型主要是针对污染物在不同介质中的逸度随时间变化的模拟，更加接近真实环境。目前，模拟 PPCPs 在水环境中应用最为广泛的是 Level Ⅲ 和 Level Ⅳ 逸度模型。应光国团队利用多介质逸度模型，先后报道了我国 58 条主要流域中检测频率较高的抗生素及个人护理品的暴露水平、污染特征、环境行为以及生态健康效应，绘制了我国基于流域尺度的抗生素、激素排放与污染地图，评价其与细菌耐药性、内分泌干扰效应的联系，为我国相关管理政策提供重要的参考意义。Chen 等采用 Level Ⅳ 逸度模型模拟了北京地区所在流域中抗生素的排放量、环境归趋以及风险评价，模型中主要研究了农业用水灌溉对抗生素从水体迁移到土壤的归趋特征，并评价了抗生素在不同环境介质产生环境风险的高低程度。

表 4-1 逸度模型的分类

模型类别	适用条件	关键参数	平衡方程
Level Ⅰ	稳态，平衡，封闭系统	化学品的分配系数	$M = f_i \sum (V_i \times Z_i)$
Level Ⅱ	稳态，平衡，开放系统	化学品的分配系数、平流速率、反应速率	$I = f_i \sum (D_{Ri} \times D_{Ai})$
Level Ⅲ	稳态，非平衡，开放系统	化学品的分配系数、平流速率、反应速率、扩散系数	$E_i + G_{Ai} \times C_{Ai} + f_i \times \sum D_{ij} = f_i \sum (D_{ij} + D_{Ai} + D_{Ri})$
Level Ⅳ	非稳态，非平衡，开放系统	化学品的分配系数、平流速率、反应速率、扩散系数、浓度随时间的变化率	$V_i \times Z_i \times \dfrac{df_i}{dt} = E_i + G_{Ai} \times C_{Ai} + f_i \sum D_{ij} - f_i \sum (D_{ij} + D_{Ai} + D_{Ri})$

注：M 代表环境系统中污染物的总量；V_i 表示相 i 的体积，m^3；Z_i 表示相 i 的逸度容量，$mol/(m^3 \cdot Pa)$；I 表示评估区域中化合物的净变化通量，mol/h；D_{Ai} 表示平流速率，$mol/(Pa \cdot h)$；D_{Ri} 表示反应速率，$mol/(Pa \cdot h)$；D_{ij} 表示介质间的迁移速率，$mol/(Pa \cdot h)$；f_i 表示相 i 的逸度，Pa；E_i 表示输入量，mol/h；G_{Ai} 表示相 i 中介质的流速，m^3/h；C_{Ai} 表示相 i 中化学品的浓度，mol/m^3。

以源排放估算和水文水质为基础，研究人员开发了一些流域化学品时空精确风险评价模型。欧盟化学品风险评价技术指南（ECTGD）详细描述了化学品管理的主要流程和技术方法，EUSES 模型作为该指南的一部分，在预测化学品归趋方面具有广泛的应用。该模型将环境分为五个相：空气、地表水、地下水、土壤和沉积物，由暴露评估、效应评估和风险特征三部分组成。其中，暴露评估表征人群和环境中的暴露浓度或剂量。效应评估包括危害识别和剂量效应评估，危害识别表征物质固有的危害属性，剂量效应表征暴露浓度或剂量与危害效应之间的关系。风险特征表征在实际暴露水平下对人群和环境造成风险的程度。模型中所需的相关参数有不同环境相下的分配系数、降解率、有机碳分数和标化有机碳-水分配系数等。EUSES 模型是一种通识模型，在风险评估过程中无法解释时空变化，因此，该模型可对未知风险的化学品进行初步筛选。水动力模型（Mike 11）、稳态模型（QUAL2E 和 GREAT-ER）、随机模型（TOMCAT）等流域水质模型在经验模型的基础上发展为更详细的过程模型，可模拟降雨径流、水动力学、对流扩散、水质和沉积物迁移过程，在预测家庭排放污染物质排放浓度方面具有一定的优势。此外，有研究者基于菲克定律和一级动力学分别建立了抗生素累积模型和衰减动力学模型，对中国大沽河沉积物中典型抗生素的存在、累积、衰减和优先性进行了现场监测和预测。通过长期的野外观测和模拟研究，验证了累积、衰减动力学模型，并成功地将模型应用于现场研究。

4.1.1.2　EMEA 模型

多介质模型在模拟环境过程中会存在较多的不确定性，根据欧盟委员会（EC）颁布的指令，要求对医药产品所构成的潜在环境风险进行评估，并对产生环境影响的药物进行优先控制。为此欧洲药品管理局（EMEA）于 2006 年发布了《人用药环境风险评价指南》，该指南提出阶梯式的、分布评价步骤，其中第一步就是评估药物的环境暴露浓度。EMEA 模型在预测药物的环境暴露浓度时将研究范围限定在水环境，并基于以下假设，相应的计算方法见式(4-1)。

① 针对目前市场中已存在的药品的应用情况，药物的使用量可以选用默认值，也可以根据发表的流行病学数据进行合理的判断；

② 在目标地理区域内全年药物的使用量均匀分布；

③ 污水下水道是药物进入地表水的主要途径；

④ 药物在污水处理厂不发生生物降解、不存在水力停留；

⑤ 不考虑药物在人体内的代谢作用。

$$PEC_{surfacewater} = \frac{DOSE_{ai} \times F_{pen}}{WASTEW_{inhab} \times DILUTION} \tag{4-1}$$

式中　$PEC_{surfacewater}$——地表水浓度，mg/L；

　　　　$DOSE_{ai}$——每人每天消耗的药物剂量，mg/(人·d)；

　　　　F_{pen}——市场占有率；

　$WASTEW_{inhab}$——每人每天排放废水的量，L/(人·d)；

　　　$DILUTION$——稀释因子。

当缺乏实测环境浓度时，EMEA 模型被广泛用于预测环境暴露浓度，并在美国、英国、法国、瑞士、韩国、伊拉克和黎巴嫩等国家广泛应用。可以明显看出，EMEA 预测模型相比于环境多介质模型是环境暴露评估的一种简化方式，同时有大量相关研究对比了EMEA 模拟的预测浓度与实际暴露浓度的差异。在应用方面，Bu 等收集了 593 种药物的使用和排放数据，在 EMEA 模型基础上又考虑了药物在人体内的代谢过程和污水处理厂的去除作用，与实测环境浓度相比，浓度预测结果具有很高的可靠性，最终筛选出 31 种需要优先关注的药物。Perazzolo 等利用 EMEA 模型评估了瑞士日内瓦湖中常用药物的存在水平，在估算环境浓度时共假设了四种情况。第一阶段假设所有药物购买后直接进入环境，第二阶段在上一阶段的基础上考虑了药物在人体内的代谢率，第三阶段进一步考虑了药物进入污水处理厂后的去除效率，第四阶段在以上基础上加入湖水的更新速率。这种评估方式充分考虑了研究区域的实际情况，共筛选出 37 种药物和 4 种激素。

EMEA 模型作为一种简化的评估环境暴露方式，也存在一定的局限性。对于药物的生产和使用情况，在一些区域没有具体的统计数据，这将对暴露评估带来一定限制。PPCPs、激素、EDCs 等新兴污染物的物理化学属性、人体代谢率、污水去除率和生态毒性数据的缺乏，也增加了污染物浓度预测的难度。

随着化学品种类的不断增加，模型作为一种重要的研究工具在化学品暴露评估方面具有明显的优势。大尺度、多介质模型或将在今后的研究中成为主流的趋势，伴随着毒理学、生态学、生物化学和大数据等学科的发展，模型在评估化学品风险研究中主要有以下几点发展趋势：a. 污染物源排放是评估化学品风险的重要组成部分，根据化学品使用量进行粗放的评估与真实环境污染物的存在特征有较大的差别，特别是在对新兴污染物模拟过程中（如 PPCPs），可能与人类活动方式有很大的相关性。在大尺度、多介质模型研究中，源排放数据的时空精确描述将辅助我们进一步认识污染物的环境行为。b. 从污染物的归趋和迁移特征来看，仅使用单一模型模拟化学品行为，无法满足研究者对污染物迁移转化过程的认识。通过模型整合，针对污染物的不同属性输入相应特征参数，增加模拟精度，进而识别化学品关键归趋过程，是未来化学品多介质模拟的趋势。c. 任何模拟过程都会带来一定的误差，因此，模型的不确定性分析一直是研究的重点，模型的不确定性可以分为模型数据的不确定性、模型参数的不确定性和模型结构的不确定性。模型不确定分析的最终目标是为了减小模拟误差。如何减少不确定性对模拟结果的影响，是化学品归趋模型需重点关注的。总体而言，基于环境暴露水平建立的筛选方法是一种综合性的筛选方式，并结合化学品危害属性以及风险表征方法，在传统污染物和新兴污染物筛选研究中均有广泛应用。

4.1.2　QSAR 模型

化学品的结构决定了其性质，QSAR/QSPR 研究的基本假设是分子物理化学性质或活性的变化依赖于其结构的变化，而且分子的结构可以用反映分子结构特征的各种参数来描述，即化合物的物理化学性质或生物活性可以用化学结构的函数来表示。由于化学品持久性、生物累积和毒性的综合数据的缺乏，一定程度上限制了对 PBT 和 vPvB（very persistent and very bioaccumulative）化学物质的识别，为了尽量避免由于数据可获取性的局限而忽略潜在 PBT 物质，研究人员开发了基于物质结构识别危险化学物质的工具——QSAR 模型。一个典型的 QSAR 模型的包括数据收集、化学结构输入、分子结构描述符的分析、模型建立和模型的检验五个构建步骤。可靠的预测模型建立在可靠的数据基础之上。数据的来源可能比较复杂，如通过数据库获取，或者从大量文献中收集。数据的收集是构建 QSAR 模型最基础也是最关键的一步。由于测试数据本身受人为主观因素的影响，可能导致拟合效果不理想。对于目前已经发现的数以千万计的化学物质，科学家用结构代码表示复杂的分子结构，其中 SMILES 已被广泛应用于数据库搜索中。除此之外，用可视化的方式表示化学结构相比于 SMILES 更容易理解，像 HyperChem 软件能构建化学物质的二维结构和三维结构，具有形象、直观等特点。分子结构描述符是一个分子的数学表征，是把分子结构转换为数值信息的过程。分子描述符具体的数值中包含了分子的各种结构信息。获取分子结构参数是 QSAR 研究的前提，目前已有多种化学软件可以计算多种分子结构描述符，如 DRAGON、QSARINS 和 PaDEL-Descriptor 软件，可以计算分子的组成描述符、几何描述符、拓扑描述符、静电描述符、量子化学描述符以及热力学描述符。在 QSAR 研究中训练集和预测集样本的划分至关重要。训练集用于建立模型以预测新化合物的性质，因此训练集中的样本必须尽可能包含所有可能要预测的新化合物的结构信息，这就意味着训练集必须使这些待预测性质的化合物具有代表性，以便形成更加广泛的模型适用的结构域。可以应用多元统计方法或遗传算法对分子描述符进行变量筛选，删除冗余信息以便于构建 QSAR 模型。模型的验证首先可以通过判断拟合程度检验模型的实用性，其次利用全部数据执行内部验证和外部验证，评价模型的预测能力。上述步骤详细的构建方法可以参考 Gramatica 等的研究。

美国环保局 PBT Profiler 模型是一个可在互联网上访问的程序，是基于分子结构预测物质 PBT 特征的模型，用于筛选具有环境风险的有机化学品。该模型包括基于 EPI Suite 软件评估环境持久性、生物累积性和毒性的方法。对于持久性，基于 AOPWIN 和 BIO-WIN3 模型和一定的假设确定物质在空气、水、土壤和沉积物中的半衰期，假设化学物质在水体、土壤或沉积物中的半衰期大于 60d 即判断该物质具有持久性，利用 Level III 逸度模型计算物质在各环境相中的分配比例。根据判断基准将物质风险划分为高、中、低三个等级。基于 BCFWIN 模型评价物质的生物累积性，当 BCF 大于 1000 认为具有生物累积性，大于 5000 即认为该物质具有强生物累积性。基于 ECOSAR 中的 QSAR 模型评估化学物质的慢性毒性数值，当慢性毒性终点低于 10mg/L 认为具有中等毒性，当小于 0.1mg/L 时认为具有强毒性。但评价标准与研究人员选取的评价方法有关。比如，美国环保局判断化学品具有生物累积性的基准是 BCF 大于 1000，而 RAECH PBT 的筛选基准是 BCF 大于 2000，斯德哥尔摩公约的判断基准是 BCF 大于 5000。对于持久性来说，联合国环境规划署（UNEP）和 PBT Profiler 规定化学品在水环境中半衰期大于 60d 具有持久性，而欧洲 PBT 判断持久性的基准是 40d。

PBT Index 模型将多元统计方法与 QSAR/QSPR 结合，基于物质的结构信息筛选环境中的高风险物质。在评估危害水平时，分子结构是影响物质的化学性质和行为的主要因素。因此，基于 QSAR/QSPR 方法可以在评估化学物质危害水平方面得到有效应用。为了保证构建的模型具有广泛的应用性，应选择多样化的化学物质集合以确保包含丰富的结构信息，比如二噁英、多氯联苯、多环芳烃、杀虫剂，以及各种不同 PBT 行为的工业化学品等，这些化学物质集合应具有通过大量试验可获取的危害属性数据。数据获取后，为了避免物质结构信息的冗余，对数据进行主成分分析，并利用主成分给定化学物质得分。各种描述符计算软件可以分析化学物质的原子和键类型、连接性和原子空间坐标等信息

（如 DRAGON）。最后，利用多元线性回归将分子结构描述符与化学物质得分建立 QSAR 模型，为了确保模型的稳定性，采用留一验证和辅助程序验证该模型。构建该筛选模型最关键的步骤是具备广泛的描述符应用域，以定义模型适用的结构空间。该方法不需要定义任何截断值（cut-off value），但是要明确研究物质的结构信息。

QSAR 模型用于筛选和确定化学品优先级方面有很大的潜力，特别是在缺乏试验数据的情况下，可以节省大量的人力和资金。化学结构和模型响应之间的定量关系是构建 QSAR 模型的关键，所构建的模型必须被严格地科学证明。因此，对没有包括在建模过程中的外部化学品进行验证是行之有效的验证方法，但这种验证也仅对属于模型应用域内的化学品是合理的。另一方面，QSAR 模型筛选化学品的核心是基于物质的结构特征，相比于传统的筛选方法，PBT Index 模型和 PBT Profiler 模型可用分子结构快速筛选和排序 PBT 物质，而不需要有关化学品的持久性、生物积累或毒性的相关数据。但是，在构建 QSAR 模型时，研究人员应倾向于使用实验室监测数据。特别是对于毒性数据来说，一般的试验数据与 EPI Suite 预测数据之间存在一定的误差，其中包括试验物种的选取、急性和慢性数据的选择以及毒性终点的判断。对于水生环境而言，代表不同营养级的鱼类、水蚤和藻类等水生生物，其毒性数据更具代表性。在急性和慢性毒性数据的选择上，慢性毒性数据相比于急性毒性数据可靠性更高。所以，在构建 QSAR 模型过程中优先选用试验数据充分的化学品，相比于预测数据更能体现模型的准确性。当然，任何筛选研究结果都不能被认为是准确无误的，但 QSAR 模型可以利用有限的资源筛选具有危险属性的化学品，相比于试验研究具有一定的优势。

4.1.3 注意事项

总的来说，筛选模型首先应明确要评估的目标和范围，比如要明确是要评估化学品的危害特征（长距离迁移性、生物累积性、持久性、毒性），还是要评估化学物质在各环境介质的暴露水平。

首先，在使用任何一种模型进行化学评估时，需明确评估的时间和地理范围以及研究的复杂程度。例如，哪些环境分区是主要研究目标，研究区域的时间和空间分辨率等细节。

其次是模型的选择，选用评估模型要了解如何获取模型并明确模型的可适用性，一个好的筛选模型应该是向公众免费开放的，并能获取使用案例。选用的模型应明确指定需要输入的参数，一般包括环境数据、物质属性数据和使用与排放等数据。环境数据通常选用默认的环境参数，以便对化学品进行比较，物质属性数据方面更倾向于选用试验数据，相比于预测值更具有说服力，其他属性数据如溶解度、分配系数和环境半衰期等，在没有试验数据的情况下，可以根据已有的数据进行合理外推。值得强调的是，所有的环境模型只是化学物质的实际归趋和迁移的近似值，因此有必要对模型进行参数敏感度和不确定性分析，模型的敏感度分析为说明模型输出结果对每个输入参数的依赖程度提供了一种简便的评价方法，不确定性分析通常关注模型中时空变化、数据资源和描述模型输入的不确定性数据的可用性。

最后，明确模型的适用性和局限性是至关重要的，在对模型适用性、模型性能和输出结果的半定量讨论中，可通过使用诸如灵敏度和不确定度分析结果等定量模型性能，以评估其适用性和局限性。

4.2　基于模型分析的PPCPs筛选

随着 PPCPs 在全球范围内的广泛应用，其在环境方面引起的问题日益增多，关注具有潜在生态风险的药物极为重要，因此在过去的数十年里学者们做了大量的工作，探索 PPCPs 在环境的存在、归趋及毒理学特性。但由于 PPCPs 在环境中存在水平低，分析方法不成熟，并且缺乏有效的毒性试验数据以及耗时、经济成本高等问题，导致研究人员所关注的 PPCPs 数量不多。在药物的毒理信息有限的情况下，基于模型的监测手段筛选优先关注的药物对于将有限的资源集中于科学研究和环境管理具有重要意义。

现有报道提出的几种筛选方法中，大多通过评估危害特性筛选具有潜在危害的药物。基于危害评估的筛选方案只考虑化学品的固有属性（例如持久性、生物积累和毒性），而对污水处理系统对化学品去除效率的影响关注较少，其优点是筛选结果不受地域的影响，可直接应用于其他国家或地区。但是，基于风险的筛选方法不仅要考虑化学品的固有属性，还要考虑不同药物的使用情况以及不同污水处理基础设施对药物去除的影响，这使得基于风险的筛选方法变得更加复杂。

在基于风险的筛选方法中，暴露表征是第一步也是至关重要的一步。在评估过程中更倾向于药物的实测环境浓度（MECs），并已有大量研究用于筛选实践。但是，由于存在许多药物仍未监测，导致一定程度上限制了识别未知污染物的目的，因此需要提出合适的方法来估算没有实测数据的化学品环境浓度。

由欧洲药品管理局（EMEA）提出的一种预测药物环境浓度（PECs）的方法已广泛用于不同国家和地区的药物筛选研究中。目前，对于 EMEA 方法确定优先药物的可靠性还存在一些争议。尽管一些笔者通过与 MECs 比较，评价了使用 EMEA 方法估算 PECs 的可靠性，但通常这些研究集中在少数化合物上，从而得出的结论各有差异。在现有研究中，报道数量较多的是 Burns 等对英国纽约市 95 种药物进行了比较。总的来数，大多数研究集中在探讨 EMEA 方法在局域范围内 PECs 与 MECs 的效果对比，很少有研究评估该方法在区域范围内的可靠性。

中国是世界上最大的药品生产国和消费国，并已在我国各环境介质中检测到药物的广泛存在。然而，目前已监测的药物未必都会对生态环境产生风险效应，而未监测的药物是否会产生生态风险也不明确。针对这一问题，也有研究人员对我国药物筛选进行了相应的研究，Sui 等基于消费量对废水中 39 种药物按风险程度进行了排序，其中 17 种被列为优先药物。Bu 等基于生态风险对我国水环境中 112 种药物进行筛选，最终确定了 6 个优先目标物。上述研究侧重于对环境中已检测到的药物按风险进行排序，而对未检测到的药物知之甚少。因此，针对其他未检测药物的进行风险筛查迫在眉睫。

基于已获取的关于我国人用药统计生产数据，本章利用改进的 EMEA 方法估算药物的环境浓度，并对环境中存在的 647 种 PPCPs 进行风险筛选。通过计算出的 PECs，并与生态毒性数据比较识别具有潜在生态风险的目标药物。此外，还通过 PECs 与 MECs 的相关性研究以评价 EMEA 方法是否适合用于药物筛选中的暴露表征。识别对水生物种具有高风险的药物，对我国进一步监测、风险评估和制定适当的控制策略具有重要意义。

4.2.1　筛选方法

4.2.1.1　数据库构建

首先，参考医药统计年鉴的生产信息检索人用药产品清单以构建数据库。数据库不包括维生素、电解质溶液添加剂、生化药品、有机金属和无机化合物以及分子量大于 2000 的药品。对于复方药，我们的数据库中只考虑药物活性成分（APIs）。通过搜索 PubChem（https：//pubchem. ncbi. nlm. nih. gov/）和 SciFinder（https：//scifinder. cas. org/）等多个数据库源，交叉验证化学品注册号（CASRN）和药物名称，以确保药物引用的准确性。最后，建立了用于药物风险筛选的数据库（表 4-2）。

表 4-2　647 种 APIs 的数据信息库

药物	类别	产量 PV/t	药物	类别	产量 PV/t
红霉素	抗感染药	1429.23	巴比妥	中枢神经系统药物	51.72
阿奇霉素	抗感染药	992.98	头孢呋辛	抗感染药	787.382
克拉霉素	抗感染药	407.577	托吡酯	中枢神经系统药物	197.86
罗红霉素	抗感染药	346.103	青蒿素	抗寄生虫类药物	110.367
氯硝柳胺	抗寄生虫类药物	526	利福平	抗感染药	501.71
利福昔明	抗感染药	825	地塞米松棕榈酸酯	激素类药物	2252.54
阿米卡星	抗感染药	510.91	妥布霉素	抗感染药	13.372
甲氧苄啶	抗感染药	936.099	乙酰水杨酸	中枢神经系统药物	3064.3
灰黄霉素	皮肤科用药	178	奥替拉西钾	抗肿瘤和免疫调节剂	22.274
苦参素	抗感染药	694.37	环丙沙星	抗感染药	1610.8
土霉素	抗感染药	3853	小诺霉素	抗感染药	16.12
克霉唑	内分泌及代谢调节药物	100.889	对乙酰氨基酚	中枢神经系统药物	27101.2
吡拉西坦	中枢神经系统药物	1608.59	苯甲酸	皮肤科用药	1188.22
大观霉素	抗感染药	72.92	甲硝唑	抗寄生虫类药物	5053.35
布洛芬	肌肉骨骼系统药物	2220	纳洛酮	中枢神经系统药物	0.021
林可霉素	抗感染药	846.135	卡波西坦	呼吸系统药物	216.607
四环素	抗感染药	1705	头孢拉定	抗感染药	1915.27
贝诺里拉	中枢神经系统药物	614.224	青霉素	抗感染药	2308.28
金刚烷胺	中枢神经系统药物	608.066	头孢氨苄	抗感染药	1353.47
地红霉素	抗感染药	23.02	尿囊素	皮肤科用药	47.956
阿莫西林	抗感染药	17506.6	缬沙坦	心血管系统药物	412.262
泮托拉唑	消化系统药物及代谢药	21.192	戊氧威林	呼吸系统药物	93.872
莫罗西丁	抗感染药	540.531	奥拉西坦	中枢神经系统药物	124.636
布地奈德	内分泌及代谢调节药物	0.01			

续表

药物	类别	产量 PV/t	药物	类别	产量 PV/t
左氧氟沙星	抗感染药	551.524	氯沙坦钾	心血管系统药物	363.925
克林霉素	抗感染药	320.55	氯霉素	抗感染药	313.323
特布他林	呼吸系统药物	17.298	联苯双酯	消化系统药物及代谢药	9.2
蒿甲醚	抗寄生虫类药物	23.742	齐多夫定	抗感染药	882.963
氨苄西林	抗感染药	3567.91	曲马多	中枢神经系统药物	26.484
卡托普利	心血管系统药物	115.788	苯扎贝特	心血管系统药物	17.408
乙酰螺旋霉素	抗感染药	316.099	异帕米星	抗感染药	1.243
普罗布考	心血管系统药物	10.439	头孢唑肟	抗感染药	153.564
桂哌齐特	心血管系统药物	12.072	氯吡格雷	血液系统药物	26.085
曲美布汀	消化系统药物及代谢药	24.41	头孢地尼	抗感染药	103.328
青霉素	抗感染药	899.834	本芴醇	抗寄生虫类药物	101.299
氨基苯唑酮	中枢神经系统药物	1466.63	头孢吡肟	抗感染药	92.678
黄芩苷	抗感染药	157.257	头孢丙烯	抗感染药	80.36
益康唑	抗感染药	16.517	氨氯地平	心血管系统药物	43.153
马来酸氯苯那敏	呼吸系统药物	92	奥美拉唑	消化系统药物及代谢药	262.274
磺胺苯噁唑	抗感染药	430.955	甲芬那酸	肌肉骨骼系统药物	464
吲哚美辛	肌肉骨骼系统药物	49.071	阿昔洛韦	抗感染药	450.872
伊托必利	消化系统药物及代谢药	16.1	诺氟沙星	抗感染药	249.769
加巴喷丁	中枢神经系统药物	60.687	米非司酮	激素类药物	2.585
桂利嗪	中枢神经系统药物	7.2	氢氯噻嗪	心血管系统药物	39.664
阿洛西林	抗感染药	87.274	酮洛芬	肌肉骨骼系统药物	80.222
依诺沙星	抗感染药	990.133	地芬尼多	消化系统药物及代谢药	53.127
水飞蓟宾	消化系统药物及代谢药	11.475	磺胺二甲嘧啶	抗感染药	178.45
鱼腥草素	抗感染药	34.817	氯化胆碱	中枢神经系统药物	3.367
甲巯咪唑	激素类药物	2977.75	氧氟沙星	抗感染药	75.84
酮康唑	抗感染药	83.809	丙谷胺	消化系统药物及代谢药	23.652
瑞巴派特	消化系统药物	55.533	吡硫醇	中枢神经系统药物	4.511
胺碘酮	心血管系统药物	4.25	加替沙星	抗感染药	44
曲美他嗪	心血管系统药物	9.482	甘露醇	泌尿系统药物	8536
亚油酸	心血管系统药物	390.375	帕珠沙星	抗感染药	34.1
拉米夫定	抗感染药	1178	二甲双胍	激素类药物	1439.07
芬布芬	肌肉骨骼系统药物	66.18	阿曲库铵	麻醉类药物	0.184
米格列醇	激素类药物	2.1	舒必利	中枢神经系统药物	70.883
洛伐他汀	心血管系统药物	151.03	左西替利嗪	呼吸系统药物	2.77
蜜环素 A	中枢神经系统药物	139.455	茶碱	呼吸系统药物	1135.85

续表

药物	类别	产量 PV/t	药物	类别	产量 PV/t
曲哌丁酮	消化系统药物及代谢药	4.962	硫必利	中枢神经系统药物	7.725
丙苯基偶氮	中枢神经系统药物	120.7	辛伐他汀	心血管系统药物	56.243
甲基多巴	心血管系统药物	159.145	依帕司他	激素类药物	6.301
奎硫平	中枢神经系统药物	59.352	头孢克洛	抗感染药	56.942
甲氧基苯甲酸酯	中枢神经系统药物	31.78	氯哌丁	呼吸系统药物	4.68
司他夫定	抗感染药	24.45	伪麻黄碱	呼吸系统药物	33.43
苯海拉明	呼吸系统药物	50	西替利嗪	呼吸系统药物	1.8
二羟丙茶碱	呼吸系统药物	155.318	依那普利	心血管系统药物	36.892
呋塞米	心血管系统药物	41.861	托哌酮	心血管系统药物	38.5
曲克芦丁	心血管系统药物	82.442	丙戊酸半钠	中枢神经系统药物	245.441
头孢呋辛酯	抗感染药	280.55	普萘洛尔	心血管系统药物	53.051
甲氯芬酯	中枢神经系统药物	10.165	乙胺丁醇	抗感染药	60.5
苦参碱	抗感染药	1.044	磺胺甲氧哒嗪	抗感染药	17.5
头孢曲松	抗感染药	2704.1	普鲁卡因	中枢神经系统药物	293.36
联苯乙酸	肌肉骨骼系统药物	6	丁螺环酮	中枢神经系统药物	0.446
阿莫巴比妥	中枢神经系统药物	5.14	阿托伐他汀	心血管系统药物	147.55
链霉素	抗感染药	1213	特非那定	呼吸系统药物	7.847
卡马西平	中枢神经系统药物	230.988	异烟肼	抗感染药	207.405
美罗培南	抗感染药	344.193	氯己定	消毒防腐及创伤外科用药	46.875
柳氮磺吡啶	抗感染药	24.289	克罗米通	抗寄生虫类药物	3.869
单硝酸异山梨酯	心血管系统药物	41.196	二氧丙嗪	呼吸系统药物	15.199
联苯苄唑	皮肤科用药	0.661	地塞米松	激素类药物	20.621
吡哌酸	抗感染药	69.42	醋酸甲地孕酮	激素类药物	4.567
丹皮酚	肌肉骨骼系统药物	12.319	甲砜霉素	抗感染药	13.05
氨甲基苯甲酸	血液系统药物	71.688	非索非那定	呼吸系统药物	0.857
咖啡因	中枢神经系统药物	1050.63	萘普生	肌肉骨骼系统药物	225
七氟醚	中枢神经系统药物	253.56	依法韦仑	抗感染药	341.411
头孢噻肟	抗感染药	1204.23	乙氧苯柳胺	皮肤科用药	0.85
泛昔洛韦	抗感染药	0.328	阿米洛利	心血管系统药物	0.25
替米沙坦	心血管系统药物	29.874	西酞普兰	中枢神经系统药物	6.863
炎琥宁	抗感染药	18.7	右旋布洛芬	肌肉骨骼系统药物	6.91
舍曲林	中枢神经系统药物	0.344	阿达帕林	皮肤科用药	0.466
头孢羟氨苄	抗感染药	53.55	替诺福韦二吡呋酯	抗感染药	145.042
汉防己甲素	中枢神经系统药物	1.009	匹多莫德	抗肿瘤和免疫调节剂	2.194
拉西地平	心血管系统药物	0.36	格列美脲	激素类药物	0.57

续表

药物	类别	产量 PV/t	药物	类别	产量 PV/t
左旋咪唑	抗寄生虫类药物	638.303	泼尼松	激素类药物	88.887
黄体酮	激素类药物	82.996	氯氮平	中枢神经系统药物	18.919
黄酮哌酯	激素类药物	1.05	阿比多尔	抗感染药	0.421
氟康唑	抗感染药	15.35	油酸乙酯	心血管系统药物	32.26
阿帕替尼	抗肿瘤和免疫调节剂	1.478	右丙亚胺	抗肿瘤和免疫系统调节剂	0.111
氯雷他定	呼吸系统药物	2.196	他莫昔芬	抗肿瘤和免疫调节剂	1.223
苯巴比妥	中枢神经系统药物	13.68	艾司西酞普兰	中枢神经系统药物	5.447
磷霉素	抗感染药	506.568	酮替芬	呼吸系统药物	1.101
美托洛尔	心血管系统药物	11.932	噻氯匹定	血液系统药物	13.755
苯唑西林	抗感染药	7.474	尼美舒利	肌肉骨骼系统药物	17.4
双氢青蒿素	抗寄生虫类药物	0.5	利培酮	中枢神经系统药物	0.864
厄贝沙坦	心血管系统药物	263.176	羟氯喹	抗寄生虫类药物	26.8
莫西沙星	抗感染药	43	天麻素	中枢神经系统药物	79.143
硝苯地平	心血管系统药物	21.6	谷胱甘肽	抗组织胺及解毒药物	0.339
来氟米特	抗肿瘤和免疫调节剂	0.786	头孢他美酯	抗组织胺及解毒药物	52.07
尼莫地平	心血管系统药物	16.18	氨苯蝶啶	心血管系统药物	14.817
非那西丁	中枢神经系统药物	1289.69	奥沙普秦	肌肉骨骼系统药物	10.53
呋喃唑酮	抗感染药	47.17	西咪替丁	消化系统药物及代谢药	11.12
苯溴马隆	肌肉骨骼系统药物	1.07	乌拉地尔	心血管系统药物	1.27
醋酸泼尼松	激素类药物	81.861	咪喹莫特	皮肤科用药	0.995
华法林	血液系统药物	0.844	美索巴莫	肌肉骨骼系统药物	22
头孢克肟	抗感染药	603.821	坎地沙坦酯	心血管系统药物	11.481
石杉碱甲	中枢神经系统药物	3.17	福多司坦	呼吸系统药物	3.649
亚油酸乙酯	心血管系统药物	35.145	奈韦拉平	抗感染药	187.89
苯海索	中枢神经系统药物	1.78	安替比林	中枢神经系统药物	178.6
替硝唑	抗寄生虫类药物	185.7	头孢替唑	抗感染药	50.234
贝那普利	心血管系统药物	6.161	美沙拉嗪	消化系统药物及代谢药	79.1
醋酸泼尼松龙	激素类药物	32.3	薯蓣皂素	激素类药物	15
氟他胺	抗肿瘤和免疫调节剂	2.79	地奥司明	心血管系统药物	21.978
头孢他啶	抗感染药	642.85	左羟丙哌嗪	呼吸系统药物	25.86
二氟尼柳	中枢神经系统药物	9.3	利拉萘酯	抗感染药	0.26
羟基脲	抗肿瘤和免疫调节剂	63	头孢匹罗	抗感染药	1.78
米氮平	中枢神经系统药物	1.52	氨曲南	抗感染药	108.64
磷酸肌酸	心血管系统药物	6.746	羟苯磺酸	心血管系统药物	112.7
比索洛尔	心血管系统药物	0.759	醋酸地塞米松	激素类药物	4.909

续表

药物	类别	产量 PV/t	药物	类别	产量 PV/t
洛美沙星	抗感染药	6.19	美洛西林	抗感染药	426.587
塞克硝唑	抗寄生虫类药物	87.85	地芬诺酯	消化系统药物及代谢药	1.33
川芎嗪	心血管系统药物	21.452	替卡西林	抗感染药	18.01
溴己新	呼吸系统药物	50.18	奋乃静	中枢神经系统药物	3.01
环磷酰胺	抗肿瘤和免疫调节剂	3.172	多巴酚丁胺	心血管系统药物	0.401
倍他米松	内分泌及代谢调节药物	72.368	双氯芬酸	肌肉骨骼系统药物	34
氨溴索	呼吸系统药物	58.934	普伐他汀	心血管系统	1.588
硝酸甘油溶液	心血管系统药物	5.908	达那唑	激素类药物	0.82
甲氧氯普胺	消化系统药物及代谢药	2.225	胍生	心血管系统药物	6.679
奥美沙坦酯	心血管系统药物	6.817	美西律	心血管系统药物	13.046
托瑞米芬	抗肿瘤和免疫调节剂	9.866	萘哌地尔	心血管系统药物	0.18
头孢西丁	抗感染药	64.027	头孢替安	抗感染药	70.145
头孢孟多酯	抗感染药	49.179	朵拉克汀	抗寄生虫类药物	14.157
头孢硫脒	抗感染药	161.471	对氨基水杨酸	抗感染药	8.91
倍他司汀	中枢神经系统药物	6.679	保泰松	肌肉骨骼系统药物	58.8
阿西美辛	肌肉骨骼系统药物	0.558	丹参酮ⅡA磺酸钠	心血管系统药物	1.867
酚苄明	心血管系统药物	0.538	托拉塞米	心血管系统药物	4.066
恩曲他滨	抗感染药	74.071	赛庚啶	呼吸系统药物	0.862
艾瑞昔布	肌肉骨骼系统药物	1.239	醋酸甲羟孕酮	抗肿瘤和免疫调节剂	11.267
氟氯西林	抗感染药	0.903	赖诺普利	心血管系统药物	2.835
舒巴坦	抗感染药	353.983	左炔诺孕酮	激素类药物	4.665
头孢哌酮	抗感染药	877.324	萘甲唑林	呼吸系统药物	0.445
雷贝拉唑	消化系统药物及代谢药	5.332	美伐他汀	心血管系统药物	2.01
丙帕他莫	中枢神经系统药物	4.62	氟伐他汀	心血管系统药物	1.48
奥硝唑	抗寄生虫类药物	226.639	氟西汀	中枢神经系统药物	0.244
哌拉西林	抗感染药	215.84	多奈哌齐	中枢神经系统药物	0.104
消旋卡多曲	消化系统药物及代谢药	0.05	莫沙必利	消化系统药物	11.005
司他斯汀	呼吸系统药物	0.546	吡格列酮	内分泌及代谢调节药	12.663
地喹铵	呼吸系统药物	1.916	阿昔莫司	心血管系统药物	7.39
布康唑	抗感染药	0.041	吉非罗齐	心血管系统药物	5.496
维胺酯	皮肤科用药	0.726	孟鲁司特	呼吸系统药物	412
丙酸氯倍他索	皮肤科用药	0.492	青蒿琥酯	抗寄生虫类药物	2.527
咪康唑	抗感染药	8.866	普瑞巴林	中枢神经系统药物	19.055
地巴唑	心血管系统药物	100.04	十一酸睾酮	激素类药物	0.5
地氯雷他定	呼吸系统药物	0.712	甲基麻黄碱	呼吸系统药物	1.4

续表

药物	类别	产量 PV/t	药物	类别	产量 PV/t
甲泼尼龙	激素类药物	12.057	他唑巴坦	抗感染药	96.843
巴氯芬	肌肉骨骼系统药物	1.213	霉酚酸酯	抗肿瘤和免疫调节剂	1.528
吉非替尼	抗肿瘤和免疫调节剂	0.085	氢化可的松	激素类药物	10.412
氯丙嗪	中枢神经系统药物	12.16	硝酸异山梨酯	心血管系统药物	14.575
依普罗沙坦	心血管系统药物	3.108	罂粟碱	消化系统药物及代谢药	0.035
地塞米松磷酸	激素类药物	8.087	麻黄素	呼吸系统药物	0.88
格列喹酮	激素类药物	4.429	利巴韦林	抗感染药	18.739
奥扎格雷	血液系统药物	1.866	硫唑嘌呤	抗肿瘤和免疫调节剂	21.346
醋酸可的松	激素类药物	6.96	醋酸环丙孕酮	激素类药物	17.629
头孢唑林	抗感染药	393.1	异环磷酰胺	抗肿瘤和免疫调节剂	0.326
度洛西汀	中枢神经系统药物	2.461	多索茶碱	呼吸系统	56.715
苏林达克	肌肉骨骼系统药物	0.222	伊马替尼	抗肿瘤和免疫调节剂	3.277
氟罗沙星	抗感染药	0.571	万古霉素	抗感染药	77.022
胞磷胆碱	中枢神经系统药物	49.604	酮咯酸	肌肉骨骼系统药物	0.29
氟哌啶醇酮	皮肤科用药	0.82	乌贝尼米克斯	抗肿瘤和免疫调节剂	0.828
左旋氨氯地平	心血管系统药物	1.62	比卡鲁胺	抗肿瘤和免疫调节剂	0.145
奥卡西平	中枢神经系统药物	24.948	瑞舒伐他汀	心血管系统药物	1.324
丙丙咪	中枢神经系统药物	10.79	碘海醇	诊断用药	431.608
帕罗西汀	中枢神经系统药物	1.1	丁卡因	中枢神经系统药物	2.197
榄香烯	抗肿瘤和免疫调节剂	0.358	咔唑铬磺酸盐	血液系统药物	1.928
胸腺五肽	抗肿瘤和免疫调节剂	0.558	吡喹酮	抗寄生虫类药物	42.96
班布特罗	呼吸系统药物	0.41	依替唑仑	中枢神经系统药物	0.846
依哌立松	肌肉骨骼系统药物	0.853	阿苯达唑	抗寄生虫类药物	10.275
莫西替丁	抗寄生虫类药物	2.907	安托沙星	抗感染药	0.889
L-门冬氨酸氨氯地平	心血管系统药物	0.539	维库溴铵	麻醉类药物	0.203
			布桂利嗪	中枢神经系统药物	0.702
拉贝洛尔	心血管系统药物	1.3	卡巴克络	血液系统药物	6.151
头孢地嗪	抗感染药	28.526	阿米替林	中枢神经系统药物	0.577
氨基葡萄糖	肌肉骨骼系统药物	324.963	阿普唑仑	中枢神经系统药物	0.257
依托泊苷	抗肿瘤和免疫调节剂	0.217	利多卡因	中枢神经系统药物	1.31
阿卡波糖	激素类药物	84.307	拉塔莫西	抗感染药	14
阿帕蜜宁B	中枢神经系统药物	0.83	甲氨蝶呤	抗肿瘤和免疫调节剂	0.3771
奥氮平	中枢神经系统药物	3.942	雌二醇	激素类药物	0.2
舒本西林	抗感染药	14.71	非诺贝特	心血管系统药物	17.526
西罗莫司	抗肿瘤和免疫调节剂	0.202	头孢米诺	抗感染药	262.734

续表

药物	类别	产量 PV/t	药物	类别	产量 PV/t
碘佛醇	诊断用药	272.442	格列齐特	激素类药物	34.206
胆酸	消化系统药物及代谢药	5.869	比亚培南	抗感染药	1.8
消旋山莨菪碱	消化系统药物及代谢药	4.725	氯丙咪嗪	中枢神经系统药物	0.673
地佐辛	中枢神经系统药物	0.292	柔红霉素	抗肿瘤和免疫调节剂	0.176
西索米星	抗感染药	0.45	格列本脲	激素类药物	0.28
更昔洛韦	抗感染药	2.18	法苏迪尔	心血管系统药物	0.074
奥利司他	消化系统药物及代谢药	29.655	洛索洛芬	肌肉骨骼系统药物	0.651
西司他丁	抗感染药	0.85	普仑司特	呼吸系统药物	0.264
异丙嗪	呼吸系统药物	21.376	米诺地尔	心血管系统药物	2.601
福尔可定	呼吸系统药物	0.283	氯唑沙宗	肌肉骨骼系统药物	9.1
羟孕酮己酸盐	激素类药物	0.54	来曲唑	抗肿瘤和免疫调节剂	0.251
坦索罗辛	激素类药物	0.026	阿德福韦酯	抗感染药	2.615
拉帕他定	呼吸系统药物	0.015	胆碱	消化系统药物及代谢药	58.85
紫杉醇	抗肿瘤和免疫调节剂	3.102	阿霉素	抗肿瘤和免疫调节剂	0.069
非布索坦	肌肉骨骼系统药物	0.463	特加福	抗肿瘤和免疫调节剂	3
榙丙酯	血液系统药物	0.409	头孢美唑	抗感染药	31.154
双环醇	消化系统药物及代谢药	16.42	单磷酸阿糖胞苷	抗感染药	4.003
伊巴斯汀	呼吸系统药物	0.609	格拉司琼	消化系统药物及代谢药	0.321
莫匹罗星	皮肤科用药	6.527	巴洛沙星	抗感染药	0.067
阿托品	消化系统药物及代谢药	0.373	替加环素	抗感染药	0.174
伏格列波糖	激素类药物	0.019	喷他佐辛	中枢神经系统药物	0.093
多巴胺	心血管系统药物	3.994	西格列奈	激素类药物	0.086
吲哚美芬	血液系统药物	0.462	芬太尼	中枢神经系统药物	0.047
培美曲塞	抗肿瘤和免疫调节剂	0.347	酚妥拉明	心血管系统药物	0.129
可乐定	心血管系统药物	0.203	吉西他滨	抗肿瘤和免疫调节剂	11.219
那格列奈	激素类药物	0.471	乙酰天麻素	中枢神经系统药物	1.411
兰索拉唑	消化系统药物及代谢药	26.992	洛沙平	中枢神经系统药物	0.199
文拉法辛	中枢神经系统药物	0.649	柠檬烯	消化系统药物及代谢药	4.8
海米洛蒙	消化系统药物及代谢药	25.995	瑞格列奈	激素类药物	1.434
炔诺酮	激素类药物	1.6	氯硝西泮	中枢神经系统药物	0.412
布美他尼	心血管系统药物	0.188	亚胺培南	抗感染药	2.02
特拉唑嗪	激素类药物	1.697	依替巴肽	血液系统药物	0.178
齐拉西酮	中枢神经系统药物	0.787	螺内酯	心血管系统药物	56.737
洛贝林	中枢神经系统药物	0.043	瑞芬太尼	中枢神经系统药物	0.019
恩替卡韦	抗感染药	0.497	吲达帕胺	心血管系统药物	1.445

续表

药物	类别	产量 PV/t	药物	类别	产量 PV/t
丙酸倍氯米松	皮肤科用药	0.016	罗哌卡因	中枢神经系统药物	0.496
醋氨己酸锌	消化系统药物及代谢药	2.573	卡前列甲酯	激素类药物	0.002
氟桂利嗪	中枢神经系统药物	2.64	夫西地酸	抗感染药	0.681
沙利度胺	抗肿瘤和免疫调节剂	2.362	左布比卡因	中枢神经系统药物	0.102
那他霉素	抗感染药	0.1	炔雌醇	激素类药物	0.1
马普替林	中枢神经系统药物	0.204	吗啉硝唑	抗寄生虫类药物	0.433
非洛地平	心血管系统药物	0.372	乙酰半胱氨酸	呼吸系统药物	3.612
亚硫酸甲萘醌	血液系统药物	0.673	膦甲酸	抗感染药	3.535
碘克沙醇	诊断用药	65.38	多西他赛	抗肿瘤和免疫调节剂	1.738
咪达唑仑	中枢神经系统药物	0.241	曲安奈德	激素类药物	3.376
依托度酸	肌肉骨骼系统药物	1.98	醋酸炔诺酮	激素类药物	0.16
多沙普仑	呼吸系统药物	0.055	新斯的明	中枢神经系统药物	0.013
丙硫氧嘧啶	激素类药物	6.59	加贝酯	消化系统药物及代谢药	0.042
硝西泮	中枢神经系统药物	0.059	碘帕醇	诊断用药	6.976
爱普列特	激素类药物	0.161	氯波必利	消化系统药物及代谢药	0.01
格列吡嗪	激素类药物	0.421	阿哌沙班	血液系统药物	0.017
马蔺子素	抗肿瘤和免疫调节剂	0.02	米格列奈	内分泌及代谢调节药物	0.039
硫酸氨基葡萄糖	肌肉骨骼系统药物	33.66	伊班膦酸	肌肉骨骼系统药物	0.003
氮卓斯汀	呼吸系统药物	0.075	肾上腺素	心血管系统药物	0.232
匹伐他汀	心血管系统药物	0.057	表柔比星	抗肿瘤和免疫调节剂	0.026
埃索美拉唑	消化系统药物及代谢药	0.14	去甲肾上腺素	心血管系统药物	0.231
劳拉西泮	中枢神经系统药物	0.071	顺阿曲库铵	肌肉骨骼系统药物	0.164
间苯三酚	消化系统药物及代谢药	0.24	西尼地平	心血管系统药物	0.33
两性霉素 B	抗感染药	0.4	氟吡汀	中枢神经系统药物	0.091
拉呋替丁	消化系统药物及代谢药	0.209	曲普利啶	呼吸系统药物	0.1
舒马普坦	中枢神经系统药物	0.07	醋酸曲安奈德	激素类药物	1.54
昂丹司琼	消化系统药物及代谢药	0.477	马洛替脂	消化系统药物及代谢药	0.43
氨磷汀	抗肿瘤和免疫调节剂	1.243	奥曲肽	激素类药物	0.006
头孢匹胺	抗感染药	15.23	利扎曲普坦	中枢神经系统药物	0.026
美洛昔康	肌肉骨骼系统药物	1.58	亚叶酸	血液系统药物	0.023
乙酰谷酰胺	中枢神经系统药物	9.479	卡那霉素	抗感染药	96.729
茴三硫	消化系统药物及代谢药	0.043	双炔失碳酯	激素类药物	0.01
苯佐卡因	中枢神经系统药物	0.4	伏立康唑	抗感染药	0.252
葡醛内酯	消化系统药物及代谢药	152.54	伊立替康	抗肿瘤和免疫调节剂	0.061
卡培他滨	抗肿瘤和免疫调节剂	16.517	阿替卡因	中枢神经系统药物	0.13

续表

药物	类别	产量 PV/t	药物	类别	产量 PV/t
孕二烯酮	激素类药物	0.041	奈必洛尔	心血管系统药物	0.034
法罗培南	抗感染药	1.032	吡柔比星	抗肿瘤和免疫调节剂	0.01
索非布韦	抗感染药	1.249	舒芬太尼	中枢神经系统药物	0.007
唑吡坦	中枢神经系统药物	0.027	吉美嘧啶	抗肿瘤和免疫调节剂	0.016
间羟胺	心血管系统药物	0.059	丙泊酚	中枢神经系统药物	0.249
咪唑立宾	抗肿瘤和免疫调节剂	0.035	环磷腺苷	心血管系统药物	0.499
氨力农	心血管系统药物	0.019	依西美坦	抗肿瘤和免疫调节剂	0.067
长春瑞滨	抗肿瘤和免疫调节剂	0.077	环丝氨酸	抗感染药	0.207
伐昔洛韦	抗感染药	1.422	非那雄胺	激素类药物	3.319
丁二磺酸腺苷蛋氨酸	消化系统药物及代谢药	6.361	布托啡诺	中枢神经系统药物	0.014
			他克莫司	抗肿瘤和免疫调节剂	0.029
氯诺昔康	肌肉骨骼系统药物	0.15	福辛普利	心血管系统药物	1.646
阿扎司琼	消化系统药物及代谢药	0.036	利鲁唑	中枢神经系统药物	0.015
长春西汀	中枢神经系统药物	0.03	果糖二磷酸	心血管系统药物	4.199
依地酸	抗组织胺及解毒药物	2.5	扎来普隆	中枢神经系统药物	0.05
炔诺孕酮	激素类药物	0.034	环孢素	抗肿瘤和免疫调节剂	3.97
烯丙雌醇	激素类药物	0.007	坦度螺酮	中枢神经系统药物	0.57
托特罗定	激素类药物	0.01	奥昔布宁	激素类药物	0.028
托烷司琼	消化系统药物及代谢药	0.08	安非他酮	中枢神经系统药物	0.14
右佐匹克隆	中枢神经系统药物	0.062	纳美芬	中枢神经系统药物	0.004
二巯基丙磺酸	抗组织胺及解毒药物	0.25	丙卡特罗	呼吸系统药物	0.003
头孢西酮	抗感染药	0.212	东莨菪碱	中枢神经系统药物	0.079
替莫唑胺	抗肿瘤和免疫调节剂	0.127	斑蝥酸	抗肿瘤和免疫调节剂	0.03
氢吗啡酮	中枢神经系统药物	0.023	长春新碱	抗肿瘤和免疫调节剂	0.008
氯胺酮	中枢神经系统药物	0.124	依达拉奉	中枢神经系统药物	0.076
伊曲康唑	抗感染药	16.008	N-乙酰-D-氨基葡萄糖	肌肉骨骼系统药物	0.1
依托咪酯	中枢神经系统药物	0.139			
右美托咪定	中枢神经系统药物	0.017	帕洛诺司琼	消化系统药物及代谢药	0.001
戊酸倍他米松	激素类药物	0.022	噻托溴铵	呼吸系统药物	0.002
醋酸氢化可的松	激素类药物	0.055	雷替曲塞	抗肿瘤和免疫调节剂	0.001
阿那曲唑	抗肿瘤和免疫调节剂	0.014	长春碱	抗肿瘤和免疫调节剂	0.004
豆腐果素	中枢神经系统药物	0.06	高乌甲素	中枢神经系统药物	0.03
阿加曲班	血液系统药物	0.032	达沙替尼	抗肿瘤和免疫调节剂	0.055
左亚叶酸	抗肿瘤和免疫调节剂	0.012	唑来膦酸	肌肉骨骼系统药物	0.006
米力农	心血管系统药物	0.002	伊达比星	抗肿瘤和免疫调节剂	0.001

药物	类别	产量 PV/t	药物	类别	产量 PV/t
长春酰胺	抗肿瘤和免疫调节剂	0.001	尼可地尔	心血管系统药物	—
克拉屈滨	抗肿瘤和免疫调节剂	0.001	磺胺嘧啶	抗感染药	
氮芥	抗肿瘤和免疫调节剂	0.449	腺苷	心血管系统药物	
地西他滨	抗肿瘤和免疫调节剂	0.004	磷酸氟达拉滨	抗肿瘤和免疫调节剂	
氟马西尼	抗组织胺及解毒药物	0.004	丝裂霉素	抗肿瘤和免疫调节剂	
金霉素	抗感染药	—	氯唑西林	抗感染药	
左乙拉西坦	中枢神经系统药物		熊去氧胆酸	消化系统药物及代谢药	
氨甲环酸	血液系统药物		双氢链霉素	抗感染药	
多西环素	抗感染药		磺胺醋酰	皮肤科用药	
可可碱	心血管系统药物		美他环素	抗感染药	
泼尼松龙	激素类药物		溴西泮	中枢神经系统药物	
头孢尼西	抗感染药		小檗碱	抗感染药	
去甲万古霉素	抗感染药		羧苄西林	抗感染药	
左卡尼汀	消化系统药物及代谢药		穿心莲内酯	抗感染药	
金刚乙胺	抗感染药		己酮可可碱	心血管系统药物	
雷诺嗪	心血管系统药物		奈替米星	抗感染药	
喹那普利	心血管系统药物		利福喷汀	抗感染药	
尿嘧啶	抗肿瘤和免疫调节剂		头孢替呋	抗感染药	
雷米普利	心血管系统药物		仑氨西林	抗感染药	
卡维地洛	心血管系统药物		阿巴卡韦	抗感染药	
阿糖胞甘	抗肿瘤和免疫调节剂		替诺福韦酯	抗感染药	
氯氮卓	中枢神经系统药物				

4.2.1.2 药物预测环境浓度（PECs）

根据药物排放和去除有关的参数计算 PECs。例如，原药在人体中的排泄率和污水处理厂（WWTP）的去除率，改进的 EMEA 方法如式（4-2）所示：

$$\text{PECs}(\mu\text{g/L}) = \frac{\text{PV} \times P_{\text{exc}} \times (1 - R_{\text{treated}} \times R_{\text{WWTP}}) \times 10^{12}}{365 \times P \times V_{\text{WW}} \times \text{DF}} \tag{4-2}$$

式中   PV——API 的生产量，t/a；

    P_{exc}——给药后在尿液和粪便中 API 的排泄率，%；

    R_{treated}——我国污水接受处理的百分比，%；

    R_{WWTP}——API 在 WWTP 中的去除率，%；

    P——中国人口，人；

    V_{WW}——人均每天产生的废水量，L/(d/人)；

    DF——环境中的稀释因子；

10^{12}——单位换算系数，mg/t；

365——单位换算因子，d/a。

药物的产量数据来源于《2015 年中国医学统计》，如果每种 APIs 有出口量，则从总产量中减去出口量。结果发现，38 个 APIs 仅用于出口，因此药物数据库从原来的 647 简化到 609。排泄率（R_{exc}）数据主要来自 Ashley 和 Currie 的研究。统计结果表明，有 16 种 APIs 在人体内完全代谢，则数据库从 609 减少到 593 种药物。利用 USEPA 开发的 EPI Suite 软件包，估算了每种 APIs 在 WWTP 中的去除率。R_{exc} 和 R_{WWTP} 的相关数据汇总在 Bu 等的研究中，根据我国 2015 年城市和非城市地区的人口数据和管网连接率计算，得到污水的处理率（$R_{treated}$）为 62.5%。来自中国国家统计局（http：//www. stats. gov. cn/）的人口数量（P）为 13.7462 亿人。此外，假设人均每天产生的废水（V_{ww}）为 200L/（d/人），稀释因子 DF 为 10。

4.2.1.3 预测无效应浓度（PNECs）

每种 API 的 PNECs 推导都选用三个水生类群（水藻、水蚤和鱼类），PNEC 的计算方法选用评估因子法，并取评估因子为 1000，计算方法见式(4-3)：

$$PNEC = \frac{EC_{50水藻}}{1000} \quad 或 \quad \frac{EC_{50水蚤}}{1000} \quad 或 \quad \frac{LC_{50鱼类}}{1000} \tag{4-3}$$

式中　$EC_{50水藻}$——接触 72h 对水藻生长速率抑制的半数效应浓度；

　　　　$EC_{50水蚤}$——接触 48h 水蚤活动抑制的半数效应浓度；

　　　　$LC_{50鱼类}$——接触 96h 对鱼的半数致死浓度。

采用生态毒性数据计算软件——QSARINS（v2.2.2）预测药物的生态毒性数据。在进行预测之前，使用 Spartan 16（v2.0.7）画出每种 APIs 的结构，并用半经验 AM1 方法进行优化。将待预测生态毒性的药物数据输入 QSARINS，其分子描述符由 PaDEL-Descriptor 软件（v2.21）计算。在构建模型过程中，首先将已知生态毒性的药品作为模型的训练集，计算其描述符，根据生态毒性数据和描述符的关系建立模型。在这里我们利用杠杆法验证待计算化学品的分子描述符是否在模型应用域内，如果该药物超出模型的适用范围，则排除该药品。

4.2.1.4 风险识别

根据风险确定潜在的 APIs，各 APIs 的风险商（RQ）的计算见式(4-4)：

$$RQ_i = \frac{PEC}{PNEC_i} \tag{4-4}$$

式中　RQ——风险商；

　　　PEC——预测环境浓度，mg/L；

　　　PNEC——预测无效应浓度，mg/L；

　　　i——取值 1、2、3，分别表示对水藻、水蚤和鱼类。

由于部分 APIs 超出生态毒性预测模型的适用范围，使得 PNECs 计算无法获取。验证结果表明，最终获取 514 个水藻生态毒性数据、560 个水蚤生态毒性数据和 479 个鱼类生态毒性数据。每个 APIs 至少有一个生态毒性数据点，可用于对比其相对风险水平。

每种 APIs 均使用最高 RQ 确定最终的风险水平。EMEA 建议 RQ 为 1 作为高风险 A-

PIs 的界定标准。如果 RQ>1，则具有一定的风险；若 RQ<1，风险可以忽略不计。本研究中使用了不同于 EMEA 的风险分类方法，我们将风险分为四个等级：RQ≤0.1，无风险；0.1<RQ≤1，低风险（Ⅲ类）；1<RQ≤10，中度风险（Ⅱ类）；RQ>10，高风险（Ⅰ类）。从而，列入上述三类的 APIs 被认为是需要进一步研究和管理的潜在目标。

4.2.1.5　PECs 与 MECs 的比较

最后，将 PECs 与 MECs 进行对比。利用我国水生环境中报道的 37 种 APIs 进行 PECs 和 MECs 的比较。MECs 的数据主要来自文献报道，其中只包括地表水中药物的实测数据。由于只讨论人用药物，因此不包括兽用药物。在收集数据过程中，倾向于收集受污水厂排水口直接影响的地表水样品中的相关数据。

4.2.2　结果与讨论

4.2.2.1　筛选结果

对 593 种 APIs 的调查可以发现其产量数据差异较大，生产量范围在 0.001～27100t/a，相差约 7 个数量级，其中 27 种 APIs 属于年产量超过 1000t 的高产量（HPV）化学品。同时，还有超过三分之一的 APIs 的产量低于 1t/a，产量的巨大差异不可避免地导致 API 的 PECs 广泛分布，其中 95% 的 APIs 浓度范围在 10^{-8}～$1\mu g/L$（图 4-1）。

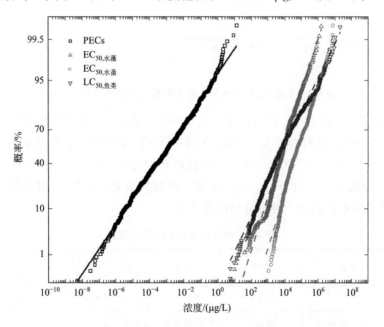

图 4-1　预测环境浓度（PECs）的分布和不同水生类群

（水藻、水蚤、鱼类）效应浓度分布

从图 4-1 可以发现，APIs 的预测环境浓度与效应浓度相差 2～4 个数量级。最高的预测环境浓度超过水藻、水蚤和鱼类效应浓度的十分位数的概率分别是为 0.05%、0.003% 和 1.6%。但它并不代表一个确定的风险评估结果，因为这里考虑的是可能产生的最大风险水平，即用最低的效应浓度和最高的预测环境浓度进行比较。上述观察结果表明，水中

APIs 的存在可能不会引起严重的急性风险。慢性风险水平的计算是应用评估因子法，RQ 分布如图 4-2 所示。从图中可以看出，大多数 APIs 的慢性风险并不显著，少部分 APIs 的 RQ 大于 0.1。总的来说，水藻似乎比其他两个物种对毒性效应更敏感，而水蚤是最不敏感的一个物种，因为几乎没有 APIs 可以对其产生慢性毒性影响（图 4-2）。

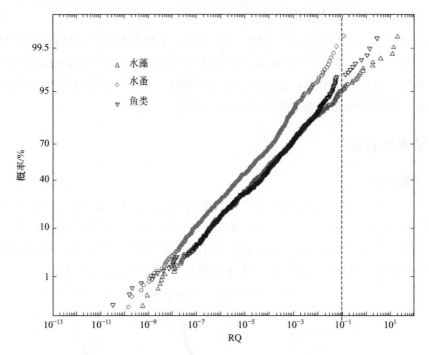

图 4-2　不同 APIs 对水藻、水蚤和鱼类风险商的概率分布

　　研究结果表明，有 31 种 APIs 的 RQ 大于 0.1，确定了可能会对水生生物构成风险的 APIs（表 4-2），因此被列为优先 APIs。在这些优先 APIs 中，妥布霉素的年产量最低，为 13t，而阿莫西林的年产量为 17500t。27 种高产量的药物中有 8 种药物被列为优先管控药物。值得注意的是，31 种 APIs 中有 21 种是抗感染药物，包括 16 种抗生素、2 种抗真菌药物、2 种抗病毒药物和 1 种抗结核药物（表 4-3）。

表 4-3　中国具有潜在问题的药品

CAS 号	药物	类别	子类	用量/t	PEC /(μg/L)	PNEC /(μg/L)	RQ	级别
114-07-8	红霉素	抗生素	大环内酯类	1429	0.205	0.008	25.7	I
83905-01-5	阿奇霉素	抗生素	大环内酯类	993	0.096	0.005	18	I
81103-11-9	克拉霉素	抗生素	大环内酯类	408	0.155	0.01	15.8	I
80621-81-4	利福昔明	抗生素		825	0.329	0.135	2.44	II
126-07-8	灰黄霉素	抗真菌药		178	0.175	0.124	1.4	II
738-70-5	甲氧苄啶	抗生素		936	0.553	0.305	1.81	II
80214-83-1	罗红霉素	抗生素	大环内酯类	346	0.066	0.013	5.1	II

CAS 号	药物	类别	子类	用量/t	PEC /(μg/L)	PNEC /(μg/L)	RQ	级别
37517-28-5	阿米卡星	抗生素	氨基糖苷	511	0.252	0.106	2.37	Ⅱ
50-65-7	氯硝柳胺	驱虫药		526	0.33	0.091	3.65	Ⅱ
102625-70-7	泮托拉唑	胃酸分泌抑制剂		21	0.017	0.07	0.24	Ⅲ
23593-75-1	克霉唑	抗真菌药		101	0.042	0.051	0.83	Ⅲ
14899-36-6	地塞米松棕榈酸酯	皮质激素类		2253	0.601	3.9	0.15	Ⅲ
79-57-2	土霉素	抗生素	四环素类	3853	1.328	1.378	0.96	Ⅲ
60-54-8	四环素	抗生素	四环素类	1705	0.588	1.326	0.44	Ⅲ
26787-78-0	阿莫西林	抗生素	β-内酰胺类	17,507	10.34	36.57	0.28	Ⅲ
55268-75-2	头孢呋辛	抗生素	头孢菌素	787	0.698	3.848	0.18	Ⅲ
154-21-2	林可霉素	抗生素	林可酰胺	846	0.253	0.476	0.53	Ⅲ
62013-04-1	地红霉素	抗生素	大环内酯类	23	0.004	0.011	0.34	Ⅲ
1695-77-8	大观霉素	抗生素	氨基糖苷	73	0.04	0.061	0.65	Ⅲ
32986-56-4	妥布霉素	抗生素	氨基糖苷	13	0.012	0.09	0.13	Ⅲ
16837-52-8	苦参素	抗生素		694	0.39	0.404	0.96	Ⅲ
13292-46-1	利福平	抗结核药		502	0.111	0.701	0.16	Ⅲ
3731-59-7	莫罗西丁	抗病毒药		541	0.228	1.037	0.22	Ⅲ
15687-27-1	布洛芬	消炎药		2220	1.488	2.604	0.57	Ⅲ
5003-48-5	贝诺酯	消炎药		614	0.122	0.331	0.37	Ⅲ
50-78-2	乙酰水杨酸	消炎药		3064	0.905	7.701	0.12	Ⅲ
97240-79-4	托吡酯	抗癫痫药		198	0.136	0.836	0.16	Ⅲ
768-94-5	金刚烷胺	抗病毒药		608	0.534	1.563	0.34	Ⅲ
57-44-3	巴比妥	催眠镇静药		52	0.013	0.067	0.19	Ⅲ
7491-74-9	吡拉西坦	脑代谢改善药		1609	1.426	1.986	0.72	Ⅲ
63968-64-9	青蒿素	抗疟药		110	0.011	0.067	0.16	Ⅲ

在第Ⅰ类中，共识别出 3 种 APIs，包括红霉素、阿奇霉素和克拉霉素，均为大环内酯类抗生素，RQ 在 15.8～25.7 之间。在我国和世界范围内其他地区被广泛报道的三种 APIs，其预测值与之前报道的实测浓度相近。

在第Ⅱ类中，6 种 APIs 的 RQ 值在 1～10 之间。其中包括 4 种抗生素，即利福昔明（消化道用抗生素）、甲氧苄啶、罗红霉素（大环内酯类）和阿米卡星（氨基糖苷）。另外两种，灰黄霉素和氯硝柳胺分别是用于皮肤疾病的抗真菌药物和用于治疗绦虫的抗寄生虫产品。在 6 种 APIs 中，甲氧苄啶和罗红霉素已经在中国水体中检测到，而其他 4 种 APIs 在我国尚未有相关报道。

第Ⅲ类中，共 22 种 APIs 属于不同的治疗类别，如表 4-3 所示。这一类别中主要的 9 种抗生素的 RQ 从 0.13～0.96 之间，其中土霉素、四环素、阿莫西林、林可霉素在中国水生环境中至少检出一次。在已识别的三种抗炎药物中，布洛芬已经在国内外得到了广泛的研究，而只有一项研究报告了在南非 Msunduzi 河流沉积物中检测到乙酰水杨酸。其余 10 种 APIs 均未在我国环境中进行研究，仅在英国东北部泰恩流域和英国河口的地表水中发现了克霉菌素。因此，在今后的研究中，对这些 APIs 应给予更多的关注，特别是地塞米松棕榈酸酯、乙酰水杨酸和吡拉西坦都是高产量药物，可能会向环境中大量排放。此外，地塞米松棕榈酸酯是一种激素药物，在极低的剂量下可能产生毒理学作用，目前总共有 33 种激素在我国生产和使用，尽管它们中的大多数产量低于 100t/a，但由于激素类物质毒作用模式的特殊性，在未来的研究中应对其给予适当的关注。

4.2.2.2　EMEA 模型预测结果评价

本章收集了 2006—2018 年所报道的我国地表水中 37 种 APIs 的实测浓度，共获取 1758 个数据点。值得注意的是，每个 APIs 可用的数据点数量差异很大，对乙酰氨基酚等只有一个实测值，而磺胺甲噁唑则具有 290 个数据点。图 4-3 和图 4-4 分别对比了 10 种具有风险的 APIs 和 27 种无风险 APIs 的 MECs 与 PECs，从图 4-3 可以看出，除阿莫西林以外，用 EMEA 方法预测的环境浓度均在实测浓度范围内，这表明 EMEA 的结果可在一定程度上代表一个区域尺度上的平均值。利用正态分布曲线拟合对数差的概率密度，如图 4-5 所示。在大约 65％（24/37）的 APIs 中，平均 MECs 与 PECs 的对数差在一个数量级内。8 种 APIs 的对数差在 1～2 之间，按对数差从小到大的排列顺序为：普萘洛尔＜氟罗沙星＜萘普生＜卡马西平＜头孢唑林＜吲哚美辛＜美托洛尔＜磺胺甲氧哒嗪。有 4 种 APIs 的对数差较大（超过 2 个数量级）：头孢氨苄、吉非罗齐、阿莫西林和双氯芬酸。

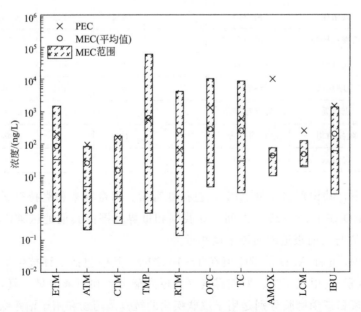

图 4-3　实测环境浓度（MECs）与 EMEA 法预测的环境浓度（PECs）对比（10 种 APIs）

ETM—红霉素；ATM—阿奇霉素；CTM—克拉霉素；TMP—甲氧苄啶；RTM—罗红霉素；

OTC—土霉素；TC—四环素；AMOX—阿莫西林；LCM—林可霉素；IBU—布洛芬

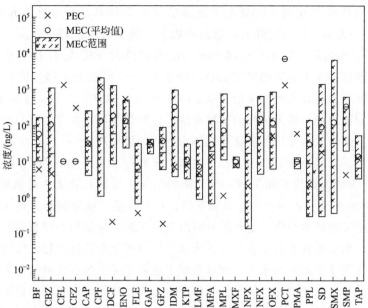

图 4-4 实测环境浓度（MECs）与 EMEA 法预测的环境浓度（PECs）对比（27 种 APIs）

BF—苯扎贝特；CBZ—卡马西平；CFL—头孢氨苄；CFZ—头孢唑林；CAP—氯霉素；CPF—环丙沙星；

DCF—双氯芬酸；ENO—依诺沙星；FLE—氟利沙星；GAF—加替沙星；GFZ—吉非罗齐；

IDM—吲哚美辛；KTP—酮洛芬；LMF—洛美沙星；MFA—甲芬那酸；MPL—美托洛尔；

MXF—莫西沙星；NPX—萘普生；NFX—诺氟沙星；OFX—氧氟沙星；

PCT—对乙酰氨基酚；PMA—哌啶酸；PPL—普萘洛尔；

SD—磺胺二甲嘧啶；SMX—磺胺甲噁唑；

SMP—磺胺甲氧哒嗪；TAP—甲砜霉素

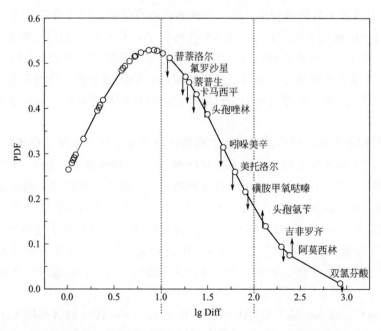

图 4-5 37 种 APIs 的平均 MECs 和 PECs 对数差（lgDiff）的概率密度（PDF）

箭头向上表示预测环境浓度高于实测环境浓度，箭头向下表示预测环境浓度低于实测环境浓度

根据上述对比可以发现，EMEA 方法高估了阿莫西林、头孢氨苄和头孢唑林三种 APIs 的浓度。一方面是因为这些被高估的药物实测数据有限，另一方面，可能是由于低估了 WWTPs 中药物的去除率。根据 Verlicchi 等报道的一些 APIs 在污水处理厂的去除率数据，阿莫西林和头孢氨苄的平均去除率分别为 96％和 82％。即便使用上述去除率数据进行计算，阿莫西林和头孢氨苄的 PECs 仍然分别比 MECs 高 100 倍和 65 倍。进一步分析被高估的原因可能是病人的用药量被高估了，并且使用了保守的稀释因子。根据之前的研究，还有一部分未被使用的药物会被作为生活垃圾处理。

值得注意的是，对于 MECs 和 PECs 之间大多数存在差异的 APIs 普遍被低估，如图 4-5 所示。在不考虑人体代谢和 WWTPs 去除的情况下重新计算了 9 种被低估的 APIs 的 PECs，其中 6 种 APIs（吉非罗齐、双氯芬酸、氟罗沙星、吲哚美辛、美托洛尔、磺胺甲氧哒嗪）仍低于实测环境浓度。这种差异可能是由于缺乏全国的空间覆盖范围的数据造成的。具体来说，由于采样点集中在北京、天津、广州和上海这样的特大城市，而这些地区的药物使用强度高于全国平均水平，所以造成了这种差异。另有研究已经证明了我国药品使用的空间异质性。除此之外，氟罗沙星除了作为人用药外，还可作为兽用药，因此该药物的使用强度相对较高。总之，在缺乏监测数据的情况下，可以利用 EMEA 方法预测 APIs 环境浓度。

4.2.2.3 筛选结果评价

如前所述，现有的筛选研究大多以风险评估为基础，但风险评估需要依赖于区域或国家之间药物不同的使用数据。因此，本小节对一些已发表的优先清单不做详尽的比较，而是将研究结果与在我国开展的人用药风险识别研究进行比较。与此同时，还将上述小节所得结果与基于药物危险评估的研究进行了对比。

Sui 等基于 WWTPs 的消费量、去除率和潜在生态效应，对此前在中国 WWTPs 中检测到的 39 种 APIs 进行了风险排序。在 39 种药物中，有 6 种药物（红霉素、克拉霉素、甲氧苄啶、克霉唑、林可霉素和布洛芬）在我们的优先名单中。其余不包括在清单中的药物，一方面由于缺乏毒性数据，所以采用了更加保守的筛选方案，使得某些 APIs 的潜在风险被高估。另一方面，排序得分的筛选结果代表药物的相对风险，而不能表明 APIs 的实际风险。

Bu 等对我国水生环境中广泛检测到的药物进行了基于风险水平的筛选评估，17 种经常检测到的药物中有 6 种被确定为优先控制药物。这 17 种药物中，有 13 种包含在本章所建立的数据库中。然而，两篇研究中只有 3 种药物（红霉素、罗红霉素和布洛芬）被共同列为优先控制对象，双氯芬酸和磺胺甲噁唑却没有包含在本节目前的优先名单中，这可能是由于本节使用的 PNECs 比以往研究所报道的数值高，从而低估了这两种药物的风险。但是，Sui 等将双氯芬酸和磺胺甲噁唑列入了优先列表，并且发现双氯芬酸残留可能会导致巴基斯坦秃鹰数量的下降。因此，今后应做更多的研究讨论，以进一步明确其存在水平和毒性特性。

Sangion 和 Gramatica 基于 QSAR 模型评估了 1267 种 APIs 的潜在持久性（P）、生物积累（B）和毒性（T），该研究基于 4 种分子描述符构建了 QSAR 模型，并识别了 35 种 APIs 作为优先控制药物。在他们提到的 1267 种药物中，有 319 种在本节所建立的数据库中。然而，同时被筛选出的 APIs 只有一种——克霉唑。Howard 评估了 3193 种药物，以确定目前的研究和管理中未考虑到的潜在 P 和 B 化学品。其清单中有 8 种 APIs 列为 P 和 B 或 P 类化学品与优先清单中的药物相同，即阿奇霉素、克拉霉素、利福昔明、罗红霉素、氯硝柳胺、克霉唑、布洛芬和托吡酯。

Berninger 等利用哺乳动物药代动力学数据对 APIs 可能造成的不良生物学结果进行排序。作者构建了一个包含 1070 种 APIs 的数据库，其中还包含了哺乳动物吸收、分布、代谢和排泄（ADME）数据。Berninger 等还开发了一个概率模型和评价系统，并通过得分排序确定了 33 种 APIs。在他们列出的 1070 种 APIs 中，有 338 个也包括在本节所建立的数据库中。但是，可能由于生态毒性和哺乳动物药理作用的不同，没有药物同时出现在两个优先级列表中。他们首次通过广泛检索哺乳动物毒理学数据（如表观分布体积、清除率和半衰期）对 1000 多种 APIs 进行排序。在今后的研究中，需要通过大量工作来探索对哺乳动物药物的药理学数据的应用，以便确定其在筛选过程中所需的生态毒理学效应时的适用性。

4.2.3 优先控制 PPCPs 清单

红霉素作为大环内酯类抗生素，具有消炎杀菌作用，尤其对革兰氏阳性菌具有抗菌活性，其被广泛用于畜禽养殖和医院治疗，在环境中具有较高检出率。目前，我国抗生素研究涉及的主要流域包括珠江流域、长江流域、黄河流域以及海河流域等，与国外在地表水中药物浓度水平不尽相同。在珠江流域，研究发现受生活污水影响的河流及其支流中抗生素含量很高。大环内酯类抗生素中，红霉素在污水处理厂进水和出水中具有较高的检出率，且浓度位于十几到几百纳克/升水平。此外，红霉素进入模拟水生生态系统后，水相的半衰期为 42d，沉积物为主要富集场所，可积累 56% 的红霉素，在考虑评估红霉素的生态环境风险时，应注意其对水生动植物的影响。

阿奇霉素属于新型大环内酯类抗生素，它由红霉素 A9-酮基肟后经 Beckman 重排，N-甲基化等一系列反应所得。1980 年阿奇霉素被克罗地亚 Pliva 公司研制，并在世界范围内上市，至今已应用近 40 年。作为第 2 代大环内酯类抗生素，其抗菌谱与红霉素相仿，具有抗菌广谱的作用。阿奇霉素主要用于敏感微生物所致的呼吸道感染、泌尿生殖道感染、皮肤软组织感染及性传播性疾病。在北江检测到的大环内酯类药物中，阿奇霉素具有较强的吸附特性，不同河段其浓度变化较大，且以点污染源为主。表层水中磺胺类和氯霉素类检出率为 100%，其中以阿奇霉素（25.0ng/L）和磺胺甲噁唑（14.7ng/L）为主，沉积物中以阿奇霉素（35.9ng/g）和四环素（3.3ng/g）为主。同时，阿奇霉素与磺胺甲噁唑、泰乐菌素等的含量占太湖周边 6 个水源地沉积物中 9 种 PPCPs 总含量的 79%，为 6 个水源地沉积物中 PPCPs 的优势污染物。

克拉霉素为半合成的大环内脂类抗生素，能够抑制细菌蛋白合成而达到抗菌效果，对革兰氏阳性菌、革兰氏阴性菌等均能发挥强效抗菌效果，可显著改善患者的临床症状（少引用）。临床应用广泛，其中包括软组织感染、皮肤感染、呼吸系统、泌尿系统感染及根除幽门螺杆菌治疗等（少引用）。大环内酯类抗生素中，克拉霉素在污水处理厂进水和出水浓度位于十几到几百纳克/升水平。此外，克拉霉素对水生植物具有一定毒性。Yang

等运用水生培养的方法探究了抗生素对绿藻生长的影响，结果表明大环内酯类抗生素（克拉霉素、泰乐霉素）对绿藻生长毒性强于四环素类（四环素、金霉素）以及磺胺类抗生素（磺胺甲噁唑、磺胺二甲嘧啶）。

利福昔明是利福霉素类衍生物，其是利福霉素的半合成抗菌药，抗菌广谱，可有效治疗细菌性肠道感染、肝性脑病和炎症性肠病等多种消化道疾病。人体药代动力学研究证明，局部和胃肠道给药几乎不被吸收（吸收率小于 1%），口服后在肠道内浓度极高，主要经粪便排出。与其他类抗生素相比，利福昔明在环境风险方面的报道相对较少。

灰黄霉素是从灰黄青霉培养液中得到的一种含氯代谢产物，是一种非多烯类的抗真菌抗生素。在临床上用于治疗皮肤癣菌属引起的感染，如皮肤病、毛发病等，且在农业、畜牧养殖及水产行业多个领域应用。由于在灰黄霉素生产中会产生制药残渣，在未处理完全的情况下，直接排放后进入到水体环境，导致水体环境中检测到的浓度水平从纳克/升到微克/升不等，对水资源造成严重污染，甚至可以威胁人体健康。

甲氧苄啶是一种亲脂弱碱性乙胺嘧啶类抑菌剂，又称磺胺增效剂，具有广谱、高效、低毒等优点。Vergeynst 等分析了传统活性污泥法工艺及传统活性污泥法与膜生分别物反应器相结合的工艺对抗生素的去除效果，其中甲氧苄啶在两种工艺下去除率为 62%～79%。据报道，甲氧苄啶在水环境中的浓度水平为 10～1000ng/L。

阿米卡星是一种新氨基糖苷抗生素，为卡那霉素的半合成衍生物，对革兰氏阴性杆菌和葡萄球菌具有杀菌作用，作为抗菌增效药，也可以治疗家禽细菌感染和球虫病。在人体中代谢率低，给药 24h 后可排出 90%，进而污染环境。

氯硝柳胺又称灭绦灵，属于抗寄生虫病药中的驱绦虫药，毒性较低，对多种绦虫疗效显著，绦虫机制是妨碍绦虫的三羧酸循环，使乳酸蓄积而致虫体死亡，是畜禽、宠物绦虫病的防治首选药。

总之，本研究共识别出 31 种优先药物清单。当 RQ＞10 时，红霉素、阿奇霉素和克拉霉素这三种 APIs 可能构成高风险。利福昔明、灰黄霉素、甲氧苄啶、罗红霉素、阿米卡星和氯硝柳胺处于中等风险。其余已确定的 APIs（22/31）处于低风险。此外，约70% 的已识别 APIs 在中国乃至全球范围内的报道相对较少。本节研究结果为研究人员认识水生环境中潜在风险药物提供了研究目标。

参 考 文 献

崔志琦，2019. 高浓度臭氧溶液形成技术及灰黄霉素治理研究 [D]. 大连：大连海事大学.

蒋昊余，张孟迪，周仁钧，等，2015. 北江流域抗生素污染水平和来源初探 [J]. 生态毒理学报，10（5）：132-140.

任月英，2007. QSPR/QSAR 在药物、分析化学和环境科学中的应用 [D]. 兰州：兰州大学.

伍银爱，杨琛，唐婷，等，2015. 红霉素在模拟水生生态系统中的分布特征 [J]. 环境科学学报，35（3）：897-902.

张盼伟，周怀东，赵高峰，等，2016. 太湖表层沉积物中 PPCPs 的时空分布特征及潜在风险 [J]. 环境科学，37（9）：3348-3355.

Ågerstrand M，Rudén C，2010. Evaluation of the accuracy and consistency of the Swedish Environmental Classification and Information System for pharmaceuticals [J]. Science of the Total Environment，408

（11）：2327-2339.

Agunbiade F O，Moodley B，2016. Occurrence and distribution pattern of acidic pharmaceuticals in surface water，wastewater，and sediment of the Msunduzi River，Kwazulu-Natal，South Africa [J]. Environmental Toxicology and Chemistry，35（1）：36-46.

Al-Khazrajy O S A，Boxall A B A，2016. Risk-based prioritization of pharmaceuticals in the natural environment in Iraq [J]. Environmental Science and Pollution Research，23（15）：15712-15726.

Ashley C，Currie A，2009. The Renal Drug Handbook [M]. Oxon，United Kingdom：Radcliffe Publishing.

Berninger J P，Lalone C A，Villeneuve D L，et al.，2016. Prioritization of pharmaceuticals for potential environmental hazard through leveraging a large-scale mammalian pharmacological dataset [J]. Environmental Toxicology and Chemistry，35（4）：1007-1020.

Besse J P，Garric J，2008. Human pharmaceuticals in surface waters implementation of a prioritization methodology and application to the French situation [J]. Toxicology Letters，176（2）：104-123.

Boethling R，Fenner K，Howard P，et al.，2009. Environmental persistence of organic pollutants：guidance for development and review of POP risk profiles [J]. Integrated Environmental Assessment and Management，5（4）：539-556.

Bound J P，Voulvoulis N，2004. Pharmaceuticals in the aquatic environment--a comparison of risk assessment strategies [J]. Chemosphere，56（11）：1143-1155.

Bowden K，Brown S R，1984. Relating effluent control parameters to river quality objectives using a generalised catchment simulation model [J]. Water Science and Technology，16（5-7）：197-206.

Boxall A B A，Rudd M A，Brooks B W，et al.，2012. Pharmaceuticals and personal care products in the environment：What are the big questions? [J]. Environmental Health Perspectives，120（9）：1221-1229.

Bu Q，Cao Y，Yu G，et al.，2020. Identifying targets of potential concern by a screening level ecological risk assessment of human use pharmaceuticals in China [J]. Chemosphere，246：125818.

Bu Q，Wang B，Huang J，et al.，2013a. Pharmaceuticals and personal care products in the aquatic environment in China：A review [J]. Journal of Hazardous Materials，262：189-211.

Bu Q，Wang B，Huang J，et al.，2016. Estimating the use of antibiotics for humans across China [J]. Chemosphere，144：1384-1390.

Bu Q，Wang D，Wang Z，2013b. Review of screening systems for prioritizing chemical substances [J]. Critical Reviews in Environmental Science and Technology，43（10）：1011-1041.

Burns E E，Thomas-Oates J，Kolpin D W，et al.，2017. Are exposure predictions，used for the prioritization of pharmaceuticals in the environment，fit for purpose? [J]. Environmental Toxicology and Chemistry，36（10）：2823-2832.

Buser A M，Macleod M，Scheringer M，et al.，2012. Good modeling practice guidelines for applying multimedia models in chemical assessments [J]. Integrated Environmental Assessment and Management，8（4）：703-708.

Celle-Jeanton H，Schemberg D，Mohammed N，et al.，2014. Evaluation of pharmaceuticals in surface water：Reliability of PECs compared to MECs [J]. Environment International，73：10-21.

Chen H，Jing L，Teng Y，et al.，2018. Multimedia fate modeling and risk assessment of antibiotics in a water-scarce megacity [J]. Journal of Hazardous Materials，348：75-83.

Chen Z F，Ying G G，Liu Y S，et al.，2014. Triclosan as a surrogate for household biocides：An investigation into biocides in aquatic environments of a highly urbanized region [J]. Water Research，58（7）：

269-279.

Coetsier C M，Spinelli S，Lin L，et al.，2009. Discharge of pharmaceutical products（PPs）through a conventional biological sewage treatment plant：MECs vs PECs? [J]. Environment International，35（5）：787-792.

Cooper E R，Siewicki T C，Phillips K，2008. Preliminary risk assessment database and risk ranking of pharmaceuticals in the environment [J]. Science of the Total Environment，398（1-3）：26-33.

Dong Z，Senn D B，Moran R E，et al.，2013. Prioritizing environmental risk of prescription pharmaceuticals [J]. Regulatory Toxicology and Pharmacology，65（1）：60-67.

Duvail S，Hamerlynck O，2003. Mitigation of negative ecological and socio-economic impacts of the Diama dam on the Senegal River Delta wetland（Mauritania），using a model based decision support system [J]. Hydrology and Earth System Sciences，7（1）：133-146.

Ebele A J，Abou-Elwafa Abdallah M，Harrad S，2017. Pharmaceuticals and personal care products（PPCPs）in the freshwater aquatic environment [J]. Emerging Contaminants，3（1）：1-16.

EMEA，2006. Guideline on the environmental risk assessment of medicinal products for human use [R]. London，UK：European Medicines Agency.

Escher B I，Baumgartner R，Koller M，et al.，2011. Environmental toxicology and risk assessment of pharmaceuticals from hospital wastewater [J]. Water Research，45（1）：75-92.

Feijtel T，Boeije G，Matthies M，et al.，1997. Development of a geography-referenced regional exposure assessment tool for European rivers（GREAT-ER）contribution to great-er [J]. Chemosphere，34：2351-2373.

Feijtel T，Boeije G，Matthies M，et al.，1998. Development of a geography-referenced regional exposure assessment tool for European rivers—GREAT-ER [J]. Journal of Hazardous Materials，61（1-3）：59-65.

Gramatica P，Cassani S，Chirico N，2014. QSARINS-chem：Insubria datasets and new QSAR/QSPR models for environmental pollutants in QSARINS [J]. Journal of Computational Chemistry，35（13）：1036-1044.

Gramatica P，Cassani S，Roy P P，et al.，2012. QSAR modeling is not " push a button and find a correlation"：A case study of toxicity of（benzo-）triazoles on algae [J]. Molecular Informatics，31（11-12）：817-835.

Gramatica P，Cassani S，Sangion A，2015. PBT assessment and prioritization by PBT Index and consensus modeling：Comparison of screening results from structural models [J]. Environment International，77：25-34.

Gramatica P，Chirico N，Papa E，et al.，2013. QSARINS：A new software for the development，analysis，and validation of QSAR MLR models [J]. Journal of Computational Chemistry，34（24）：2121-2132.

Helwig K，Hunter C，Mcnaughtan M，et al.，2016. Ranking prescribed pharmaceuticals in terms of environmental risk：Inclusion of hospital data and the importance of regular review [J]. Environmental Toxicology and Chemistry，35（4）：1043-1050.

Howard P H，Muir D C G，2011. Identifying new persistent and bioaccumulative organics among chemicals in commerce II：Pharmaceuticals [J]. Environmental Science & Technology，45（16）：6938-6946.

Hu X，He K，Zhou Q，2012. Occurrence，accumulation，attenuation and priority of typical antibiotics in sediments based on long-term field and modeling studies [J]. Journal of Hazardous Materials，225：91-98.

Ji K，Han E J，Back S，et al.，2016. Prioritizing human pharmaceuticals for ecological risks in the freshwater environment of Korea [J]. Environmental Toxicology and Chemistry, 35 (4): 1028-1036.

Johnson A C, Dumont E, Williams R J, et al., 2013. Do concentrations of ethinylestradiol, estradiol, and diclofenac in European rivers exceed proposed EU environmental quality standards? [J]. Environmental Science & Technology, 47 (21): 12297-12304.

Keller V, 2006. Risk assessment of " down-the-drain" chemicals: Search for a suitable model [J]. Science of the Total Environment, 360 (1-3): 305-318.

Kostich M S, Batt A L, Glassmeyer S T, et al., 2010. Predicting variability of aquatic concentrations of human pharmaceuticals [J]. Science of the Total Environment, 408 (20): 4504-4510.

Kostich M S, Lazorchak J M, 2008. Risks to aquatic organisms posed by human pharmaceutical use [J]. Science of the Total Environment, 389 (2-3): 329-339.

Kumar A, Xagoraraki I, 2010. Pharmaceuticals, personal care products and endocrine-disrupting chemicals in U. S. surface and finished drinking waters: A proposed ranking system [J]. Science of the Total Environment, 408 (23): 5972-5989.

Kuzmanovic M, Ginebreda A, Petrovic M, et al., 2015. Risk assessment based prioritization of 200 organic micropollutants in 4 Iberian rivers [J]. Science of the Total Environment, 503: 289-299.

Liebig M, Moltmann J, Knacker T, 2006. Evaluation of measured and predicted environmental concentrations of selected human pharmaceuticals and personal care products [J]. Environmental Science and Pollution Research, 13 (2): 110-119.

Liu J L, Wong M H, 2013. Pharmaceuticals and personal care products (PPCPs): A review on environmental contamination in China [J]. Environment International, 59: 208-224.

Mackay D, Guardo A D, Paterson S, et al., 1996. Assessing the fate of new and existing chemicals: A five-stage process [J]. Environmental Toxicology and Chemistry, 15 (9): 1618-1626.

Mackay D, Paterson S, Shiu W Y, 1992. Generic models for evaluating the regional fate of chemicals [J]. Chemosphere, 24 (6): 695-717.

Mansour F, Al-Hindi M, Saad W, et al., 2016. Environmental risk analysis and prioritization of pharmaceuticals in a developing world context [J]. Science of the Total Environment, 557: 31-43.

Oaks J L, Gilbert M, Virani M Z, et al., 2004. Diclofenac residues as the cause of vulture population decline in Pakistan [J]. Nature, 427 (6975): 630-633.

Oosterhuis M, Sacher F, Ter Laak T L, 2013. Prediction of concentration levels of metformin and other high consumption pharmaceuticals in wastewater and regional surface water based on sales data [J]. Science of the Total Environment, 442: 380-388.

Ort C, Lawrence M G, Reungoat J, et al., 2010. Determining the fraction of pharmaceutical residues in wastewater originating from a hospital [J]. Water Research, 44 (2): 605-615.

Papa E, Gramatica P, 2010. QSPR as a support for the EU REACH regulation and rational design of environmentally safer chemicals: PBT identification from molecular structure [J]. Green Chemistry, 12 (5): 836-843.

Peng X, Zhang K, Tang C, et al., 2011. Distribution pattern, behavior, and fate of antibacterials in urban aquatic environments in South China [J]. Journal of Environmental Monitoring, 13 (2): 446-454.

Perazzolo C, Morasch B, Kohn T, et al., 2010. Occurrence and fate of micropollutants in the vidy bay of lake Geneva, Switzerland. Part I: Priority list for environmental risk assessment of pharmeceuticals [J]. Environmental Toxicology and Chemistry, 29 (8): 1649-1657.

Post D A, Kinsey-Henderson A E, Stewart L K, et al., 2003. Optimising drainage from sugar cane fields using a one-dimensional flow routing model: a case study from Ripple Creek, North Queensland [J]. Environmental Modelling and Software, 18 (8-9): 713-720.

Richardson B J, Lam P K S, Martin M, 2005. Emerging chemicals of concern: Pharmaceuticals and personal care products (PPCPs) in Asia, with particular reference to Southern China [J]. Marine Pollution Bulletin, 50 (9): 913-920.

Riva F, Zuccato E, Castiglioni S, 2015. Prioritization and analysis of pharmaceuticals for human use contaminating the aquatic ecosystem in Italy [J]. Journal of Pharmaceutical and Biomedical Analysis, 106: 71-78.

Roberts P H, Thomas K V, 2006. The occurrence of selected pharmaceuticals in wastewater effluent and surface waters of the lower Tyne catchment [J]. Science of the Total Environment, 356 (1): 143-153.

Rogers M D, 2003. The European commission's White Paper " strategy for a future chemicals policy": A review [J]. Risk Analysis, 23 (2): 381-388.

Roos V, Gunnarsson L, Fick J, et al., 2012. Prioritising pharmaceuticals for environmental risk assessment: Towards adequate and feasible first-tier selection [J]. Science of the Total Environment, 421: 102-110.

Sangion A, Gramatica P, 2016. PBT assessment and prioritization of contaminants of emerging concern: Pharmaceuticals [J]. Environmental Research, 147: 297-306.

Saunders L J, Mazumder A, Lowe C J, 2016. Pharmaceutical concentrations in screened municipal wastewaters in Victoria, British Columbia: A comparison with prescription rates and predicted concentrations [J]. Environmental Toxicology and Chemistry, 35 (4): 919-929.

Scheringer M, Strempel S, Hukari S, et al., 2012. How many persistent organic pollutants should we expect? [J]. Atmospheric Pollution Research, 3 (4): 383-391.

Sui Q, Cao X, Lu S, et al., 2015. Occurrence, sources and fate of pharmaceuticals and personal care products in the groundwater: A review [J]. Emerging Contaminants, 1 (1): 14-24.

Sui Q, Wang B, Zhao W, et al., 2012. Identification of priority pharmaceuticals in the water environment of China [J]. Chemosphere, 89 (3): 280-286.

Thomas K V, Hilton M J, 2004. The occurrence of selected human pharmaceutical compounds in UK estuaries [J]. Marine Pollution Bulletin, 49 (5): 436-444.

Thompson J R, Sorenson H R, Gavin H, et al., 2004. Application of the coupled MIKE SHE/MIKE 11 modelling system to a lowland wet grassland in southeast England [J]. Journal of Hydrology, 293 (1-4): 151-179.

Vergeynst L, Haeck A, De Wispelaere P, et al., 2015. Multi-residue analysis of pharmaceuticals in wastewater by liquid chromatography-magnetic sector mass spectrometry: Method quality assessment and application in a Belgian case study [J]. Chemosphere, 119: S2-S8.

Verlicchi P, Al Aukidy M, Jelic A, et al., 2014. Comparison of measured and predicted concentrations of selected pharmaceuticals in wastewater and surface water: A case study of a catchment area in the Po Valley (Italy) [J]. Science of the Total Environment, 470-471: 844-854.

Verlicchi P, Al Aukidy M, Zambello E, 2012. Occurrence of pharmaceutical compounds in urban wastewater: Removal, mass load and environmental risk after a secondary treatment-A review [J]. Science of the Total Environment, 429: 123-155.

Vermeire T G, Jager D T, Bussian B, et al., 1997. European Union system for the evaluation of substances (EUSES). Principles and structure [J]. Chemosphere, 34 (8): 1823-1836.

Wang X, Howley P, Boxall A B, et al., 2016. Behavior, preferences, and willingness to pay for measures aimed at preventing pollution by pharmaceuticals and personal care products in China [J]. Integrated Environmental Assessment and Management, 12 (4): 793-800.

Yang L H, Ying G G, Su H C, et al., 2008. Growth-inhibiting effects of 12 antibacterial agents and their mixtures on the freshwater microalga Pseudokirchneriella subcapitata [J]. Environmental Toxicology and Chemistry, 27 (5): 1201-1208.

Yang Y Y, Liu W R, Liu Y S, et al., 2017. Suitability of pharmaceuticals and personal care products (PPCPs) and artificial sweeteners (ASs) as wastewater indicators in the Pearl River Delta, South China [J]. Science of the Total Environment, 590: 611-619.

Zhang Q Q, Ying G G, Chen Z F, et al., 2015a. Multimedia fate modeling and risk assessment of a commonly used azole fungicide climbazole at the river basin scale in China [J]. Science of the Total Environment, 520: 39-48.

Zhang Q Q, Ying G G, Chen Z F, et al., 2015b. Basin-scale emission and multimedia fate of triclosan in whole China [J]. Environmental Science and Pollution Research, 22 (13): 10130-10143.

Zhang Q Q, Ying G G, Pan C G, et al., 2015c. Comprehensive evaluation of antibiotics emission and fate in the river basins of China: Source analysis, multimedia modeling, and linkage to bacterial resistance [J]. Environmental Science & Technology, 49 (11): 6772-6782.

Zhao J L, Zhang Q Q, Chen F, et al., 2013. Evaluation of triclosan and triclocarban at river basin scale using monitoring and modeling tools: Implications for controlling of urban domestic sewage discharge [J]. Water Research, 47 (1): 395-405.

Zhu S, Chen H, Li J, 2013. Sources, distribution and potential risks of pharmaceuticals and personal care products in Qingshan Lake basin, Eastern China [J]. Ecotoxicology and Environmental Safety, 96: 154-159.

第 5 章

基于模型-监测相结合方法的高风险抗感染药筛选

抗感染药，特别是抗生素是当今全球医疗行业中应用范围广、用量大的抗感染类药物之一。中国不仅是抗生素的生产及使用大国，而且存在着抗生素滥用和不合理处置的问题。抗生素可通过人或动物的排泄、不合理处置等途径进入环境，并能够诱导耐药菌及抗性基因的产生，对生态系统及人体健康带来潜在的危害。

研究表明，抗感染药在大部分国家和地区的生活污水、地表水、地下水乃至饮用水中被广泛检出。由于其生物活性对环境中有益微生物具有抑制作用，还可刺激病原菌产生耐药性，从而对陆生或水生生态系统产生负面效应。为避免药物在产生治疗效应前失活，部分抗感染药具有较高的稳定性，并且结构中含有能够穿过细胞膜的亲脂性基团，易于产生生物累积。因此，自 20 世纪 90 年代后期开始，抗感染药产生的潜在环境风险逐步引起国际上的广泛关注。

目前，国内外学者针对地表水中的抗感染药，尤其是抗生素污染情况开展了大量的研究。以抗生素为例，我国研究涉及的主要流域包括珠江、长江、黄河、海河等，与国外报道的地表水中药物浓度水平不尽相同。在珠江流域，研究发现受生活污水污染的河流及支流河流中抗生素含量很高，磺胺类药物的浓度水平高于越南、法国、美国、日本和韩国，其中磺胺二甲嘧啶含量达到 1390ng/L；大环内酯类抗生素检出浓度同样很高，如罗红霉素浓度最高可达 1880ng/L。在海河流域，磺胺类药物如磺胺甲噁唑、磺胺吡啶等含量分别达到 940ng/L 和 270ng/L；四环素类药物在环境中使用量大、不易降解，比如诺氟沙星、氧氟沙星环境浓度分别高达 6800ng/L 和 5100ng/L；大环内酯类药物同样也存在较高浓度，比如红霉素、罗红霉素含量达到 230ng/L 和 3700ng/L。总的来说，海河流域及珠江流域的大环内酯类药物的浓度均高于世界水平。山东莱州湾和长江重庆河段的抗生素浓度水平与世界水平相近。香港沿海水域和浙江钱塘江的 β-内酰胺类药物浓度为纳克/升水平，这与美国、意大利、澳大利亚和英国报道的浓度水平相当。在黄河中部流域检出高浓度的喹诺酮类抗生素，如诺氟沙星、氧氟沙星，浓度均在几百纳克/升的水平。从区域上来看，抗生素污染严重的区域主要在北京、天津、广州和上海这些人口密集、受大城市影响的河流，需要进行重点监控。

虽然有大量文献报道了我国抗感染药的存在水平，但对目标物的选择上大多还是跟踪国外的报道。由于国内用药习惯、用药种类和方式等方面的差别，直接选用国外筛选的目标物在一定程度上是不科学的。但是，国内对于高风险抗感染药的筛选研究相对匮乏。

鉴于抗感染药在环境中的广泛检出及潜在危害，结合当前潜在风险药物筛选研究中存在的局限和不足，本章以我国广泛使用的人用抗感染药为例，在建立基于模型-监测相结合的筛选方法的基础上，构建并确定我国环境水体中抗感染药的优先监控清单，为流域环境管理与污染治理提供科学依据，为科学研究提供目标对象。

5.1 基于模型分析的抗感染药筛选

5.1.1 筛选方法

不同药物筛选研究所选择的筛选基准有所差异，大致可以划分为危害评估和风险评估两大类。危害评估考虑物质持久性、生物累积性及毒性等固有属性。风险评估包括暴露评估、效应评估、风险表征，体现了污染物在环境中存在水平的重要性，能更好地表征其在环境中对生态系统的风险。因此，本章结合危害评估与风险评估对水体中的抗感染药进行筛选，筛选流程如图 5-1 所示。

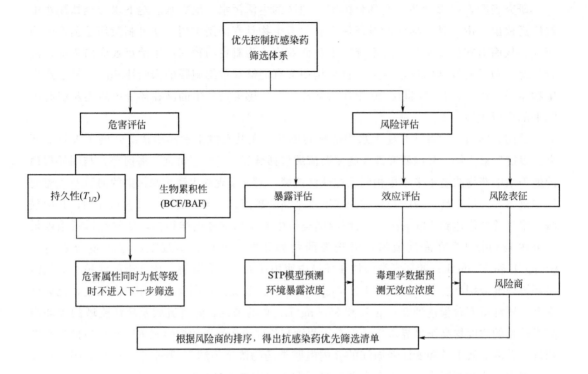

图 5-1　优先控制抗感染药筛选流程图

本章选择 2011—2014 年中国医药统计年报中统计的所有人用抗感染药作为抗生素筛选的候选清单，包括 β-内酰胺类、大环内酯类、喹诺酮类、磺胺类、四环素类、克林霉素类及其他类，共计 159 种。

5.1.1.1　危害评估

危害评估是基于污染物本身的物理化学性质以表征污染物在环境中产生危害的可能性，持久性与生物累积性是衡量特定污染物危害属性的常用指标。持久性是衡量污染物在环境中持续存在时间的标准，持久性的高低决定了污染物在环境中对人类健康及环境造成不利影响的大小，通常用降解半衰期（$T_{1/2}$）来表示。生物累积性则反映污染物进入生物体并发生累积与沿食物链传递的可能性，常用生物累积因子（BAF）或生物浓缩因子（BCF）表示。

本章将危害属性分为高、中、低三个等级，为了避免出现假阴性的结果，仅不对持久性和生物累积性同时判定为低等级的污染物进行风险评估，其余在初步筛选阶段获得的优先抗感染药还将进行进一步风险评估，以确定其是否进入最终的抗感染药清单。危害评估中涉及参数的筛选基准见表 5-1。

表 5-1 水环境中危害属性的筛选基准

危害评估参数	低(L)	中(M)	高(H)
持久性($T_{1/2}$)/d	$T_{1/2}<30$	$30{\leqslant}T_{1/2}<60$	$T_{1/2}{\geqslant}60$
生物累积性(BAF/BCF)	BAF/BCF<500	500≤BAF/BCF<2000	BAF/BCF≥2000

抗感染药在环境水体中的半衰期数据主要来自 EPI Suite（https://www.epa.gov/tsca-screening-tools）中 BIOWIN™ 程序。生物累积性数据有多重来源，优先考虑实测值，具体的数据选择顺序为 BAF 实测值、BCF 实测值、BAF 模型预测值。BAF 的实测值主要来自公开发表的文献，BCF 的实测值来自 CHEMFATE 数据库（http://ambit.sourceforge.net/euras/）。如果有多个实测值存在，在同等可信的情况下［即数据均为在良好实验室导则（GLP）规范下获取］，选用较为保守的实测数据（较大值）。如果没有实测数据，选用模型预测数据，模型主要来自美国环保局开发的 EPI Suite 软件中 BCFBAF v3.20 组件预测。

5.1.1.2 暴露评估

暴露评估是用于评价受影响生物对某种化学品的暴露量，通常用环境介质中的浓度表示。要了解生物暴露在某化学物质的实际暴露量和暴露期间污染物的暴露点浓度，可以通过简单的模型估算或者对特定地点分析监测获得。暴露浓度受多种因素影响，通常与污染物的排放量、使用量、在不同环境介质中的分配、迁移转化等环境行为有关。抗感染药属于新兴污染物，大部分的药物暂时没有相应的分析检测方法，从常规环境监测数据中获取暴露量的可行性相对较差。在时间与资源都有限的情况下，多介质逸度模型可以有效地获得环境浓度。

本章以多介质逸度模型作为获取药物在环境介质中存在水平的手段。暴露评价中选用污水处理厂模型（STP 模型）来预测药物在环境中的暴露情况。针对污水处理厂排水所带来的潜在风险，本章选择以"最坏的情况"考虑，即污水处理厂排水未经稀释直接排放进入河流。

本章所运用的 STP 模型是由加拿大特伦特大学构建的 STP 2.11 版本，STP 模型中采用的工艺为传统的活性污泥生物处理工艺。图 5-2 为模型的概念图，考虑的污水处理单元包括初沉池、曝气池及沉淀池。模型的输入参数包括化学品的输入浓度、分子量、溶解

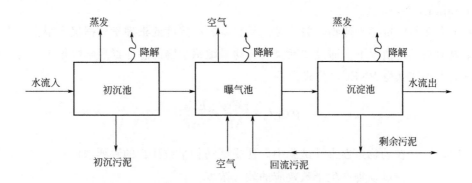

图 5-2 典型活性污泥污水处理厂的迁移转化流程图

度、辛醇-水分配系数（$\lg K_{OW}$）、蒸气压与半衰期等。化学品的分子量、溶解度、$\lg K_{OW}$、蒸气压与半衰期均来自 EPI Suite™ 软件。

化学品的输入浓度数据根据我国抗生素年使用量估算得出，其中抗生素的使用量数据来自 2011—2014 年中国医药统计年报。本研究中假定截至年底生产的抗生素已经全部销售，而且药物被全部使用，则环境药物输入浓度 C（单位为 mg/L）为：

$$C = \frac{M \times 10^9}{365 \times P \times F} \tag{5-1}$$

式中　M——药物的年均销售量，t；

　　　P——人口数量，根据最新人口普查数据（http：//www. stats. gov. cn/tjsj/pcsj/），取 P 为 1339724852；

　　　F——人均日污水产生量，取 200L/d。

通过模型参数的输入，最终可得到污水出水浓度作为预测环境浓度（predicted environmental concentration，PEC）。值得注意的是，本研究获得的 PEC 并非真实环境浓度数据，但不影响不同抗生素之间的横向对比，可反映是相对浓度的大小及风险的高低。

5.1.1.3　效应评估

效应评估是分析污染物在目前暴露途径和暴露程度下，产生的生态效应类型及强度。污染物的毒理学数据一般通过学术文献及数据库查询获取，优先选用试验中的毒理学数据，如果有多个毒理学数据存在时，在数据同等可靠的情况下，选用较为保守的实测毒理学数据。

本研究的试验毒理学数据主要来自美国环保局的 ECOTOX 数据库及 QSAR 模型预测。毒理学数据优先选择文献资料中的试验数据，数据要求符合准确性、可靠性原则，且相关毒性试验在 GLP 导则下进行。对于缺乏毒理学数据、测定又较困难的情况，运用定性结构活性相关模型（quantitative structure-activity relationship，QSAR）预测化合物的毒理学数据。本研究中选用的 QSAR 模型来自 EPI Suite™ 中 ECOSAR v1.11 组件。由于生态毒理学数据缺乏，采用物种敏感度分布（SSD）方法推导环境预测无效应浓度（predicted no-effect concentration，PNEC）存在较大困难。因此，本研究采用评价因子法推导抗生素的 PNEC。在 PNEC 推导时，优先使用无观察效应浓度（no observed effect concentration，NOEC）。

对于大多数的抗感染药物，关于慢性无观察效应浓度的毒理学数据报道很少。在慢性毒理学数据缺乏的情况下，通过文献获取药物最敏感生物的急性毒理学数据 LC_{50}、EC_{50}，运用评估因子法获得 PNEC，公式为：

$$PNEC = \frac{LC_{50}}{AF} \text{ 或 } \frac{EC_{50}}{AF} \tag{5-2}$$

式中　LC_{50}——在动物急性毒性试验中，使受试动物半数死亡的致死浓度；

　　　EC_{50}——受试动物产生半数效应的效应浓度；

　　　AF——评估因子，选取原则参考表 5-2。

表 5-2　评估因子选取原则

序号	毒性数据情况	评估因子
1	3个营养级(鱼、蚤和藻)中至少1种生物的急性 LC_{50} 或者 EC_{50} 数据	1000
2	1种生物(鱼或蚤)的慢性 NOEC 数据	100
3	代表2个营养级的2种生物(一般为鱼、蚤和藻中任意2种)的慢性 NOEC 数据	50
4	至少代表3个营养级的3种生物(一般为鱼、蚤和藻)的慢性 NOEC 数据	10
5	3门8科的慢性 NOEC 数据,采用物种敏感度分布曲线法	1~5
6	野外毒性数据或生态系统模拟	视具体情况而定

5.1.1.4　风险表征

风险表征是将效应表征与暴露表征的结果结合起来评价与判断暴露于各种应激下的有害生态效应的手段,其表征方式有定性和定量两种。本研究中选用定量的方式进行评价。

本章初步筛选过程中选用商值法表征风险,其相对环境风险商（relative risk quotient，RRQ）的计算公式为:

$$RRQ = \frac{PEC}{PNEC} \tag{5-3}$$

如前文所述,由于本章采用的模型为单元质量模型（unit model）,仅提供抗生素的相对浓度,因此风险排序也仅可反映相对风险的高低。因此,在考虑监测成本等基础上,本章按照 RRQ 高低进行排序,选取风险排序在前50%的抗感染药作为优先监控的污染物初步清单。

5.1.2　筛选结果分析

5.1.2.1　危害评估

根据危害评估的筛选依据,共筛选出63种具有潜在危害的抗感染药,包含 β-内酰胺类药物24种（14种青霉素类、10种头孢菌素类）、大环内酯类11种、抗感染植物药5种、抗真菌药5种、磺胺类3种、林可酰胺类2种、抗结核类2种、抗病毒药2种、喹诺酮类1种、氯霉素1种、多肽类1种、呋喃类1种、其他类抗感染药5种。危害评估阶段筛选抗感染药清单见表5-3。

表 5-3　具有潜在危害的抗感染药清单

序号	CAS 号	药物	英文名	生物累积性	持久性
1	37091-65-9	阿洛西林钠	Azlocillin sodium	L	H
2	26787-78-0	阿莫西林	Amoxicillin	L	M
3	34642-77-8	阿莫西林钠	Amoxicillin sodium	L	M
4	69-53-4	氨苄西林	Ampicillin	L	H
5	1173-88-2	苯唑西林钠	Oxacillin Sodium	L	H
6	1538-09-6	苄星青霉素	Benzathine benzylpenicillin	L	H
7	7081-44-9	氯唑西林钠	Cloxacillin sodium	L	H

续表

序号	CAS 号	药物	英文名	生物累积性	持久性
8	59798-30-0	美洛西林钠	Mezlocillin sodium	L	H
9	54-35-3	普鲁卡因青霉素	Procaine penicillin	L	H
10	69-57-8	青霉素 G 钠	Penicillin G sodium	L	H
11	4800-94-6	羧苄西林钠	Carbenicillin disodium	L	H
12	74682-62-5	替卡西林钠	Ticarcillin sodium	L	M
13	5250-39-5	氟氯西林	Flucloxacillin	L	H
14	7177-48-2	无水氨苄西林	Ampicillin	L	H
15	15686-71-2	头孢氨苄	Cephalexin	L	M
16	91832-40-5	头孢地尼	Cefdinir	L	H
17	86329-79-5	头孢地嗪钠	Cefodizime sodium	L	H
18	64544-07-6	头孢呋辛酯	Cefuroxime axetil	L	M
19	33075-00-2	头孢硫脒	Cefathiamidine	L	M
20	98753-19-6	硫酸头孢匹罗	Cefpirome sulfate	L	M
21	63527-52-6	头孢噻肟	Cefotaxime	L	M
22	80370-57-6	头孢替呋	Ceftiofur	L	H
23	68401-82-1	头孢唑肟钠	Ceftizoxime sodium	L	M
24	111696-23-2	盐酸头孢他美酯	Cefetamet pivoxil hydrochloride	L	H
25	83905-01-5	阿奇霉素	Azithromycin	L	H
26	62013-04-1	地红霉素	Dirithromycin	L	H
27	114-07-8	红霉素	Erythromycin	L	H
28	1264-62-6	琥乙红霉素	Erythromycin ethylsuccinate	L	H
29	39405-35-1	吉他霉素	Kitasamycin	L	M
30	81103-11-9	克拉霉素	Clarithromycin	L	H
31	18323-44-9	克林霉素	Clindamycin	L	H
32	25507-04-4	克林霉素棕榈酸酯	Clindamycin palmitate hydrochloride	M	H
33	80214-83-1	罗红霉素	Roxithromycin	L	H
34	8025-81-8	螺旋霉素	Spiramycin	L	H
35	3521-62-8	依托红霉素	Erythromycin estolate	L	H
36	643-22-1	硬脂酸红霉素	Erythromycin stearate	L	H
37	24916-51-6	乙酰螺旋霉素	Acetylspiramycin	L	H
38	56-75-7	氯霉素	Chloramphenicol	L	H
39	1405-87-4	杆菌肽	Bacitracin	L	H
40	1672-88-4	呋喃烯啶	Furazidine	L	M

序号	CAS号	药物	英文名	生物累积性	持久性
41	723-46-6	磺胺甲噁唑	Sulfamethoxazole	L	M
42	738-70-5	甲氧苄啶	Trimethoprim	L	M
43	599-79-1	柳氮磺吡啶	Sulfasalazine	L	H
44	127294-70-6	巴洛沙星	Balofloxacin	L	M
45	137234-62-9	伏立康唑	Voriconazole	L	M
46	126-07-8	灰黄霉素	Griseofulvin	L	H
47	65277-42-1	酮康唑	Ketoconazole	L	H
48	1400-61-9	制霉菌素	Nystatin	H	H
49	68797-31-9	硝酸益康唑	Econazole nitrate	L	H
50	104227-87-4	泛昔洛韦	Famciclovir	L	M
51	136470-78-5	阿巴卡韦	Abacavir	L	H
52	61379-65-5	利福喷汀	Rifapentine	M	H
53	13292-46-1	利福平	Rifampicin	L	H
54	5508-58-7	穿心莲内酯	Andrographolide	L	H
55	21967-41-9	黄芩苷	Baicalin	L	M
56	519-02-8	苦参碱	Matrine	L	H
57	16837-52-8	苦参素	Ammothamnine	L	L
58	1847-58-1	鱼腥草素钠	Sodium houttuyfonate	L	H
59	522-51-0	地喹氯铵	Dequalinium chloride	L	H
60	751-94-0	夫西地酸钠	Sodium fusidate	H	H
61	101418-00-2	聚甲酚磺醛	Policresulen	L	H
62	12650-69-0	莫匹罗星	Mupirocin	L	H
63	7177-50-6	萘夫西林钠	Nafcillin sodium	M	H

从表 5-3 可以看出，在抗生素候选清单中，大部分抗感染药的生物累积性均不高。本研究以 BAF/BCF 为抗感染药生物累积性的判定基准，部分学者也考虑将 $\lg K_{OW} > 3$ 的药物列为具有潜在生物累积性的对象。本研究中所涉及的抗感染药的 $\lg K_{OW}$ 范围为 $-11.83 \sim 7.15$，数据见表 5-4，其中有 16 种抗感染药的 $\lg K_{OW}$ 大于 3，绝大多数抗感染药的 $\lg K_{OW}$ 小于 3。本研究采用的 QSAR 模型中 BCFBAF v3.20 模块基于化学品的 $\lg K_{OW}$ 对其生物累积性进行预测，因此结果上具有一致性，如克林霉素棕榈酸酯、制霉菌素等药物的 $\lg K_{OW}$ 均高于 6.5，表现为具有中高度生物累积性。从药物角度考虑，抗感染药的特殊性也决定了药物在人体内的累积性低，避免了由于体内的累积而导致药物对人体的潜在危害，这也是对抗感染药类药物在人体服用后，容易随着生物体的代谢而排出体外，代谢率高的证明。

表5-4 抗感染药的物化性质及基于风险排序结果

CAS号	药物	$\lg K_{OW}$	半衰期/h	产量/t	STP输出浓度/(μg/L)	物种	毒性数据			AF	PNEC	RRQ
							效应终点	浓度	单位			
738-70-5	甲氧苄啶	0.91a	48.28	1211.43	10.33	软体动物	LOEC	0.29a	μg/L	10	0.000029	356.2
69-57-8	青霉素G钠	1.85	278.46	1920.86	18.93	藻类,青苔,真菌	EC50	6a	μg/L	50	0.00012	157.8
26787-78-0	阿莫西林	0.87a	45.44	15429.56	130.2	无脊椎动物	NOEC	10a	μg/L	10	0.001	130.2
8025-81-8	螺旋霉素	1.87	303.05	53.83	0.532	藻类,青苔,真菌	EC50	5a	μg/L	1000	0.000005	106.4
69-53-4	氨苄西林	1.35a	104.45	3193.65	29.91	藻类	NOEC	10a	μg/L	10	0.001	29.91
80214-83-1	罗红霉素	2.75	1846.96	349.39	3.471	藻类,青苔,真菌	NOEC	10a	μg/L	50	0.0002	17.36
15686-71-2	头孢氨苄	0.65a	33.75	2183.49	17.33	花卉,树木,灌木,蕨类	EC50	1000a	μg/L	1000	0.001	17.33
723-46-6	磺胺甲噁唑	0.89a	46.83	1103.12	9.356	花卉,树木,灌木,蕨类	NOEC	9.4a	μg/L	10	0.00094	9.953
65277-42-1	酮康唑	4.35a	8995.63	77.23	0.4178	鱼类	NOEC	3a	μg/L	10	0.0003	1.393
81103-11-9	克拉霉素	3.16a	3669.99	378.53	3.642	藻类,青苔,真菌	NOEC	40a	μg/L	10	0.004	0.9106
751-94-0	夫西地酸钠	4.07	8245.98	1.28	0.008897	鱼类	CHV	0.000396	mg/L	10	0.0000396	0.2247
13292-46-1	利福平	4.24	8742.58	216.46	1.304	水蚤	CHV	0.791	mg/L	100	0.00791	0.1649
1400-61-9	制霉菌素	7.08	9997.92	67.51	0.04299	鱼类	CHV	0.01	mg/L	10	0.001	0.04299
1847-58-1	鱼腥草素钠	2.66	1557.16	40.33	0.402	鱼类	CHV	0.101	mg/L	10	0.0101	0.0398
63527-52-6	头孢噻肟	0.64	33.35	1897.96	15.02	鱼类	NOEL	100a	μmol/L	100	0.45546	0.03298
25507-04-4	克林霉素棕榈酸酯	6.89	9996.78	10.08	0.006511	鱼类	CHV	0.004	mg/L	10	0.0004	0.01628
83905-01-5	阿奇霉素	4.02a	8073.26	717.98	5.151	水蚤	CHV	4.024	mg/L	10	0.4024	0.0128
643-22-1	硬脂酸红霉素	7.15	9998.23	4.37	0.002774	鱼类	CHV	0.003	mg/L	10	0.0003	0.009247
3521-62-8	依托红霉素	5.1	9805.29	78.86	0.1588	鱼类	CHV	0.195	mg/L	10	0.0195	0.008145
5250-39-5	氟氯西林	2.58	1332.05	104	1.039	水蚤	CHV	1.803	mg/L	10	0.1803	0.005762
86329-79-5	头孢地嗪钠	1.71	216.36	2225.95	21.75	水蚤	CHV	43.989	mg/L	10	4.3989	0.004945
59798-30-0	美洛西林钠	2.41	945.44	498.89	4.994	水蚤	CHV	12.182	mg/L	10	1.2182	0.0045

续表

CAS号	药物	$\lg K_{ow}$	半衰期/h	产量/t	STP输出浓度/(μg/L)	物种	毒性数据			AF	PNEC	RRQ
							效应终点	浓度	单位			
56-75-7	氯霉素	1.14ᵃ	70.71	515.32	4.641	软体动物	LOEC	73810ᵃ	μg/L	50	1.4762	0.003144
37091-65-9	阿洛西林钠	2.63	1469.26	220.35	2.194	水蚤	CHV	7.091	mg/L	10	0.7091	0.003095
54-35-3	普鲁卡因青霉素	1.83ᵃ	278.46	592.46	5.84	水蚤	CHV	19.742	mg/L	10	1.9742	0.002958
114-07-8	红霉素	3.06ᵃ	3154.72	303.11	2.949	水蚤	CHV	14.674	mg/L	10	1.4674	0.00201
62013-04-1	地红霉素	4.03	8108.81	27.23	0.194	水蚤	CHV	1.16	mg/L	10	0.116	0.001672
599-79-1	柳氮磺吡啶	3.81	7209.99	56.03	0.4531	鱼	NOEL	0.1ᵃ	mmol/L	100	0.3984	0.001137
7177-50-6	萘夫西林钠	3.79	7116.48	11.9	0.09715	水蚤	CHV	0.872	mg/L	10	0.0872	0.001114
24916-51-6	乙酰螺旋霉素	2.03	425.68	385.17	3.834	水蚤	CHV	38.311	mg/L	10	3.8311	0.001001
1264-62-6	琥乙红霉素	2.11	504.5	292.72	2.921	水蚤	CHV	32.655	mg/L	10	3.2655	0.0008944
126-07-8	灰黄霉素	2.18ᵃ	585.07	140.75	1.407	水蚤	CHV	18.365	mg/L	10	1.8365	0.0007659
7081-44-9	氯唑西林钠	3.22	1090.51	13.88	0.1312	水蚤	CHV	2.444	mg/L	10	0.2444	0.000537
18323-44-9	克林霉素	2.16	560.85	79.7	0.7969	水蚤	CHV	19.094	mg/L	10	1.9094	0.000417
1173-88-2	苯唑西林钠	2.38ᵃ	888.83	25.54	0.2557	水蚤	CHV	6.814	mg/L	10	0.6814	0.0003752
98753-19-6	硫酸头孢匹罗	2.96	2681.52	15.45	0.1516	水蚤	CHV	4.522	mg/L	10	0.4522	0.0003353
1538-09-6	苄星青霉素	1.92	336.96	96.01	0.9512	水蚤	CHV	30.091	mg/L	10	3.0091	0.0003161
39405-35-1	吉他霉素	0.6	31.82	1329.95	10.41	水蚤	CHV	355.001	mg/L	10	35.5001	0.0002932
5508-58-7	穿心莲内酯	1.90	322.95	267.2	2.645	鱼	LOEC	1000ᵃ	mg/L	100	10	0.0002645
7177-48-2	无水氨苄青霉素	1.35	104.45	90.05	0.8433	水蚤	CHV	40.636	mg/L	10	4.0636	0.0002075
34642-77-8	阿莫西林钠	0.87	45.44	203.85	1.72	水蚤	CHV	97.002	mg/L	10	9.7002	0.0001773
61379-65-5	利福喷汀	6.02	8816.56	3.03	0.002443	鱼	CHV	0.222	mg/L	10	0.0222	0.00011
33075-00-2	头孢硫脒	0.86	44.78	192	1.616	水蚤	CHV	151.768	mg/L	10	15.1768	0.0001064
21967-41-9	黄芩苷	0.74	37.84	195.43	1.591	水蚤	CHV	176.488	mg/L	10	17.6488	0.0000902

续表

CAS号	药物	lgKow	半衰期/h	产量/t	STP输出浓度/(μg/L)	物种	效应终点	浓度	单位	AF	PNEC	RRQ
111696-23-2	盐酸头孢他美酯	1.86	296.7	17.8	0.1757	水蚤	CHV	29.368	mg/L	10	2.9368	0.0000598
1405-87-4	杆菌肽	1.81	266.94	1.09	0.01071	浮萍	NOEC	20000^a	μg/L	100	0.2	0.0000536
64544-07-6	头孢呋辛酯	0.89^a	46.83	309.34	2.624	水蚤	CHV	593.729	mg/L	10	59.3729	0.0000442
68401-82-1	头孢唑肟钠	0.55	30.1	117.71	0.9085	水蚤	CHV	211.688	mg/L	10	21.1688	0.0000429
519-02-8	苦参碱	1.71	216.36	8.06	0.0788	水蚤	CHV	18.496	mg/L	10	1.8496	0.0000426
12650-69-0	莫匹罗星	2.64	1498.09	2.32	0.02317	水蚤	CHV	7.348	mg/L	10	0.7348	0.0000315
68797-31-9	硝酸益康唑	1.23	83.23	15.8	0.1449	水蚤	CHV	75.379	mg/L	10	7.5379	0.0000192
101418-00-2	聚甲酚磺醛	1.19	77.35	19.33	0.1759	水蚤	CHV	108.376	mg/L	10	10.8376	0.0000162
74682-62-5	替卡西林钠	1.01	56.61	17.58	0.1537	水蚤	CHV	95.402	mg/L	10	9.5402	0.0000161
91832-40-5	头孢地尼	1.47	132.28	5.1	0.04864	水蚤	CHV	44.395	mg/L	10	4.4395	0.0000110
16837-52-8	苦参素	0.95	51.38	5.06	0.04363	水蚤	CHV	73.653	mg/L	10	7.3653	0.0000592
136470-78-5	阿巴卡韦	1.22	81.71	1.49	0.01364	水蚤	CHV	24.989	mg/L	10	2.4989	0.0000546
4800-94-6	羧苄西林钠	1.19	69.47	4.1	0.03686	水蚤	CHV	68.944	mg/L	10	6.8944	0.0000535
1672-88-4	呋喃嘧啶	0.6	31.82	5.52	0.0432	水蚤	CHV	133.357	mg/L	10	13.3357	0.0000324
80370-57-6	头孢替安	1.57	161.95	1.11	0.01075	水蚤	CHV	49.475	mg/L	10	4.9475	0.0000217
127294-70-6	巴洛沙星	0.99	54.79	2.45	0.0213	水蚤	CHV	100.714	mg/L	10	10.0714	0.0000212
104227-87-4	泛昔洛韦	0.64	33.35	3.55	0.02809	水蚤	CHV	151.137	mg/L	10	15.1137	0.0000186
137234-62-9	伏立康唑	1.57	161.95	0.4957	0.00478	水蚤	CHV	33.066	mg/L	10	3.3066	0.0000145
522-51-0	地喹氯铵	4.29	8863.76	0.005	0.0000002873	水蚤	CHV	0.466	mg/L	10	0.0466	0.0000617

注：a 为抗感染药性质试验数据；斜体为初步筛选清单；EC$_{50}$ 为半数效应浓度（effective concentration to 50% of test organisms）；CHV 为慢性毒性值（chronic value）；LOEC 为最低观察效应浓度（lowest observable effect concentration）；NOEC 为无观察效应浓度（no observable effect concentration）；NOEL 为无观察效应水平（no observable effect level）。

药物在环境中的持久性必然会加大生物暴露的概率，增大对人体及环境的潜在风险。候选清单中的抗感染药的持久性、生物累积性数据见表 5-3。数据表明：46 种抗感染药具有高持久性，17 种抗感染药被判别为中持久性，96 种抗感染药为低持久性。其中，青霉素类及大环内酯类抗生素中高持久性的比例高于其他类药物。青霉素类为最早发现的抗生素类药物，药物的产量大，在水环境中难以降解，从而导致药物的持久性高。大环内酯类抗生素是指 14～16 元大环内酯类抗生素，在环境中结构稳定，在污水处理厂的去除率低，甚至会出现负去除率，导致该药物的具有高持久性。Howard 等通过持久性和生物累积性对药物类有机物进行筛选，将药物分为高产量药物（high production volume，HPV）、持久性药物（persistent，P）、生物累积性药物（bioaccumulation，B）、持久性及生物累积性药物（Persistent and Bioaccumulation，P 和 B），研究结果表明，柳氮磺吡啶、酮康唑、克拉霉素、阿奇霉素属于 P 和 B 类物质；磺胺甲噁唑、罗红霉素归为 P 类物质；制霉菌素属于 B 类物质；阿莫西林、甲氧苄啶等属于 HPV 药物，与本研究的筛选结果基本一致。

5.1.2.2　风险评估

抗感染药的 PEC 数据、研究中所采用的生态毒理学数据及相应的评价因子等信息如表 5-4 所示。通过 STP 模型预测的抗感染药浓度 PEC 浓度范围为 $2.873 \times 10^{-8} \sim 0.1302 \text{mg/L}$，药物使用量及不同类别抗感染药在污水处理厂的去除率差异使得药物在环境中产生较大的浓度差异。生态毒理学数据分为急性毒理学数据及慢性毒理学数据，抗感染药数据中以慢性毒理学数据为主，浓度范围为 $3.96 \times 10^{-4} \sim 1000 \text{mg/L}$。

本研究运用相对风险商（RRQ）将抗感染药的潜在风险量化，将风险排序在前 50% 的 30 种抗感染药作为初步筛选清单。30 种抗感染药中主要包括 β-内酰胺类（青霉素类、头孢氨苄类）、大环内酯类与磺胺类抗生素及其他类。

在 30 种抗感染药中，包括青霉素类 8 种，分别为阿莫西林、青霉素 G 钠、氨苄西林、氟氯西林、美洛西林钠、阿洛西林钠、普鲁卡因青霉素、萘夫西林钠。头孢菌素类 3 种，分别为头孢氨苄、头孢噻肟钠、头孢地嗪钠。青霉素类及头孢菌素类均属于 β-内酰胺类抗生素，是一类化学结构中具有 β-内酰胺环的抗生素，是当前使用最为广泛的抗生素品种。其中，阿莫西林、氨苄西林、头孢氨苄属于高产量的广谱抗生素，在医用方面应用范围广，在水体中已被广泛检出。已有学者提出将此类药物作为 HPV 类药物进行环境管理。

甲氧苄啶、磺胺甲噁唑、柳氮磺吡啶为初筛清单中的磺胺类药物，此类药物是人工合成的抗菌药，因其抗菌作用强、治疗范围广、性质稳定而发展成为抗生素中不可或缺的一类。不同国家药物产量、使用情况不同，但对世界广泛使用的抗生素评估得出了类似的风险程度，均提出了将甲氧苄啶、磺胺甲噁唑列为优先污染物。

大环内酯类药物是筛选清单中重要的一部分，共有 9 种，包括螺旋霉素、罗红霉素、克拉霉素、阿奇霉素、硬脂酸红霉素、依托红霉素、红霉素、地红霉素、乙酰螺旋霉素。在已有的筛选研究中，红霉素、罗红霉素、克拉霉素被广泛检出并将其列为优先监控药物。Coutu、Zhou 等根据药物去除率、生态风险等不同筛选指标将红霉素作为优先监控污染物。Howard 等根据持久性及生物累积性将阿奇霉素、克拉霉素作为 P 和 B 类重点关注药物。

其他类抗感染药包括抗真菌类药物酮康唑、制霉菌素，抗结核类药物利福平、氯霉素、克林霉素、夫西地酸钠、鱼腥草素钠。氯霉素在环境中被广泛报道，其他药物在环境中的暴露情况尚不清楚，需要进行进一步的探究以确定其真实生态风险水平。

本章分析了 159 种抗感染药的危害属性，并结合风险分析初步筛选出具有潜在风险的抗感染药 30 种，包含大环内酯类 9 种、青霉素类 8 种、头孢类 3 种、磺胺类 3 种、抗真菌药物 2 种，克林霉素、氯霉素、抗结核药、抗感染植物药、其他类各 1 种。

5.2 监测验证

5.2.1 分析方法的优化

5.2.1.1 目标物的选择

为了进一步验证基于模型分析的污染物筛选结果，在实际样品分析前需要建立相关的前处理及仪器分析方法。初步筛选清单中共包含 30 种抗感染药，根据是否存在当前研究分为两类：其一为当前已有广泛研究的抗感染药，共 10 种；其二为研究较少或尚无报道的抗感染药共 20 种，需对此部分药物建立检测方法。

对于研究少或尚无环境报道的物质，多数抗感染药药物缺乏高纯度的分析标准品，不具备建立定量检测的条件。经整合后，仅有地红霉素、氨苄西林、头孢噻肟钠、螺旋霉素、夫西地酸钠 5 种抗生素药物目前可获取供 HPLC-MS/MS 分析的标准品，可以建立定量检测方法；对于广泛研究抗生素，选择甲氧苄啶、头孢氨苄、磺胺甲噁唑、克拉霉素、罗红霉素 5 种研究最为广泛抗生素进一步进行验证（表 5-5），确定其在水体中的潜在风险。本章最终选择 10 种抗生素建立前处理及仪器检测方法，用于环境实际样品分析。

表 5-5 10 种目标抗生素及内标物的详细信息

CAS 号	药物	缩写	类别	分子式
738-70-5	甲氧苄啶	TMP	磺胺类	$C_{14}H_{18}N_4O_3$
69-53-4	氨苄西林	AMP	青霉素类	$C_{16}H_{19}N_3O_4S$
15686-71-2	头孢氨苄	LEX	头孢类	$C_{16}H_{17}N_3O_4S$
62013-04-1	地红霉素	DTM	大环内酯类	$C_{42}H_{78}N_2O_{14}$
63527-52-6	头孢噻肟钠	CTX	头孢类	$C_{16}H_{16}N_5NaO_7S_2$
8025-81-8	螺旋霉素	SPI	大环内酯类	$C_{43}H_{74}N_2O_{14}$
723-46-6	磺胺甲噁唑	SMZ	磺胺类	$C_{10}H_{11}N_3O_3S$
81103-11-9	克拉霉素	CLA	大环内酯类	$C_{38}H_{69}NO_{13}$
80214-83-1	罗红霉素	ROX	大环内酯类	$C_{41}H_{76}N_2O_{15}$
751-94-0	夫西地酸钠	SF	其他类	$C_{31}H_{47}NaO_6$

续表

CAS 号	药物	缩写	类别	分子式
—	青霉素 V-d$_5$	PENV-d$_5$	青霉素类	$C_{16}H_{13}D_5N_2O_5S$
—	阿奇霉素-d$_5$	AZM-d$_5$	大环内酯类	$C_{38}H_{67}D_5N_2O_{12}$
1015856-57-1	诺氟沙星-d$_5$	NOR-d$_5$	喹诺酮类	$C_{16}H_{13}D_5FN_3O_3$

5.2.1.2　前处理方法的优化

固相萃取法是目前水体中抗生素药物分析检测应用最广泛的前处理方法，操作简单，人为影响因素少，选择性高且回收率好。Oasis HLB 小柱同时具有亲水性和亲脂性，通用于酸性、中性、碱性化合物，对药物具有较好的吸附效果。文献报道 HLB 固相萃取柱已成功应用于 β-内酰胺类、磺胺类、大环内酯类等。因此，选择 Oasis HLB（500mg/6mL）小柱作为固相萃取柱。

本研究分别对 pH 值、洗脱溶剂及洗脱量等几种可能会影响固相萃取效果的因素进行了考察。

本研究测定了水样 pH 值在酸性条件下及中性条件下的回收率情况，参考 EPA Method 1694 中对 PPCPs 检测方法的建立，将水样 pH 值调至 2.5、7.0 进行试验，结果如图 5-3 所示。结果表明，在酸性条件下，AMP、LEX、CTX、ROX 及 DTM 的水解产物红霉胺有较高的回收率，回收率范围为 57%～99%；而在中性条件下，SPI、SMZ、CLA、SF 则有更高的回收率，回收率范围在 90%～110%。TMP 在酸性条件下及中性条件下均可以得到 90% 以上的回收率。因此，本试验确定在萃取前，将用于分析定量 TMP、AMP、LEX、CTX、ROX 及 DTM 的水样用 HCl 调节 pH 值为 2.5，将用于分析 SPI、SMZ、CLA、SF 的水样用氨水调节 pH 值为 7.0。

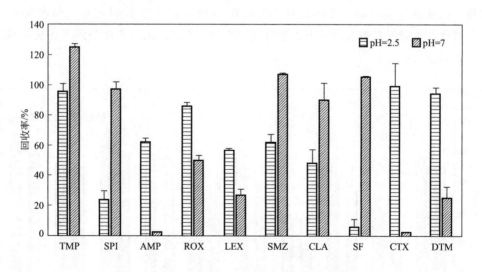

图 5-3　水样的 pH 值对抗生素回收率的影响

大量文献表明，洗脱溶剂多选用纯甲醇，由于部分抗生素在酸性条件下更易洗脱，本研究探究加入一定量的甲酸能否提升抗生素药物的回收率。本研究探讨了洗脱溶剂分别设定为纯甲醇、1％甲酸-甲醇、2％甲酸-甲醇，洗脱量均为 10mL 时的目标抗生素回收率，结果如图 5-4 所示。结果表明，甲氧苄啶在含有甲酸的甲醇中洗脱效果略有提升，其他药物以甲醇为洗脱溶剂的条件下洗脱效果较好。因此，选择甲醇作为 HLB 萃取柱的洗脱溶剂。

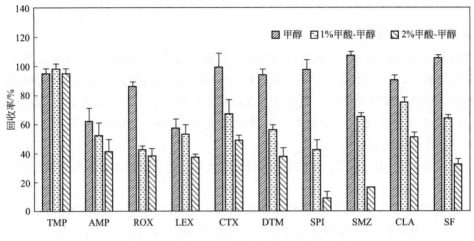

图 5-4　不同洗脱溶剂对抗生素回收率的影响

本研究探究洗脱量对抗生素回收率的影响，分别以 8mL、10mL、12mL 的洗脱溶剂进行回收率对比试验，结果如图 5-5 所示。结果表明，对于酸性条件下的富集的水样，TMP、ROX、DTM 代谢产物红霉胺在洗脱量为 8mL、10mL 和 12mL 时各物质回收率无明显区别，增加洗脱溶剂的用量并未使回收率显著提高；然而，AMP、LEX、CTX 的回收率随着洗脱溶剂用量的增加而提高，在洗脱量为 12mL 时回收率最高。中性条件下富集的水样，在洗脱量为 8mL、10mL 和 12mL 时各物质回收率差别较小，回收率均高于80％。因此，本研究在酸性条件下优选洗脱溶剂用量为 12mL，中性条件下优选洗脱溶剂用量为 8mL。

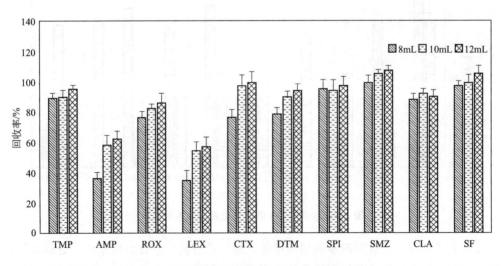

图 5-5　不同洗脱溶剂量对抗生素回收率的影响

5.2.1.3 仪器条件优化

采用针泵进样方法优化质谱参数，包括 MS（Q1 Pre Bias）、MS/MS（Q3 Pre Bias）及 CE 等参数通过质荷比（m/z）扫描以正负离子模式进行一级质谱图扫描，确定峰强度高、稳定的分子离子多以 $[M+H]^+$ 形式存在，而 CTX 则以 $[M-Na]^-$ 形式存在。在 ESI 模式下，PENV-d_5 以 $[M-H]^-$ 形式存在。确定母离子后，利用诱导碰撞电压（collision-induced dissociation，CID）使母离子裂解生成子离子，其中，同一类别的药物具有共同的碎片离子，选择区别于相同的子离子的稳定子离子作为定量子离子，另外的子离子作为定性离子。具体的质谱参数见表 5-6。

表 5-6　目标抗生素及内标物的 HPLC-MS/MS 监测参数

药物	保留时间/min	母离子（m/z）	子离子（m/z）	Q1 Pre Bias/eV	CE/eV	Q3 Pre Bias/eV
TMP	2.198	291.2	230.2*	−22	−23	−24
			123.2	−22	−30	−22
SPI	2.936	422.35	174.2*	−20	−23	−18
			101.15	−20	−23	−19
AMP	2.189	350.2	106.2*	−17	−19	−19
			192.15	−17	−17	−20
ROX	4.233	837.55	158.2*	−32	−40	−29
			679.5	−32	−24	−34
LEX	2.248	348.2	158.1*	−17	−13	−29
			174.1	−17	−16	−18
SMZ	3.871	254.15	156.05*	−26	−16	−29
			92.1	−26	−29	−17
CLA	4.101	748.65	158.15*	−38	−30	−16
			590.45	−38	−21	−22
SF	7.013	539.3	479.4*	−28	−19	−24
CTX	2.764	456.15	395.95*	−22	−11	−28
			323.9	−22	−15	−22
DTM	2.815	368.35	83.15*	−18	−24	−16
			115.2	−18	−16	−21
NOR-d_5	2.313	325.25	307.15*	−16	−22	−21
			281.15	−16	−17	−13
AZM-d_5	2.789	377.85	83.15*	−30	−26	−15
			115.15	−30	−17	−11
PENV-d_5	4.999	354.25	213.15*	16	9	22
			98.2	16	23	17

注：*为定量子离子。

为确定抗生素的质谱条件，通过自动进样器注入浓度为 0.5mg/L 药物混合标准溶液，优化 MS（Q1 Pre Bias）、MS/MS（Q3 Pre Bias）及 CE 等参数。通过 m/z 扫描以正负离子模式进行一级质谱图扫描，确定峰强度高、稳定的分子离子作为母离子，其中，地红霉素结构不稳定，地红霉素属于大环内酯类抗生素，为红霉胺的前体药物，易被水解为有生物活性的红霉胺。因此选择 m/z 368.35 为地红霉素的母离子。确定母离子后，利用诱导碰撞电压（collision-induced dissociation，CID）使母离子裂解生成子离子，其中，同一类别的药物具有共同的碎片离子，选择区别于相同的子离子的稳定子离子作为定量子离子，另外的子离子作为定性离子。特别地，夫西地酸钠将 m/z 538.69→479.4 作为定性及定量离子对。

ESI＋模式下，选择的药物母离子多以 $[M＋H]^+$ 形式存在，而螺旋霉素以 $[M＋2H]^{2+}$ 形式存在，头孢噻肟钠则以 $[M－Na]^-$ 形式存在。ESI－模式下，青霉素 V-d_5 以 $[M－H]^-$ 形式存在。

为确定抗生素的色谱条件，分别从色谱柱、流动相类型等方面进行优化。色谱柱选择反相色谱柱，分别对岛津 InertSustainC18（250mm×4.6mm，5μm）、Shim-pack XR-ODS 色谱柱（2mm×75mm，2.2μm）进行比较，结果发现：前者对目标物的保留时间过于分散，检测时间过长，部分抗生素保留时间重合，无法进行有效分离；而后者可实现分析物的良好分离，峰型良好，10 种抗生素的多反应监测（MRM）色谱图见图 5-6。因此，本试验采用 Shim-pack XR-ODS 色谱柱作为分析柱。

已有研究表明，在流动相中加入少量甲酸有利于子离子的生成，不同的有机相对化合物的分离和保留有影响。试验比较了高纯水、0.1％甲酸-水溶液、0.2％甲酸-水溶液作为无机流动相 A，甲醇、乙腈作为有机流动相 B，对 10 种抗生素分离效果的影响。结果表明，0.1％甲酸-水溶液为流动相 A、乙腈为流动相 B 时，分离效果最佳，峰形较好，没有明显的拖尾现象。10 种抗生素物质的保留时间在 2.189～7.013min 内，为平衡色谱柱，本研究设置运行时间为 11min。

5.2.1.4 定量及方法评估

运用 HPLC-MS/MS 测定痕量有机物时，内标法可以有效地补偿基质效应及试验误差。因此，本研究选择内标法对抗生素进行定量。选择氘代抗生素作为内标物对抗生素进行定量，选择 NOR-d_5 为 TMP、CTX 的内标物，AZM-d_5 为大环内酯类（DTM、SPI、CLA、ROX）的内标物，PENV-d_5 为 AMP、LEX、SF 及 SMZ 的内标物。以各目标物与内标物的峰面积之比为纵坐标，质量浓度为横坐标绘制回归方程。

准确量取混合标准储备液配制 0.05ng/mL、0.1ng/mL、0.2ng/mL、0.5ng/mL、1ng/mL、5ng/mL、10ng/mL、50ng/mL、100ng/mL、150ng/mL、200ng/mL 的系列工作标液，绘制回归方程。10 种抗生素物质在线性范围内呈现了良好的线性关系（R^2＞0.995）。10 种抗生素的回归方程、线性范围、相关系数 R^2 见表 5-7。

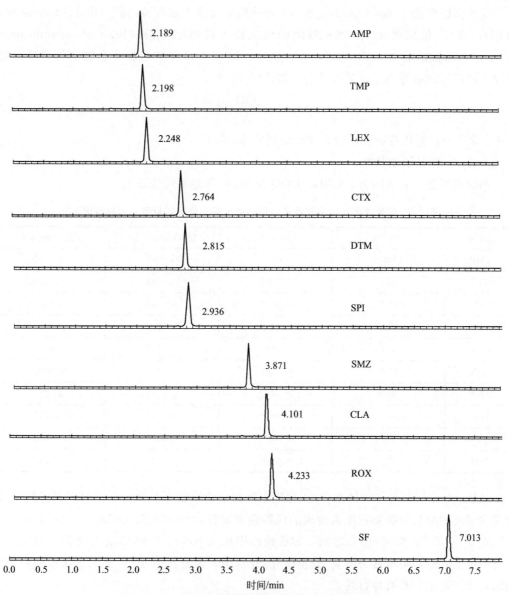

图 5-6 10 种抗生素药物多反应监测（MRM）色谱图

表 5-7 抗生素的回归方程、线性范围及相关系数

抗生素	回归方程	线性范围/(ng/mL)	R^2
TMP	$Y=(0.0259579)X+(0.104203)$	0.05～200	0.9979
CTX	$Y=(0.00567848)X+(-0.00291155)$	0.2～150	0.9961
DTM	$Y=(0.0143463)X+(0.0202875)$	0.05～200	0.9997
SPI	$Y=(0.00543043)X+(-0.000178844)$	0.05～150	0.9999
CLA	$Y=(0.0250930)X+(0.0348307)$	0.05～150	0.9989
ROX	$Y=(0.0124249)X+(0.0219720)$	0.05～200	0.9983
AMP	$Y=(0.0421251)X+(-0.00856931)$	0.1～200	0.9987
LEX	$Y=(0.0124509)X+(-0.0183978)$	0.2～150	0.9975
SF	$Y=(0.000614439)X+(0.00209777)$	1～150	0.9945
SMZ	$Y=(0.0432109)X+(0.0339522)$	0.05～200	0.9989

以 3 倍信噪比（signal/noise，S/N）对应的浓度作为仪器检出限（limit of detection，LOD），以 10 倍信噪比（S/N）对应的浓度作为仪器定量限（limit of quantification，LOQ）。方法检出限（method detection limit，MDL）根据各目标化合物的仪器检出限、回收率和浓缩倍数等确定，其计算公式如式(5-4) 所示。

$$MDL=\frac{LOQ\times100}{R\times C} \tag{5-4}$$

式中　R——目标化合物在对应介质中的回收率，%；

　　　C——样品浓缩倍数。

本研究所建立方法的 R、LOD、LOQ 及 MDL 等结果见表 5-8。

表 5-8　抗生素的水体中回收率、仪器检出限、仪器定量限、方法检出限

抗生素	$R/\%$	LOD/(ng/mL)	LOQ/(ng/mL)	MDL/(ng/mL)
TMP	120	0.0022	0.0067	0.0056
CTX	113	0.1984	0.6013	0.6604
DTM	69.5	0.0517	0.1567	0.1272
SPI	65.6	0.0202	0.0612	0.0498
CLA	125	0.0042	0.0127	0.00714
ROX	88.4	0.0087	0.0265	0.0225
AMP	50.8	0.0842	0.2552	0.4264
LEX	57.2	0.3079	0.9331	3.0945
SF	106	0.8583	2.6009	3.9675
SMZ	123	0.0490	0.1486	0.0971

从表 5-8 中可以看出，纯水中 10 种抗生素的平均回收率在 50.8%～125% 之间。本研究优化建立的分析方法对抗生素物质的仪器检出限在 0.0022～0.8583ng/L 之间，仪器定量限在 0.0067～2.6009ng/L 之间，方法检出限在 0.0056～3.9675ng/L 之间。目前，水环境中抗生素的污染浓度为纳克/升至微克/升水平，该方法中 10 种抗生素物质的检出限均满足分析要求，具有可行性。

5.2.1.5　基质效应

基于 HPLC-MS/MS 的 ESI 模式，分析物的共流出组分会影响电喷雾接口的离子化效率，进而对分析物的响应呈现抑制或增强效应。试验的准确性由回收率试验和空白试验保证。选择实际地表水测定基质效应，加入抗生素标样（每种抗生素浓度 30ng/L、80ng/L、150ng/L），每个浓度设置 6 个平行样，设置空白即不加入抗生素标样的水样作为对照，使用相同的方法进行处理分析，根据加标后浓度、空白浓度计算得到各种抗生素在污水中的平均回收率和相对标准偏差（RSD），结果见表 5-9。从表 5-9 中可以看出，各抗生素的平均回收率在 50.2%～127% 之间，相对标准偏差（RSD）在 1.8%～11.4% 之间。该方法以 NOR-d$_5$、PENV-d$_5$、AZM-d$_5$ 作为内标物，检测结果通过氘代内标物自动校正，仅观察到较弱的基质效应，因此，该检测方法满足在实际环境分析要求，具有可行性。

表 5-9 抗生素的基质加标样的回收率和相对标准偏差（RSD）（$n=6$）

抗生素	回收率/%			RSD/%		
	30ng/L	80ng/L	150ng/L	30ng/L	80ng/L	150ng/L
TMP	123	117	127	6.2	6.0	8.2
CTX	119	104	104	5.4	8.0	10.5
DTM	61.9	70.4	60.4	11.4	3.4	10.7
SPI	86.2	91.4	82.3	3.6	7.8	8.5
CLA	121	126	119	8.9	7.8	8.5
ROX	109	95.9	90.5	5.4	7.5	3.5
AMP	54.4	53.2	54.1	7.5	9.1	4.5
LEX	50.2	52.6	54.2	6.5	10.3	8.4
SF	92.3	91.3	90.9	6.1	10.8	5.8
SMZ	123	121	126	7.4	1.8	3.0

采用 SPE-HPLC-MS/MS 的方法对地表水中 10 种目标抗生素药物残留进行萃取和快速测定，试验方法操作简单，回收率好，优化方法在灵敏度、分离度和重现性等方面均令人满意，本研究优化建立的分析方法对抗生素物质的仪器检出限为 0.0022～0.8583ng/L，方法检出限为 0.0056～3.9675ng/L，各抗生素的平均回收率在 50.2%～127% 之间，相对标准偏差（RSD）在 1.8%～11.4% 之间，符合试验分析要求。为后续地表水中抗生素残留的相关研究提供了技术手段，为进一步评估药物在环境中的潜在风险提供了可能。

5.2.2 环境样品分析

5.2.2.1 仪器与材料

仪器：固相萃取真空装置（Supelco，美国）；氮吹仪（北京帅恩科技有限责任公司，中国）；高效液相色谱仪-三重四级杆质谱仪联用系统（HPLC-MS/MS，岛津，日本）；Shim-pack XR-ODS 反相色谱柱（2mm×75mm，2.2μm，岛津，日本）；Oasis HLB 型固相萃取柱（500mg/6mL，Waters，美国）；0.2μm GHP 膜针头过滤器（Pall，美国）；玻璃滤膜（直径 142mm，孔径 0.45μm，Millipore，美国）；高纯氮气。

试剂：甲醇、乙腈、甲酸（HPLC 级，Fisher，美国）；青霉素 V-d$_5$（Toronto Research Chemicals，加拿大）、阿奇霉素-d$_5$（Toronto Research Chemicals，加拿大）、诺氟沙星-d$_5$（Sigma，美国）。

5.2.2.2 样品采集

选取北京市高碑店污水处理厂、小红门污水处理厂、清河再生水厂、酒仙桥再生水厂排水口所在河流通惠河、凉水河、清河、亮马河四个地点进行采样，分别从污水处理厂的排水口、排水口上游 500m、1000m 处及排水口下游 500m、1000m、1500m 处取样，每条河流设 6 个采样点，总计 24 个。采样点分布如图 5-7 所示，其中 W1 为清河再生水厂，

W2 为酒仙桥再生水厂，W3 为高碑店污水处理厂，W4 为小红门污水处理厂，采样时间为 2017 年 10 月 16—19 日。

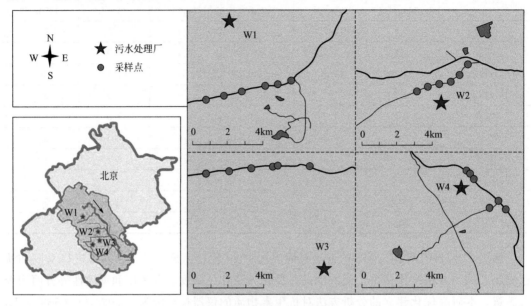

图 5-7　河流采样点示意图

水样应采集地表水水面下深约 0.5m 处的表层水样，使用 4L 琥珀色玻璃容器盛装。采样前，琥珀色玻璃容器需分别用甲醇和高纯水冲洗。采样时，将玻璃器皿与采样器用水样冲洗 2～3 次。采样过程中，需现场记录采样点的经纬度、pH 值及温度。水样采集完毕后，要避光保存，用冰袋冷冻保存运回实验室，并在 −4℃ 条件下保存，全部样品在 48h 内进行过滤及富集处理。根据前述优化的抗生素检测方法上机检测。

5.2.2.3　样品前处理

水样采集运回实验室后经 $0.45\mu m$ 玻璃纤维滤膜过滤。准确量取两份 1000mL 子样品，分别用盐酸、氨水调节 pH 值至 2.5、7.0，待进样。采用 HLB（500mg/6mL）固相萃取柱对水样中的目标物进行富集。固相萃取柱使用前依次用 8mL 甲醇、8mL 高纯水进行活化，控制流速在 2～3mL/min。活化完成后，用大容量采样器将样品导入 HLB 小柱，并控制流速不高于 5mL/min。上样完成后，用 6mL 的高纯水冲洗 HLB 小柱，控制流速在 2～3mL/min，然后将 HLB 固相萃取柱抽真空干燥 30min 以去除水分。富集酸化水样的 HLB 萃取柱用 12mL 甲醇洗脱，富集中性水样的 HLB 萃取柱用 8mL 甲醇洗脱，洗脱液收集于 25mL KD 浓缩器中，用柔和高纯氮气吹至近干，加入定量内标 $100\mu L$（$1\mu g/mL$ 内标工作液），加入 0.9mL 高纯水定容，涡旋混合均匀后经 GHP 膜针式过滤器过滤，置于 4℃ 冰箱内避光保存，待 HPLC-MS/MS 分析。

本研究以检测采集水样中的 TMP、CTX、DTM、SPI、CLA、ROX、AMP、LEX、SF 及 SMZ 为例（目标抗生素详细信息如表 5-5 所示），采用内标法对抗生素进行定量。选择氘代抗生素作为内标物对抗生素进行定量，选择 NOR-d_5 为 TMP、CTX 的内标物，AZM-d_5 为大环内酯类（DTM、SPI、CLA、ROX）的内标物，PENV-d_5 为 AMP、

LEX、SF 及 SMZ 的内标物。以各目标物与内标物的峰面积之比为纵坐标，质量浓度为横坐标绘制回归方程。

5.2.2.4　仪器分析条件

色谱条件：Shim-pack XR-ODS 反相色谱柱（2mm×75mm，2.2μm）；流动相 A：0.1%甲酸-水溶液；流动相 B：乙腈溶液；梯度洗脱程序：0～2min B 由 10%升至 30%，2～6min B 由 30%升至 85%，6～8min B 保持在 85%，8～10min B 由 85%降至 10%；流速：0.3mL/min；进样量：5μL。

质谱条件：正离子模式（ESI＋）扫描（青霉素 V-d$_5$ 除外），负离子模式（ESI－）扫描（青霉素 V-d$_5$）；雾化气流速：3L/min；DL 温度：250℃；加热模块温度：400℃；干燥气流速：15L/min；柱温：室温。

监测模式：多反应监测（MRM）扫描模式。优化得到 10 种抗生素的 HPLC-MS/MS 监测参数见表 5-6。

5.2.2.5　存在水平及评价

抗生素在清河、通惠河、亮马河、凉水河中的存在水平汇总见表 5-10。

表 5-10　北京地区典型河流地表水中目标抗生素浓度

抗生素	河流中药物浓度/(ng/L)			
	清河	通惠河	亮马河	凉水河
TMP	2.40～83.5	ND～37.8	ND～2.94	20.7～39.2
CTX	<MDL～5.41	5.03～10.3	<MDL～1.23	4.74～12.4
DTM	7.84～155	58.6～299	1.83～23.2	3.90～31.4
SPI	ND	ND	ND	ND
CLA	0.79～221	19.7～115	2.53～25.9	3.40～77.6
ROX	2.00～224	20.6～154	8.39～26.6	2.39～59.8
AMP	ND～3.47	ND～1.17	ND～2.37	ND
LEX	ND	ND	ND	ND
SF	ND	ND	ND	ND
SMZ	0.71～308	54.1～155	1.58～15.5	9.50～125

注：ND 为未检出（not detected）；<MDL 为低于方法检出限（below method detection limit）。

抗生素药物的检出浓度在纳克/升级别。除 SPI、LEX、SF 外，其他 7 种药物均有不同程度的检出。在 24 个采样点中，DTM 的水解产物红霉胺、CLA、ROX、SMZ 均有高浓度的检出，最高浓度分别为 299ng/L、221ng/L、224ng/L、308ng/L。CTX 均有检出，但浓度不高，最高浓度为 12.4ng/L。TMP 在河流中的检出率为 88%，最高浓度为 83.5ng/L。AMP 在河流中的检出率为 50%，最高浓度为 3.47ng/L。

TMP、LEX、SMZ、CLA、ROX 在国内已有广泛检测报道。本研究中检测到的 TMP 浓度与国内各监测点检出浓度相似（表 5-11），尤其与沿海附近的发达城市相似，如天津、山东、广东等地，均表现出较高的浓度水平。大环内酯类抗生素 ROX、CLA 在本研究河流水体中与国内已有研究水体中的浓度均在几至几百纳克/升。章琴琴对温榆河流域抗生素 ROX 及 CLA 的分布情况进行研究，与本研究的检测结果相比，CLA、ROX 浓度均在纳克/升水平，数量级相当。SMZ 在北京水环境中的检测浓度明显高于国内的大多数检测浓度，与国外检出水平相比，如越南湄公河（15～28ng/L）、法国塞纳河（ND～40ng/L）、韩国南部河流（1.7～36ng/L），同样高于世界水平。

表 5-11　中国地表水中抗生素检出浓度

采样点	抗生素/(ng/L)					文献
	TMP	LEX	SMZ	CLA	ROX	
白洋淀湖,河北			ND～16.1		ND～155	(Li et al.,2012)
陡河水库,河北	ND～87		ND～16		4～92	(Zou et al.,2011)
清河,北京				0.2～20.3	0.8～78	(章琴琴,2012)
坝河,北京				0.4～9.6	4.1～283	(章琴琴,2012)
通惠河,北京				4.7～27.3	85.6～208	(章琴琴,2012)
清河,北京				6.3	152.8	(朱琳 等,2014)
渤海湾,天津	＜LOQ～120		ND～130		＜LOQ～630	(Zou et al.,2011)
海河,天津	ND～8		ND～6		ND～12	(Zou et al.,2011)
永定河,天津	21～33		9～24		12～48	(Zou et al.,2011)
子牙河,天津	ND		ND		ND～48	(Zou et al.,2011)
海河,天津	＜LOQ～230				＜LOQ～3700	(Luo et al.,2011)
辽东湾,辽宁	1.4～18.2		ND～1.1			(Jia et al.,2011)
大辽河,辽宁	18.1～121		1.1～10.8			(Jia et al.,2011)
双台子河,辽宁	5.3～95.4		2～26.4			(Jia et al.,2011)
莱州湾,山东	1.3～330		ND～1.5	ND～1.2	＜LOQ～1.5	(Zhang et al.,2012)
黄浦江,上海	＜LOQ～62.4				ND～9.9	(Jiang et al.,2011)
钱塘江,浙江	ND	ND～10				(Chen et al.,2012)
嘉陵江,重庆	5～7		7～10		＜5～39	(Chang et al.,2010)
扬子江,重庆	6～8		＜5～6		＜5～29	(Chang et al.,2010)
珠江,广东	5～150		40～1390	ND～180	5～230	(Peng et al.,2011a)
珠江,广东	56.4～605					(Yang et al.,2011a)
北部湾,广西	ND～3.77		ND～3.4	ND～0.72	ND～0.53	(Zheng et al.,2012)
大丰河,广西	ND～1.3		ND～0.35	ND	ND～0.35	(Zheng et al.,2012)
九龙江口,福建			ND～47.2			(Zheng et al.,2011)
九龙江,福建			ND～124			(Zheng et al.,2011)
九龙江,福建			ND～776			(Zhang et al.,2011)
维多利亚港,香港	ND～216	6.1～493	ND～8.6		ND～47	(Minh et al.,2009)

注：ND 为未检出（not detected）；＜LOQ 为低于定量限（limit of quantitation）。

　　本章进一步对水环境中检出的抗生素药物进行风险评估，利用 Oracle Crystal Ball（v11.2）蒙特卡洛模拟对检测到抗生素的风险商进行风险概率评估，分析得出其在 95% 置信区间下药物的风险概率，如图 5-8 所示。

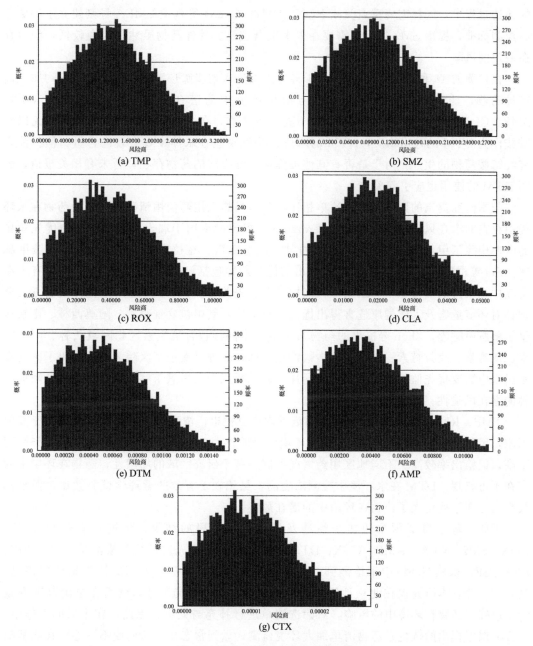

图 5-8　水体环境抗生素风险概率图

从图 5-8 中可以看出，在 95％置信区间下 TMP 出现风险商高于 1 的风险概率为 60％，表明此种药物在水环境中的潜在风险较大，需要引起广泛的关注。Zhou 等在针对来自污水处理厂或非点源污水中的药物优先污染物筛选清单中，Sui 等基于环境中检测到的药物提出的筛选清单及 Perazzolo 等在 EMEA 基础上对欧洲药物的筛选清单中，均提出 TMP 有较高的风险，需要优先监控。

SMZ 的风险商高于 0.1 的风险概率为 46％，ROX 的风险商高于 0.1 的风险概率为 81％，属于中度风险。Kumar 等提出新兴有机物在溪流水/源水、饮用水中的优先污染物的筛选过程中，同样需要重点关注 ROX、SMZ。Grung 等基于 EMEA 导则建立了挪威污染控制标准，提出 SMZ 风险商需要在未来重点监测。其他药物虽然风险商较低，但也存在一定的风险。

在检测的 10 种抗生素中，SF 由于毒性大而进入初步筛选清单，其他抗生素均属于高产量药物，药物使用量大，增大了药物在环境中的潜在风险。ROX、TMP、CTX、SMZ、CLA 产量均在几百吨以上，属于高产量药物，在水环境中广泛检出。本研究以红霉胺作为 DTM 的检出物质，DTM 的水解产物红霉胺在水体中具有较高含量，但目前未有红霉胺药物的生产，对于是否有其他可降解为红霉胺的药物存在，暂未有相关报道，表明 DTM 的使用也应引起关注。

与本研究提出的风险抗生素清单相比，各国虽然人用药使用情况不同，但药物在水环境中存在的潜在风险有重合之处。Perazzolo 等提出的运用于瑞士日内瓦湖城的优先药物的清单中除了甲氧苄啶，还包括阿莫西林、阿奇霉素、克拉霉素、诺氟沙星、磺胺甲噁唑。Sui 等根据中国使用的人用药物提出的优先药物包括已广泛报道的红霉素，也有未在文献中提及过的头孢氨苄、酮康唑，同样需要优先关注。Coutu 等运用危害评估的方法分别针对环境危害及人体健康危害得出优先药物清单，其中包含红霉素、阿莫西林、诺氟沙星、磺胺甲噁唑。Zhou 等提出的药物筛选清单中同样包含抗生素药物阿莫西林、阿奇霉素、氯霉素、克拉霉素、红霉素、诺氟沙星。Daouk 等以瑞士某医院为背景提出了医院废水出水中需要优先监控的药物清单，同样强调了环境中的甲氧苄啶、磺胺甲噁唑及阿莫西林的潜在风险性。

TMP、ROX、SMZ、CLA 在全国范围内广泛检出，浓度与其他国家持平或高于其他国家，风险较高。AMP、CTX 虽然在环境中报道较少，且本研究中所选采样点检测浓度不高，但检出率较高。不同地区用药情况不同，基于研究区域的局限性，药物在环境中的存在不可忽视。DTM 在水环境中检测浓度高，虽然缺乏有效的毒理学试验数据，但是其较高的存在浓度增大了药物在环境中的潜在风险。

因此，基于模型预测的初步筛选及试验验证阶段的结果，将抗生素药物 TMP、ROX、SMZ、CLA、AMP、CTX、DTM 确定为最终的优先监控抗生素清单。对于 SPI、LEX、SF，虽然在环境中未检测到，但是初步筛选结果是基于全国的抗生素使用情况，具有广泛性，本研究仅在北京地区进行了验证，具有地域局限性，尚需在全国范围内监测，以确定药物在环境中的风险，对筛选清单进行补充与完善。因此，在今后的工作中，一方面根据提出的抗生素药物清单加大环境监测，做到常态化，从而使不同地区在此基础上建立全国抗生素优先监控清单；另一方面，扩充污染物的数据库，包括污染物的物化性质及毒理学数据，毒理学数据的缺乏，尤其是物种毒理学数据的缺乏可能给筛选结果带来不确定性。

5.2.3　高风险抗生素

甲氧苄啶是一种亲脂弱碱性乙胺嘧啶类抑菌剂，又称磺胺增效剂，具有广谱、高效、低毒等优点。Vergeynst 等分析了传统活性污泥法工艺及传统活性污泥法与膜生分别物反应器相结合的工艺对抗生素的去除效果，其中甲氧苄啶在两种工艺下去除率为 62% ～

79%。据报道，甲氧苄啶在水环境中的浓度水平为 10～1000ng/L。

罗红霉素是一种半合成的 14 元环大环内酯类抗生素，其作用机理与红霉素相似。Clara 等对奥地利传统污水处理工艺及膜处理工艺的进出水中磺胺甲噁唑及罗红霉素的浓度进行了检测，上述药物在不同污泥停留时间下去除率不同，不仅去除率均低于 70%，甚至出现负去除率的情况。因此，大环内酯类抗生素检出浓度很高，其中罗红霉素浓度最高可达 1880ng/L。其危害应引起重视。

磺胺甲噁唑又名新诺明，是一种广谱抗菌药，对葡萄球菌及大肠杆菌作用特别强，用于治疗泌尿道感染以及禽霍乱等。由于磺胺甲噁唑的广泛使用，所以磺胺甲噁唑是检出率和检出浓度较高的磺胺类抗生素，已有研究对抗生素在我国城市污水处理厂中的浓度水平及去除情况进行了广泛报道。据报道，磺胺类抗生素在中国污水厂进水中的浓度水平处于纳克/升到微克/升，其水相去除率范围为 6.9%～96.4%。

克拉霉素为半合成的大环内脂类抗生素，能够抑制细菌蛋白合成而达到抗菌效果，对革兰氏阳性菌、革兰氏阴性菌等均能发挥强效抗菌效果，可显著改善患者的临床症状。临床应用广泛，其中包括软组织感染、皮肤感染、呼吸系统、泌尿系统感染及根除幽门螺杆菌治疗等。大环内酯类抗生素中，克拉霉素在污水处理厂进水和出水中浓度位于十几到几百纳克/升水平。此外，克拉霉素对水生植物具有一定毒性。Yang 等运用水生培养的方法探究了抗生素对绿藻生长的影响，结果表明大环内酯类抗生素（克拉霉素、泰乐霉素）对绿藻生长毒性强于四环素类（四环素、氯四环素），高于磺胺类抗生素（磺胺甲噁唑、磺胺二甲嘧啶）。

氨苄西林又名氨苄青霉素、安比西林，其对大多数革兰氏阳性菌的效力不及青霉素。氨苄西林、头孢氨苄属于高产量的广谱抗生素，在医用方面应用范围广，在水体中已被广泛检出。已有学者提出将此类药物作为 HPV 类药物进行环境管理。头孢噻肟钠是一种常用的碳青霉烯类抗生素，属第三代半合成头孢菌素。地红霉素是第二代红霉素类大环内酯类抗生素，结构与红霉素相似，但结构不稳定，易被水解为有生物活性的红霉胺。与甲氧苄啶、头孢氨苄、磺胺甲噁唑、克拉霉素、罗红霉素相比，地红霉素、头孢噻肟钠和氨苄西林研究相对较少。

总之，本研究运用模型-监测相结合的方法对中国人用抗感染药从危害评估、暴露评估、效应评估及风险表征四方面进行评价，最终提出我国需要优先监控的抗感染药清单。通过对我国 159 种人用抗感染药的持久性及生物累积性进行评估，筛选出 63 种具有潜在危害的抗感染药；根据人用抗感染药在环境中的归趋途径，运用逸度模型（STP 模型）对上述 63 种抗感染药的污水出水浓度进行预测，计算其生态风险并进行排序，初步确定了含有 30 种抗感染药的风险清单。最后，结合模型识别及监测验证，提出将甲氧苄啶、罗红霉素、磺胺甲噁唑、克拉霉素、氨苄西林、头孢噻肟钠、地红霉素 7 种物质列为我国环境水体中需要优先监控的抗生素。

参 考 文 献

苏仲毅，2008. 环境水样中 24 种抗生素残留的同时分析方法及其应用研究 [D]. 厦门：厦门大学.

唐才明，黄秋鑫，余以义，等，2009. 高效液相色谱-串联质谱法对水环境中微量磺胺、大环内酯类抗生素、甲氧苄胺嘧啶与氯霉素的检测 [J]. 分析测试学报，28，909-913.

徐维海，2007. 典型抗生素类药物在珠江三角洲水环境中的分布、行为与归宿 [D]. 广州：中国科学院研究生院（广州地球化学研究所）.

张宏涛，梁燕珍，梅承芳，等，2013. 新化学物质的生态毒理测试流程与 GLP 管理 [C] // 2013 年第七届海峡两岸毒理学研讨会，中国台湾台北.

章琴琴，2012. 北京温榆河流域抗生素污染分布特征及源解析研究 [D]. 重庆：重庆大学.

朱琳，张远，渠晓东，等，2014. 北京清河水体及水生生物体内抗生素污染特征 [J]. 环境科学研究，27，139-146.

Arikan O A, Rice C, Codling E, 2008. Occurrence of antibiotics and hormones in a major agricultural watershed [J]. Desalination, 226 (1-3): 121-133.

Baker D R, Kasprzyk-Hordern B, 2011. Multi-residue analysis of drugs of abuse in wastewater and surface water by solid-phase extraction and liquid chromatography-positive electrospray ionisation tandem mass spectrometry [J]. Journal of Chromatography A, 1218 (12): 1620-1631.

Besse J P, Garric J, 2008. Human pharmaceuticals in surface waters implementation of a prioritization methodology and application to the French situation [J]. Toxicology Letters, 176 (2): 104-123.

Brown K D, Kulis J, Thomson B, et al., 2006. Occurrence of antibiotics in hospital, residential, and dairy, effluent, municipal wastewater, and the Rio Grande in New Mexico [J]. Science of the Total Environment, 366 (2-3): 772-783.

Bu Q, Shi X, Yu G, et al., 2016. Pay attention to non-wastewater emission pathways of pharmaceuticals into environments [J]. Chemosphere, 165: 515-518.

Bu Q, Wang B, Huang J, et al., 2013. Pharmaceuticals and personal care products in the aquatic environment in China: A review [J]. Journal of Hazardous Materials, 262: 189-211.

Castiglioni S, Bagnati R, Calamari D, et al., 2005. A multiresidue analytical method using solid-phase extraction and high-pressure liquid chromatography tandem mass spectrometry to measure pharmaceuticals of different therapeutic classes in urban wastewaters [J]. Journal of Chromatography A, 1092 (2): 206-215.

Chang X, Meyer M T, Liu X, et al., 2010. Determination of antibiotics in sewage from hospitals, nursery and slaughter house, wastewater treatment plant and source water in Chongqing region of Three Gorge Reservoir in China [J]. Environmental Pollution, 158 (5): 1444-1450.

Chen H, Li X, Zhu S, 2012. Occurrence and distribution of selected pharmaceuticals and personal care products in aquatic environments: A comparative study of regions in China with different urbanization levels [J]. Environmental Science and Pollution Research, 19 (6): 2381-2389.

Clara M, Strenn B, Gans O, et al., 2005. Removal of selected pharmaceuticals, fragrances and endocrine disrupting compounds in a membrane bioreactor and conventional wastewater treatment plants [J]. Water Research, 39 (19): 4797-4807.

Clark B, Henry G L, Mackay D, 1995. Fugacity analysis and model of organic chemical fate in a sewage treatment plant [J]. Environmental Science & Technology, 29 (6): 1488-1494.

Coutu S, Rossi L, Barry D A, et al., 2012. Methodology to account for uncertainties and tradeoffs in pharmaceutical environmental hazard assessment [J]. Journal of Environmental Management, 98: 183-190.

Daouk S, Chevre N, Vernaz N, et al., 2015. Prioritization methodology for the monitoring of active pharmaceutical ingredients in hospital effluents [J]. Journal of Environmental Management, 160: 324-332.

Deng W，Li N，Zheng H，et al.，2016. Occurrence and risk assessment of antibiotics in river water in Hong Kong [J]. Ecotoxicology and Environmental Safety，125：121-127.

Ding H，Wu Y，Zhang W，et al.，2017. Occurrence，distribution，and risk assessment of antibiotics in the surface water of Poyang Lake，the largest freshwater lake in China [J]. Chemosphere，184：137-147.

Grung M，Kallqvist T，Sakshaug S，et al.，2008. Environmental assessment of Norwegian priority pharmaceuticals based on the EMEA guideline [J]. Ecotoxicology and Environmental Safety，71 (2)：328-340.

Guan Y，Wang B，Gao Y，et al.，2017. Occurrence and fate of antibiotics in the aqueous environment and their removal by constructed wetlands in China：A review [J]. Pedosphere，27 (1)：42-51.

Englert B，2007. Pharmaceuticals and Personal Care Products in Water，Soil，Sediment，and biosolids by HPLC/MS/MS [R]. Washington，DC：Office of Science and Technology Engineering and Analysis Division，U. S. Environmental Protection Agency.

Homem V，Santos L，2011. Degradation and removal methods of antibiotics from aqueous matrices：A review [J]. Journal of Environmental Management，92 (10)：2304-2347.

Howard P H，Muir D C G，2011. Identifying new persistent and bioaccumulative organics among chemicals in commerce Ⅱ：pharmaceuticals [J]. Environmental Science & Technology，45 (16)：6938-6946.

Jia A，Hu J，Wu X，et al.，2011. Occurrence and source apportionment of sulfonamides and their metabolites in Liaodong bay and the adjacent Liao River basin，North China [J]. Environmental Toxicology and Chemistry，30 (6)：1252-1260.

Jiang L，Hu X，Yin D，et al.，2011. Occurrence，distribution and seasonal variation of antibiotics in the Huangpu River，Shanghai，China [J]. Chemosphere，82 (6)：822-828.

Kasprzyk H B，Dinsdale R M，Guwy A J，2008. The occurrence of pharmaceuticals，personal care products，endocrine disruptors and illicit drugs in surface water in South Wales，UK [J]. Water Research，42 (13)：3498-3518.

Kim S C，Carlson K，2007a. Temporal and spatial trends in the occurrence of human and veterinary antibiotics in aqueous and river sediment matrices [J]. Environmental Science & Technology，41 (1)：50-57.

Kim S D，Cho J，Kim I S，et al.，2007b. Occurrence and removal of pharmaceuticals and endocrine disruptors in South Korean surface，drinking，and waste waters [J]. Water Research，41 (5)：1013-1021.

Kolpin D W，Furlong E T，Meyer M T，et al.，2003. Response to comment on pharmaceuticals，hormones，and other organic wastewater contaminants in US streams，1999-2000：A national reconnaissance" [J]. Environmental Science & Technology，37 (5)：1054.

Kumar A，Xagoraraki I，2010. Pharmaceuticals，personal care products and endocrine-disrupting chemicals in U. S. surface and finished drinking waters：A proposed ranking system [J]. Science of the Total Environment，408 (23)：5972-5989.

Li W，Shi Y，Gao L，et al.，2012. Occurrence of antibiotics in water，sediments，aquatic plants，and animals from Baiyangdian Lake in North China [J]. Chemosphere，89 (11)：1307-1315.

Li W，Shi Y，Gao L，et al.，2013. Occurrence and removal of antibiotics in a municipal wastewater reclamation plant in Beijing，China [J]. Chemosphere，92 (4)：435-444.

Luo Y，Xu L，Rysz M，et al.，2011. Occurrence and transport of tetracycline，sulfonamide，quinolone，and macrolide antibiotics in the Haihe River basin，China [J]. Environmental Science & Technology，45 (5)：1827-1833.

Managaki S，Murata A，Takada H，et al.，2007. Distribution of macrolides，sulfonamides，and trimethoprim in tropical waters：Ubiquitous occurrence of veterinary antibiotics in the Mekong Delta [J]. Environmental Science & Technology, 41 (23): 8004-8010.

Mclachlan M S, Kierkegaard A, Radke M, et al., 2014. Using Model-based screening to help discover unknown environmental contaminants [J]. Environmental Science & Technology, 48 (13): 7264-7271.

Minh T B, Leung H W, Loi I H, et al., 2009. Antibiotics in the Hong Kong metropolitan area: ubiquitous distribution and fate in Victoria Harbour [J]. Marine Pollution Bulletin, 58 (7): 1052-1062.

Murata A, Takada H, Mutoh K, et al., 2011. Nationwide monitoring of selected antibiotics: Distribution and sources of sulfonamides, trimethoprim, and macrolides in Japanese rivers [J]. Science of the Total Environment, 409 (24): 5305-5312.

Peng X, Zhang K, Tang C, et al., 2011. Distribution pattern, behavior, and fate of antibacterials in urban aquatic environments in South China [J]. Journal of Environmental Monitoring, 13 (2): 446-454.

Perazzolo C, Morasch B, Kohn T, et al., 2010. Occurrence and fate of micropollutants in the Vidy Bay of Lake Geneva, Switzerland. Part I: priority list for environmental risk assessment of pharmaceuticals [J]. Environmental Toxicology and Chemistry, 29 (8): 1649-1657.

Rossmann J, Schubert S, Gurke R, et al., 2014. Simultaneous determination of most prescribed antibiotics in multiple urban wastewater by SPE-LC-MS/MS [J]. Journal of Chromatography B, 969: 162-170.

Sui Q, Huang J, Deng S, et al., 2010. Occurrence and removal of pharmaceuticals, caffeine and DEET in wastewater treatment plants of Beijing, China [J]. Water Research, 44 (2): 417-426.

Sui Q, Wang B, Zhao W, et al., 2012. Identification of priority pharmaceuticals in the water environment of China [J]. Chemosphere, 89 (3): 280-286.

Sun G, Su Z, Chen M, et al., 2009. Simultaneous determination of tetracycline and quinolone antibiotics in environmental water samples using solid phase extraction-ultra pressure liquid chromatography coupled with tandem mass spectrometry [J]. Chinese Journal of Chromatography, 27 (1): 54-58.

Tamtam F, Mercier F, Le Bot B, et al., 2008. Occurrence and fate of antibiotics in the Seine River in various hydrological conditions [J]. Science of the Total Environment, 393 (1): 84-95.

Vergeynst L, Haeck A, De Wispelaere P, et al., 2015. Multi-residue analysis of pharmaceuticals in wastewater by liquid chromatography-magnetic sector mass spectrometry: Method quality assessment and application in a Belgian case study [J]. Chemosphere, 119: S2-S8.

Verlicchi P, Aukidy M A, Zambello E, 2012. Occurrence of pharmaceutical compounds in urban wastewater: Removal, mass load and environmental risk after a secondary treatment—A review [J]. Science of the Total Environment, 429: 123-155.

Watkinson A J, Murby E J, Kolpin D W, et al., 2009. The occurrence of antibiotics in an urban watershed: From wastewater to drinking water [J]. Science of the Total Environment, 407 (8): 2711-2723.

Yang C, Wang L, Hou X, et al., 2012. Analysis of pollution levels of 16 antibiotics in the river water of Daliao River water system [J]. Chinese Journal of Chromatography, 30 (8): 756-762.

Yang J F, Ying G G, Zhao J L, et al., 2011a. Spatial and seasonal distribution of selected antibiotics in surface waters of the Pearl Rivers, China [J]. Journal of Environmental Science and Health Part B, 46 (3): 272-280.

Yang L H, Ying G G, Su H C, et al., 2008. Growth-inhibiting effects of 12 antibacterial agents and their mixtures on the freshwater microalga Pseudokirchneriella subcapitata [J]. Environmental Toxicology and Chemistry, 27 (5): 1201-1208.

Yang Y, Fu J, Peng H, et al., 2011b. Occurrence and phase distribution of selected pharmaceuticals in the Yangtze Estuary and its coastal zone [J]. Journal of Hazardous Materials, 190 (1-3): 588-596.

Yang Y Y, Liu W R, Liu Y S, et al., 2017. Suitability of pharmaceuticals and personal care products (PPCPs) and artificial sweeteners (ASs) as wastewater indicators in the Pearl River Delta, South China [J]. Science of the Total Environment, 590: 611-619.

Zhang C, Wang L, Gao X, et al., 2016. Antibiotics in WWTP discharge into the Chaobai River, Beijing [J]. Archives of Environmental Protection, 42 (4): 48-57.

Zhang D, Lin L, Luo Z, et al., 2011. Occurrence of selected antibiotics in Jiulongjiang River in various seasons, South China [J]. Journal of Environmental Monitoring, 13 (7): 1953-1960.

Zhang R, Tang J, Li J, et al., 2013. Occurrence and risks of antibiotics in the coastal aquatic environment of the Yellow Sea, North China [J]. Science of the Total Environment, 450: 197-204.

Zhang R, Zhang G, Zheng Q, et al., 2012. Occurrence and risks of antibiotics in the Laizhou Bay, China: Impacts of river discharge [J]. Ecotoxicology and Environmental Safety, 80: 208-215.

Zheng Q, Zhang R, Wang Y, et al., 2012. Occurrence and distribution of antibiotics in the Beibu Gulf, China: Impacts of river discharge and aquaculture activities [J]. Marine Environmental Research, 78: 26-33.

Zheng S, Qiu X, Chen B, et al., 2011. Antibiotics pollution in Jiulong River estuary: Source, distribution and bacterial resistance [J]. Chemosphere, 84 (11): 1677-1685.

Zhou H, Zhang Q, Wang X, et al., 2014. Systematic screening of common wastewater-marking pharmaceuticals in urban aquatic environments: implications for environmental risk control [J]. Environmental Science and Pollution Research, 21 (11): 7113-7129.

Zhu S, Chen H, Li J, 2013. Sources, distribution and potential risks of pharmaceuticals and personal care products in Qingshan Lake basin, Eastern China [J]. Ecotoxicology and Environmental Safety, 96: 154-159.

Zou S, Xu W, Zhang R, et al., 2011. Occurrence and distribution of antibiotics in coastal water of the Bohai Bay, China: Impacts of river discharge and aquaculture activities [J]. Environmental Pollution, 159 (10): 2913-2920.

Zuccato E, Castiglioni S, Bagnati R, et al., 2010. Source, occurrence and fate of antibiotics in the Italian aquatic environment [J]. Journal of Hazardous Materials, 179 (1-3): 1042-1048.

第 6 章

典型高关注 PPCPs的水 生态基准构建

6.1 水生态基准

6.1.1 生态基准

为控制污染物的产生，保护并改善水环境质量，世界各国普遍采用水质基准（water quality criteria，WQC）作为控制水环境污染的主要管理手段。水质基准是指水环境中污染物对特定对象（人或其他生物）不产生有害影响的最大无作用剂量或浓度，研究目的在于防止污染物对重要的商业和娱乐水生生物，以及其他重要物种如河流和湖泊中的鱼类、底栖无脊椎动物和浮游生物等造成不可接受的长期和短期效应。

事实上，水质基准所确定的主要是受控污染物与特定水环境保护对象之间的剂量（浓度）-效应（作用）关系的客观阈值，它不是单一的浓度或者剂量，而是一个基于不同保护对象的数值范围，是以保护接触水体的人群健康和水生态系统安全为目的，用正确的科学数据资料表示的水环境中各种污染物质无害作用的浓度水平。水质基准涉及的水体污染物包括重金属、非金属无机污染物、有机污染物，以及一些水质参数，如 pH 值、色度、浊度、大肠菌数量等。

根据基准的制定方法，可以将水质基准划分为两大类：毒理学基准和生态学基准。前者是在大量科学试验和研究的基础上制定的，根据保护目标的不同又分为水生生物基准和人体健康基准等；后者是在大量现场调查的基础上通过统计学分析制定的，可分为营养物基准和生态完整性评价基准等。近年来，考虑到污染物在食物链中的生物累积作用，逐渐将水环境以外的相关生物也纳入水质基准的保护对象。按照水体不同的使用功能，水质基准又可以分为饮用水水质基准、农业用水水质基准、休闲用水水质基准、渔业用水水质基准以及工业用水质基准等。而根据表述方式的不同，水质基准还可以分为数值型基准和叙述型基准。其中数值型基准是比较普遍的表述形式，即以具体的数值来定义水质基准，主要是以水体中污染物的浓度表示，或者得到生物富集数据后以生物组织中的浓度表示；叙述型基准是当无法给出具体的数值时，可采用描述性的语言来表示，例如，气味、浊度等。

水质基准是基于科学试验和科学推论而获得的客观结果，能代表水体的物理、化学、生物等特征，反映了水生态系统的质量状况，事实上水质基准研究体现了国际环境科学领域的最新进展。同时水质基准是制定水质标准（water quality standard，WQS）、评价水体质量及进行水质管理的理论基础和重要的科学依据，决定着水质标准的科学性、准确性和可靠性。不同的水质基准可能会导致环境保护管理行为和结果的明显差异，而水质标准是水环境管理的基础和目标，也是识别环境问题、判断污染程度、评估环境影响和确定污染治理方法等的依据。水质基准是与特定的水质功能相联系的，不同的生态系统对应不同的生物区系，一个污染物浓度可能对于这个生物区系无害，但是对于另一个生物区系可能带来不可逆转的毒性效应。概括来说，水质基准具有科学性、基础性和区域性等特点。科学性，即水质基准是在研究污染物在环境中的行为和生态毒理效应等基础上确定的，涉及了环境化学、毒理学、生态学和生物学等前沿学科领域；基础性，即水质基准也是制定水质标准和进行环境管理的科学基础，是整个水质保护工作的基石；区域性，即各国的水质基准研究都是建立在各自的区域环境基础上开展的，污染物在不同地区的环境行为和毒理学效应可能不同。

6.1.2　生态基准的构建方法

水质基准的推导过程综合考虑了各种相关因素的影响，基准值受到多种环境要素的限制，如水体硬度、温度、pH 值以及溶解性有机质等。确定水生态基准的核心是水生态基准方法学，即如何科学地定值。如何根据现有的生态毒理学数据推导出合理可信的基准值，并达到切实保护水生生物的目的，是水生态基准研究的重点。目前，评估因子法（assessment factor，AF）、物种敏感度分布曲线法（species sensitivity distribution，SSD）和毒性百分排序法（toxicity percentile rank，TPR）是国际上通常采用的推导水生生物水质基准的方法。此外由于水质特征的不同，暴露因子也会影响到基准值的推导和表达，由此形成了生态毒理学模型法来推导水生态基准。

6.1.2.1　评估因子法

评估因子法是在毒性数据相对不充分的情况下所采用的一种方法，该方法是采用已知的最敏感生物的毒性数据乘以（或者除以）相应的评估因子来获得一个基准值。适用于毒性数据偏少的情况，相对简单易行，通用性较高，但是在评估因子的选择上存在较多不确定性。由于评估因子法没有在科研的有效性上充分验证其合理性，也没有任何理论模型的依据，该方法只是对经验的一种推断，毒性数据的数量和质量同样影响评估因子的选择。此外，由于评估因子法不是对化合物安全浓度的预测，而是为了保护水生环境对其可能存在危害影响的化合物的保护限值和警戒值的预测，可能会造成对环境的"过保护"。因此，Chapman 等建议在使用评估因子法时应该遵从以下原则：

① 只有科学有效的数据才可以用来推导基准；

② 评估因子法的使用应该基于现存的科学知识背景；

③ 评估因子法只可以用作评估效应水平的数据筛选，而不能用来推导阈值；

④ 评估因子应该包括一定范围内的不同值而不是某一个单一的数值；

⑤ 由于不同化学物质的潜在风险和性质不同，其评估因子的大小也不相同；

⑥ 一些无用的"过保护"往往是没必要的，因此对于个别推导过程评估因子不应该大于 10。

目前，由于世界上没有一个统一的标准，各国采用的评估因子存在一定差异，评估因子一般在 1～1000 之间。其中，欧盟风险评价指南在评估因子的选择上给出了如表 6-1 所示的选取原则。

在毒性数据选择上，根据不同情况，同样存在不同的选择，可以是慢性毒性试验中最敏感生物的最低观测效应浓度（lowest observed effect concentration，LOEC）或者是无观测效应浓度（no observed effect concentration，NOEC）；也可以是急性毒性试验中最敏感生物的半数致死浓度（lethal concentration 50，LC_{50}）或者是半数效应浓度（effect

表 6-1　推导生态基准时 AF 的选择

序号	毒性数据情况	评估因子
1	3 个营养级(鱼、蚤和藻)中至少 1 种生物的急性 LC$_{50}$ 或者 EC$_{50}$ 数据	1000
2	1 种生物(鱼或蚤)的慢性 NOEC 数据	100
3	代表 2 个营养级的 2 种生物(一般为鱼、蚤和藻中任意 2 种)的慢性 NOEC 数据	50
4	至少代表 3 个营养级的 3 种生物(一般为鱼、蚤和藻)的慢性 NOEC 数据	10
5	3 门 8 科的慢性 NOEC 数据,采用物种敏感度分布曲线法	1～5
6	野外毒性数据或生态系统模拟	视具体情况而定

concentration 50，EC$_{50}$)。英国使用最低的不利效应浓度除以某个评估因子计算基准值,其中最大可接受浓度（maximum acceptable concentration，MAC）是用最小的急性毒性数据除以评估因子（一般为 2～10）得到,累年平均浓度是用慢性毒性数据除以评估因子（一般为 1～10）获得;荷兰在不同物种的慢性毒性数据不足 4 个或者只有急性毒性数据的情况下,使用评估因子法推导最大允许浓度（maximum permissible concentration，MPC）和严重风险浓度（ecosystem serious risk concentration，SRC$_{ECO}$),评估因子根据数据类型的不同在 1～1000 之间;当毒性数据不足时,经济合作与发展组织（Orgnization for Economic Cooperation and Development，OECD）推荐用最小的慢性 NOEC 除以 10 或者最小的急性毒性值除以 100 来推导水质基准,如果只有 1 个或 2 个不同物种的急性毒性数据时,采用 1000 作为评估因子。

总的来说,评估因子法是一种公认的比较保守的方法,可能增加了对基准值低估的概率。但在毒性数据不足的情况下,可作为一种简便的替代方法,初步确定基准值。

6.1.2.2　物种敏感度分布曲线法

物种敏感度分布曲线法（SSD）是国际上主流的推导水质基准值的一类方法,在 20 世纪 70 年代末就被美国和欧洲国家建议用来推导环境质量标准,其后在概率生态风险评价、水质基准和水质标准的制定过程中起到了非常重要的支持作用。该方法不考虑污染物的联合毒性作用和生态系统内各物种间的相互作用,依据测试的单物种毒性数据进行统计外推。通过对急性和慢性毒理学数据进行统计分析,对毒理学数据选用合适的拟合函数,构建物种敏感度分布曲线,进而外推获得浓度阈值。一般来说,毒性数据的数量越充分,其结果越准确。

首先,SSD 法是描绘各数据的累积概率分布曲线,该方法假设对所有物种的毒性数据随机抽样,并可以用某种分布曲线表示;其次,在使用 SSD 方法推导基准时需要选择分布曲线上某一个百分数作为删减度的分界点,来估算对 $x\%$ 物种有害的浓度（hazardous concentration，HC$_x$)。这就意味着当化学物的浓度低于基准值时分布在这一点之上的物种将得到保护,而分布在这一百分位之下的物种会受到化学物质的影响或损害。利用 SSD 方法推导水质基准时通常选择百分位为 5,常用 HC$_5$ 表示,其结果表示,在 HC$_5$ 所表示的浓度下,95% 的物种将得到保护,5% 的物种存在潜在危害。

用统计外推法得出的基准结果与实际环境中真实的无效应浓度之间可能存在一定的差异,因此基准方法学中利用置信度的概念来评价这种不确定性。除美国外,其他国家使用

SSD 法推导水质基准的方法学中规定了具体的置信水平。一般情况下用 50％、90％、95％或者其他级别的确定性来表述外推法得出的基准高于（或低于）真实值的可能。虽然这些置信度都可以用来推导基准值，但从统计学角度选择 50％的置信度更有实际意义。荷兰利用 50％的置信度推导 MPCs 和 SRC$_{ECO}$，同时也提出了 90％的置信区间。澳大利亚/新西兰也按照荷兰使用 HC$_5$ 的中位数评估法（50％）来推导 MTC。欧盟风险评价技术纲领用预测无效应浓度（predicted no-effect concentration，PNEC）的中位数评估法，同时也考虑用 95％的置信度来判断一个评估因子是否可以被用来推导 PNEC 值。OECD 规定可选择 50％或者 95％的置信水平来评估 HC$_5$。

目前世界上多个国家对 SSD 方法都有相应的描述，但在具体的运用上有所区别，主要区别在于使用外推法时选择何种曲线分布。常用的曲线分布形式包括正态分布、逻辑斯蒂克分布和 Burr Type Ⅲ 等。美国环保局利用三角分布形式拟合；荷兰的方法学采用正态分布形式拟合；OECD 方法规定可根据数据的类型选择正态分布或者逻辑斯蒂克分布形式拟合。另外对数据类型和数据量的要求、置信度以及在假定曲线分布时数据的汇总方法也各不相同，唯一一致的是各方法都选择 5％作为删减度推导 PNEC 值，从而实现对 95％以上物种的保护。美国的基准方法认为用 10％或 1％推导基准时可能使保护度偏低或偏高，因而选择两者之间（5％）；澳大利亚/新西兰选用 5％作为删减度推导基准，其中一个简单的原因是用它推导得出的触发值（TVs）与多物种毒性试验 NOEC 值一致。

相比于评估因子法，物种敏感度分布曲线法用到大量的数据，且有来自数理统计理论的支持，因此物种敏感度分布曲线法更有说服力。但是，物种敏感度分布曲线法对数据的数量有较高的要求，需要多种不同种类生物的毒性数据。从参数统计的角度来看，SSD 法需要不同物种毒性数据的数量范围为 4～10 个，目前大多数国家的纲领文件规定，用参数统计方法推导基准值最少需要 5 个样本数据，当毒性数据不足时，只能用评估因子法推导基准值。

物种敏感度分布曲线法主要有两个优点：一是该方法采用所有毒性数据拟合参数曲线从而计算保护水平浓度，因此能够覆盖大部分物种的毒性效应；二是 SSD 曲线方法简单，操作性和可视性较强。但是，SSD 数据推导同样存在一些问题，例如，如果毒性数据结果不好，则通过拟合得到的方程所计算出来的水质基准会出现比较大的偏差。

6.1.2.3 毒性百分排序法

毒性百分排序法是美国环保局推荐的制定水质基准的标准方法，污染物的急性毒性效应、慢性毒性效应和污染物的生物富集效应都包含在该方法的体系中，是具有急性基准值和慢性基准值的双值推导方法。采用毒性百分排序法推导水质基准需要根据多种水生生物试验数据确定 4 个试验终点值：污染物的最终急性值（final acute value，FAV）、污染物的最终慢性值（final chronic value，FCV）、污染物的最终植物值（final plant value，FPV）和污染物的最终残留值（final residue value，FRV）。美国采用最大浓度基准值（criteria maximum concentration，CMC）和持续浓度基准值（criteria continuous concentration，CCC）表示水环境中各种污染物质的无害作用浓度水平，其中 CMC 表示短期暴露不会对水生生物产生显著影响的最大浓度，CCC 表示持续暴露不会对水生生物产生显著影响的最大浓度，二者可以分别根据一系列水生动物的急慢性毒性试验结果推导而得。

以最终急性值推导最大浓度基准值为例，具体计算过程如下：

计算各种水生生物的物种平均急性值（SMAV）和属平均急性值（GMAV）。SMAG等于同一物种的 LC_{50}（或 EC_{50}）的几何平均值；GMAV 等于同一属的 SMAV 的几何平均值。将所获得的属的平均急性值按从小到大的顺序进行排列，并按照公式（6-1）计算序列的百分数 P。

$$P = \frac{R}{N+1} \times 100\%$$ (6-1)

式中　R——毒性数据在数列中的位置；

　　　N——所获得的毒性数据量。

根据式（6-2）～式（6-5）可算出序列的百分数 5% 处所对应的浓度，该浓度即为 FAV，最大浓度基准值 CMC＝FAV/2。

$$S^2 = \frac{\sum\left[(\ln GMAV)^2\right] - \left[\sum(\ln GMAV)^2\right]/4}{\sum(P) - \frac{(\sum(\sqrt{P}))^2}{4}}$$ (6-2)

$$L = \frac{\sum(\ln GMAV) - S\sum(\sqrt{P})}{4}$$ (6-3)

$$A = S\sqrt{0.05} + L$$ (6-4)

$$FAV = e^A$$ (6-5)

式中　GMAV——属平均急性值；

　　　P——所选择的四个属毒性数据序列的百分数。

FCV 也可采用相同的方法进行计算，但是由于慢性试验毒理数据一般比急性毒理数据要少，因此往往很难收集到能够覆盖一定范围种属生物的毒性数据；在这种情况下，可以采用最终急慢性比率（final acute chronic ratio，FACR）法进行计算，该方法是通过以获取生物的急性和慢性毒理数据，根据 FAV 和 FCV 的比值计算 FACR，从而计算最终慢性值。持续浓度基准值 CCC 取 FCV、FPV 和 FRV 中的最小值。该法的优点是不需要对所获取数据进行统计检验；缺点是需要的理论毒性数据比较多，实际中很难达到推导水质基准所要求的数据量。更重要的是，毒性百分排序法推导是基于四个最敏感生物的毒性值，即 4 个最低的 LC_{50} 值，因此一旦一种生物相比其他生物更为敏感，则其推算出来的结果偏差较大。

6.1.2.4　生态毒理学模型法

生态毒理学模型法是在生态风险评价的基础上逐渐发展起来的，在此之前，生态风险评价单纯依靠生态毒理学试验。生态毒理学模型法将模型模拟与毒理学相结合，根据生态系统中各物种或种群的生物量来表征生态风险。

生态毒理学模型法定义某物种在无毒性物质存在情况下相比其生物量在 ±20% 的变化（EC_{20}）是正常的，超过这个范围被认为存在风险。在生态风险评价中。生态毒理学模型能够预测评估对生态可能存在或者已经存在的风险，它的优点在于能表征区域的水生态系统结构，并且可量化各营养级的相互关系，同时还能反映有毒物质引起的物种之间的间接效应，因此它对区域生态环境的表征更接近真实情况。

由于生态毒理学模型法能够表征水质情况，这一点更符合区域水生态基准的制定要求，因此一些学者尝试用生态毒理学模型来推导区域水生态基准值进而评价污染物对区域水环境存在的风险。但由于生态毒理学模型对数据量的要求较高，其本身的模型参数也需要本地数据校准，阻碍了其在水生态基准推导过程中的使用。另外以 EC_{20} 作为生态系统安全的阈值本身也存在争议。然而由于其能够表征区域特性，以及种间相互作用关系，是今后污染物风险评估技术的发展方向。

6.1.3　国外水质基准推导方法

水质基准是制定水质标准、评价水环境质量和进行水质管理的科学依据。研究和制定水质基准，对于控制进入水环境污染物的种类和数量，保护水体生物多样性及整个水生态系统的结构和功能具有重要意义。在过去的几十年里，不同国家和国际组织相继提出了不同的水生态基准的推导方法。

6.1.3.1　美国

美国环保局于 1985 年发表的《推导保护水生生物及其用途的国家水质基准的技术指南》指出，制定水生态基准的目的在于防止污染对重要的商业和娱乐水体的水生生物，以及其他重要物种如河流湖泊中的鱼、底栖无脊椎动物和浮游生物造成不可接受的短期和长期影响，并为每个化合物制定了两个基准，最大浓度基准值（CMC）和持续浓度基准值（CCC）。为了使获得的毒性数据具有较好的代表性，避免欠保护，"指南"中指出用于推导 CMC 和 CCC 的急慢性毒性数据至少涉及 3 个门和 8 个科的生物。对于 CMC 和 CCC 的计算，美国环保局推荐采用毒性百分排序法来推导水质基准，此外还可采用蒙特卡罗构建物种敏感度分布曲线法和生态毒性模型法等。

美国环保局在基准的表述中还引入了频率的概念，规定某化学品的 4 天平均浓度超过 CCC 的频率不得多于平均每 3 年 1 次，并且 1h 平均浓度超过 CMC 的频率不得多于平均每 3 年 1 次，从而避免了过保护。考虑到水质特征（如 pH 值、温度、硬度等）对基准值的影响，美国环保局颁布的《利用国家修改基准方法推导特定水域水质基准的技术指南》中使用水效应比（water effect ratio，WER）修正了特定水体不同理化特性而导致生物利用度的差异，这种方法多用于校正重金属的基准值，同样也可以用来校正有机污染物的基准值。

6.1.3.2　荷兰

荷兰于 2001 年颁布了《关于推导环境风险限度的指导方针》，目的是保护水生态系统中所有的生物免受不利影响。基准值包括了 3 个不同的层次：生态系统严重危险浓度（ecosystem serious risk concentration，SRC_{ECO}）、最大允许浓度（maximum permissible concentration，MPC）和可忽略浓度（negligible concentration，NC）。当环境浓度高于 SRC_{ECO} 时，表示生态系统的功能将遭到严重的破坏或者将有超过 50％ 的水生物种受到威胁，需要实施有效的控制措施；MPC 是指能够保护水生态系统中所有生物免受不利影响的浓度，当有害物质的浓度超过 MPC 时，需要对有害物质的排放加强管理；用 MPC 除以一个安全因子得到 NC，则表示当前污染物浓度对生态系统所产生的效应可以忽略不计。荷兰《关于推导环境风险限度的指导方针》对物质生态毒性和理化数据的来源作了具体的规定，要求至少需要 5 种不同种类物种的毒性数据，根据物种的生理学特征和生命周期判断某一暴露测试属于急性毒性还是慢性毒性。对某一物种有多个测试终点时，用几何平均值；对不同生命阶段，选择最敏感测试终点或最敏感生命阶段的毒性数据。荷兰推荐使用 SSD 法或 AF 法推导水生态基准，如果有不少于 5 个不同物种的毒性数据时，用正态分布拟合 SSD 曲线求得 HC 值，利用 50％的置信度推导 MPC 和 SRC$_{ECO}$。HC$_5$ 被认为是最大污染浓度（MPC），可用来推导环境质量标准（environment quality standard，EQS），NC＝MPC/2；HC$_{50}$被认为是生态系统严重风险浓度（SRC$_{ECO}$）。当不同物种慢性毒性数据不足 4 个或者只有急性毒性数据的情况下，可通过"初步效应评价"过程，利用评估因子法推导 MPC 和 SRC$_{ECO}$，评估因子是根据所获得的毒性数据的情况而确定，范围在 1～1000。

6.1.3.3　欧盟

欧盟制定的水生态基准研究目的在于保护水生态系统中绝大多数（一般是 95％）生物物种免受不利影响。2003 年在欧盟颁布的《关于风险评价技术导则文件》中提出了 PNEC 的推导方法。PNEC 是欧盟成员国推导水生态基准的基础，规定要用 8 种不同类群生物，至少 10 个慢性毒性值（NOEC）来获得 PNEC 值。

对于生态毒理学数据的收集，"纲领"中依据"可靠性"和"相关性"的原则进行数据质量的评价和筛选，并且规定当一个测试物种有多个毒性数据时，应该选择最符合欧洲环境参数的一组数据，选择最敏感测试终点；当某一相同的测试终点有多个毒性数据时，取其几何平均值。对于基准的计算，"导则"中推荐使用 SSD 法和 AF 法两种方法。当测试物种数和 NOEC 数据满足导则的要求时，可以通过 SSD 法在 50％（或者 95％）置信度时获得保护 95％以上物种的慢性基准值，即 HC$_5$；而当 NOEC 数据不足时，可以采用有效的急性毒性值除以一个安全因子，获得一个环境关注水平（environmental concern level，ECL），"导则"确定了安全因子的取值规则。例如，如果只有一个或两个不同物种的急性毒性数据时，规定采用 1000 作为安全因子。"纲领"中推导 PNEC 的计算公式如下：

$$PNEC = \frac{5\%SSD(50\%c.i.)}{AF} \tag{6-6}$$

式中　5％SSD——能够保护 95％物种时 SSD 曲线上化合物的浓度值；

　　　50％c. i. ——50％置信区间；

　　　　　　AF——安全因子。

6.1.3.4　其他国家水质基准的研究

其他国家如加拿大、澳大利亚等国分别制定了相应的水生态基准推导方法用以保护本土水生生物及水生态系统。加拿大 1999 年颁布的《保护淡水水生生物的指导纲领》考虑了水生态系统的所有组成部分，目的是保护所有水生生物的整个生命周期。指导纲领中提出使用最低观察效应浓度（LOEC）和评估因子法推导水质基准，在有效的 LOEC 值中选择最小值，再除以安全因子 10。当仅有急性毒性数据时，用 LC$_{50}$ 或 EC$_{50}$ 除以 20（非持久性物质）或 100（持久性物质）推导 LOEC。

澳大利亚和新西兰于 2000 年颁布了《关于鱼类和海洋水质的指导文件》，其目的在于维持淡水、海洋生态系统的"生态完整性"。标准文件中采用了高可靠性触发值（high reliability TVs，HRTV）、中度可靠性触发值（moderate reliability TVs，MRTV）和低可靠性触发值（low reliability TVs，LRTV）分别对水生生物进行不同层次的保护。基准值主要通过 SSD 方法获得，推导 HRTV 时需要至少 3 种以上物种的 NOEC 值，或者 5 种以上不同种类单一物种的 NOEC 值；推导 MRTV 需要至少 5 种以上单一物种的急性毒性值；当毒性数据不足时，可以使用评估因子法推导触发值。主要国家的水质基准体系如表6-2 所示。

表 6-2   主要国家的水质基准体系

基准方法名称	年份	国家	基准	基准描述	文献
《推导保护水生生物及其用途的国家水质基准的技术指南》	1985	美国(USEPA)	最大浓度基准值（CMC） 持续浓度基准值（CCC）	短期(急性)基准，表示短期暴露不会对水生生物产生显著影响的最大浓度 长期(慢性)基准，表示长期暴露不会对水生生物的生存、生长和繁殖产生慢性毒性效应的最大浓度	(USEPA，1985)
《风险评价技术纲领(部分Ⅱ：环境风险评价)》	2003	欧盟(EC)	预测无效应浓度（PNEC）	单一基准建议值，主要用于风险评估	(EC，2003)
《推导保护水生生物的水质准则》	1999	加拿大(CCME)	水质基准指导值（WQG）	单一基准值	(CCME，1999)
《澳大利亚/新西兰鱼类和海洋水质指导文件》	2000	澳大利亚和新西兰(ANZECC&ARMCANZ)	高可靠性触发浓度（HRTV） 中度可靠性临界浓度（MRTV） 低可靠性触发浓度（LRTV）	使用 5 种以上单物种慢性毒性数据或 1 种以上多物种毒性数据推导 使用 5 种以上急性毒性数据推导 使用 5 种以下急慢性毒性数据推导，仅为参考，不能作为基准值	(ANZECC，2000)
《荷兰指导环境风险限额的指导方针》	2001	荷兰(RIVM)	可忽略浓度(NC) 最大许可浓度（MPC） 生态系统严重风险浓度（SRC_ECO）	表示污染物对生态系统无显著影响的浓度，一般以 MPC 除以安全因子计算 表示污染物对生态系统所有物种不产生有害影响的最大浓度，超过该浓度则需要控制污染水体排放 表示污染物对生态系统功能产生严重影响的浓度(指 50% 物种或 50% 微生物/酶分解受到胁迫)，超过该浓度则需要强化污水处理	(RIVM，2001)

6.1.4 我国水质基准推导方法

我国水质基准的研究工作在 20 世纪 80 年代才相继开展，现今我国水质基准的研究已经取得了一定的进展，但总体来说，相比于发达国家的水质基准理论和技术还处于学习和探索阶段。金小伟等基于国内外关于水生态基准推导的方法，以"保护我国水生生物避免有害物质的不利影响，保护我国水生态系统及其功能的完整性"为目的，提出了适合我国水生态基准方法研究的数据筛选与模型计算方法。苏海磊等则对各国推导水生生物水质基准的物种选择及其考虑因素进行了总结，并提出了我国水生生物水质基准推导的物种选择原则。吴丰昌等以湖泊为例，系统地总结了水质基准的理论和方法学，同时根据中国生物区系特征，对几种典型有机污染物以及重金属的水生生物基准进行了推导；张瑞卿等基于中国的水生生物区系特征，筛选了包括植物、无脊椎动物和脊椎动物等 90 个水生生物的急性毒性数据，使用物种敏感度分布法探讨了各类物种的敏感度分布特征，推导了中国无机汞的水生生物水质基准。

虽然我国在水质基准研究方面已开展大量研究，但我国水环境基准体系尚未完善。因此，借鉴国外的水环境基准体系，结合我国的区域特征，建立我国的水质基准体系已势在必行。从水质基准的发展趋势来看，未来我国水质基准需要重点考虑和关注以下几个方面。

第一，开展新兴污染物的水质基准研究。常规污染物的水质基准研究中，重点考虑的污染物毒性终点是致死、生长抑制、运动抑制等效应；而对于一些新兴污染物，如溴代阻燃剂类［多溴联苯醚（PBDEs）］、内分泌干扰物（EDCs，如雌激素类）、药品及个人护理品（PPCPs）类等，污染物可能会导致遗传毒性、神经毒性、内分泌干扰性、芳烃受体效应等多方面的毒性效应，需要进行全面关注。

第二，将急性、慢性基准和环境管理紧密结合。目前各国保护水生生物的水质基准普遍采用双值基准体系，如美国环保局推荐的最大浓度基准值（CMC）和连续浓度基准值（CCC），以及加拿大的短期暴露基准和长期暴露基准。考虑到中国的水环境污染状况以及水生生物水质基准保护目标，同样采用双值基准，包括急性最大浓度基准值（即急性水质基准，AWQC）和慢性连续浓度基准值（即慢性水质基准，CWQC）。急性水质基准是为保护水生态系统和水生生物免受突发性水污染事件中高浓度污染物短期内的急性毒性效应；慢性水质基准是为保护水生态系统和水生生物免受污染物的低剂量长期暴露而设定的阈值。考虑到水质标准通常是参考水质基准来制定，因此建议在制定水质标准时，也可以分别制定短期和长期的标准，从而满足环境保护领域的应急和长效管理。

第三，开展我国水质基准理论和方法学研究。我国的水质基准研究工作滞后，其根本原因在于我国在水质基准方面的研究基础相对薄弱，缺乏具有可操作性的水质基准方法学，因而导致现有水质标准也只能参照发达国家的基准和标准制定，科学依据不充分。在水质基准的研究方法中，污染物毒性数据是水质基准研究的关键。在污染物毒性数据的获取方面，我国目前基本是参考国外的数据库以及文献数据资料来获得基准所需要的毒性数据，没有建立自己的毒性数据库平台。在毒性测试方法方面，我国目前也只有大型蚤、斑马鱼等急性毒性测试标准方法，缺乏其他物种的标准测试方法和慢性毒性测试方法，因此也只能参照其他国家的标准测试方法进行数据筛选。在今后的水质基准研究中，需要加强对其理论和方法学的不断探索、补充和完善，围绕水质基准存在的关键科学问题进行系统研究。

第四，研究联合毒性作用对水质基准的影响。几种污染物同时存在可能会对生物产生联合毒性作用，比如协同作用、拮抗作用等。因此在水质基准的研究中，如果几种污染物同时存在，污染物的联合毒性作用也应该予以考虑。

6.2　高风险PPCPs的水生态基准

过去的几十年里，PPCPs由于来源广泛、种类较多，一直受到国内外学者的广泛关注，并且随着经济水平的发展和人类生活水平的提高，PPCPs的生产量和使用量也在逐步攀升，美国从2000年到2006年，医药品的年销售增长率达到了8.5%，接近其人口年增长率（1.2%）的7倍，而全球个人护理品的年产量超过1×10^6t。大部分常用的PPCPs如抗生素、消炎镇痛药等在被使用后进入城市排污管道，然后汇入城市污水处理厂，经一系列物理化学处理后排入接收水体。有相关研究表明污水处理厂是河流中PPCPs的主要来源，其浓度主要取决于降雨量对河流的稀释倍数；此外还有一部分未使用的PPCPs以生活垃圾的形式进入固废处理系统。大部分PPCPs在水体和土壤中的半衰期较短，但是由于其消费量巨大，PPCPs能源源不断地进入水生态系统，导致其在水体中的浓度维持在一定的浓度水平，形成一种假性持久性现象，对生态环境中的水生生物产生持续性影响。另外，部分PPCPs具有较高的脂溶性和疏水性，极容易在生物体内富集并造成不利影响。例如，双氯芬酸在$5\mu g/L$的浓度水平条件下则会在虹鳟鱼体内富集，对鱼的肾脏造成损害；文拉法辛在$0.5\sim 10\mu g/L$浓度水平条件下则会导致斑马鱼组织退化、胚胎产量下降、胚胎死亡率升高等。而通过食物链的生物富集等效应，这些PPCPs最终进入高营养级生物体内，人类通过饮水和摄食水生生物等途径，成为该类污染物的最大受害者。通过制定环境标准，规范PPCPs的排放，是一种控制污染的有效途径。而环境标准的制定是建立在水生态基准值推导之上的，水生态基准的推导可以为环境标准的制定提供科学依据和理论基础。但是目前国际上还没有相关PPCPs的环境标准出台，美国环保局还没有要求对PPCPs进行常规监测，饮用水备选污染物列表（DWCCL）也没有包括PPCPs。我国目前关于PPCPs水生态基准的研究同样相当有限，也尚未对PPCPs的排放标准作出规定。然而我国地表水中已经检测出多种PPCPs，考虑到PPCPs的潜在危害和较高的检出频率，有必要对PPCPs的生态基准进行推导，为筛选水环境中较大风险的PPCPs提供帮助，有助于针对我国水环境中存在较大风险的PPCPs进行及时的治理，同时在国外还没有颁布PPCPs水环境质量标准的情况下，开展对PPCPs在地表水中环境基准的研究，具有极其重要的科学意义。

在推导水生态基准值时，首先要确定是建立在哪种方法学上进行的，如欧盟是用PNEC作为最后的基准值，而美国水生态方法学则用CCC来表示慢性毒性基准。其次是考虑采用哪种基准值推导方法，不同国家采用的方法各有差异。

我国地表水中已经检测出多种PPCPs。Bu等总结了我国水体和沉积物中112种PPCPs的检出情况，确定了地表水中需要优先控制的6种PPCPs，包括红霉素（erythro-cin，ERY）、双氯芬酸（diclofenac，DIC）、布洛芬（ibuprofen，IBU）、水杨酸（salicylic acid，SALA）、磺胺甲噁唑（sulfamethoxazole，SMX）、罗红霉素（roxithromycin，ROX）。本章将对这六种典型的 PPCPs 进行水生态基准值的推导。在推导水生态基准时，参考的是欧盟水生态基准方法学，利用 PNEC 作为最后的基准值，分别采用评估因子法和物种敏感度分布曲线法对 PNEC 进行推导。

6.2.1 数据收集

用来推导水生态基准值的毒性数据来自美国环保局的 ECOTOX 毒性数据库（http：//www.epa.gov/ecotox/）。遵循"可靠性"和"相关性"的原则对毒性数据进行筛选。收集数据时遵循以下规定：

① 在 NOEC 或者 LOEC 数据充足时，优先选择 NOEC 和 LOEC 数据，当有最大可接受毒物浓度（maximum acceptable toxic concentration，MATC）数据时，可以采用。当毒性数据数量和种类不满足要求是，可以采用急性毒性数据 LC_x 或者 EC_x；

② 所选择的毒性数据，都是在淡水试验中所测定的；

③ 当对于同一物种在同一测试终点有多个毒性数据的时候，取其几何平均值作为该物种在该测试终点的毒性数据；

④ 当同一物种在不同测试终点具有多个相同测试浓度时，只取其中一个毒性数据；

⑤ 各国使用 SSD 法时，对毒性数据的要求是不一定的。

金等结合我国情况，推荐在使用 SSD 法时毒性数据需要至少涵盖三个营养级：水生植物/初级生产者、无脊椎动物/初级消费者、脊椎动物/次级消费者。需要包括至少五个不同种类：

① 至少一种硬骨鱼（如鲤科鱼类）；

② 至少一种浮游动物（例如大型蚤、轮虫）；

③ 至少一种大型底栖动物（例如青虾）；

④ 至少一种浮游藻类（如小球藻）；

⑤ 至少一种大型水生植物（例如浮萍）。

根据毒性数据的收集情况，对六种 PPCPs 的毒性数据进行整理，只有四种 PPCPs 满足使用 SSD 法对毒性数据的要求，分别是 ERY、DIC、IBU 和 SMX，而 SALA 和 ROX 的毒性数据量不满足构建 SSD 法的要求。因此采用 AF 法对六种 PPCPs 推导基准值，同时采用 SSD 法对 ERY、DIC、IBU 和 SMX 四种 PPCPs 推导基准值。

6.2.2 结果分析

6.2.2.1 评估因子法

通过对毒性数据的收集和整理，选取了各种 PPCPs 毒性数据中最小的 NOEC 或者是 LOEC 进行基准值的推导，如表 6-3 所示。从每种 PPCPs 的毒性数据总量及种类的收集情况来看，SALA 和 ROX 的毒性数据量及种类相对较少，参照评估因子的选取原则，SALA 和 ROX 在推导最终的基准值时所采用的评估因子为 100，毒性数据除以 100 即为基准值。而其他四种 PPCPs 毒性数据满足用 SSD 法的毒性数据量及种类的要求，所以在推导这四种 PPCPs 时所采用的评价因子为 10，即基准值等于毒性数据除以 10。

表 6-3　毒性数据（AF 法）

目标物	物种名	拉丁名	效应终点	NOEC 或 LOEC /(μg/L)	参考文献
ERY	聚球藻	*Synechococcus leopoliensis*	种群	2	（Tomonori et al.，2007）
DIC	斑马贻贝	*Dreissena polymorpha*	遗传	0.318	（Marco et al.，2013）
IBU	斑马鱼	*Danio rerio*	遗传	0.0664	（Lucia et al.，2010）
SALA	长刺蚤	*Daphnia longispina*	生殖	1000	（Marques et al.，2004）
SMX	青萍	*Lemna gibba*	生长	9.4	（Brain et al.，2008）
ROX	月牙藻	*Pseudokirchneriella subcapitata*	种群	10	（Li et al.，2008）

运用 AF 法所得出的水生态基准值用 $PNEC_{AF}$ 表示。如表 6-3 所示，ERY 所检索到的毒性数据中，最小的有效的慢性毒性数据为 2μg/L，则 ERY 基准值 $PNEC_{AF}$ 为 0.2μg/L；DIC 所检索到的毒性数据中，最小的有效的慢性毒性数据为 0.318μg/L，则 DIC 基准值 $PNEC_{AF}$ 为 0.0318μg/L；IBU 所检索到的毒性数据中，最小的有效的慢性毒性数据为 0.0664μg/L，则 IBU 基准值 $PNEC_{AF}$ 等于 0.00664μg/L；SMX 所检索到的毒性数据中，最小的有效的慢性毒性数据为 9.4μg/L，则 SMX 基准值 $PNEC_{AF}$ 等于 0.94μg/L；SALA 所检索到的毒性数据中，最小的有效的慢性毒性数据为 1000μg/L，则 SALA 基准值 $PNEC_{AF}$ 是 10μg/L；ROX 所检索到的毒性数据中，最小的有效的慢性毒性数据为 10μg/L，则 ROX 基准值 $PNEC_{AF}$ 为 0.1μg/L。

6.2.2.2　物种敏感度分布曲线法

根据毒性数据的收集情况，ERY、DIC、IBU 和 SMX 四种 PPCPs 满足使用 SSD 法推导基准值。四种 PPCPs 的毒性数据如表 6-4 所示。

表 6-4　毒性数据（SSD 法）

污染物	毒性终点	数量	数值范围/(μg/L)
ERY	NOEC/LOEC	14	12.3～1000000
	EC_{50}	1	
DIC	NOEC/LOEC	21	0.318～148000
	EC_{50}	1	
IBU	NOEC/LOEC/MATC	56	0.0664～100000
SMX	NOEC/LOEC/MATC	30	9.4～1000000

采用 SSD 法的第一步，即对毒性数据进行拟合。在对毒性数据进行对数正态分布拟合时，四种 PPCPs 的毒性数据拟合效果都相对理想，所以采用的模型为对数正态分布。使用荷兰的 ETX2.0 程序对毒性数据拟合。四种 PPCPs 的毒性数据对数正态分布检验（Anderson-Darling 检验和 Kolmogorov-Smirnov 检验）的检验结果如表 6-5 所示。

表 6-5　毒性数据对数正态分布检验结果

毒性数据的检验对象	Anderson-Darling 检验显著水平 p_1	Kolmogorov-Smirnov 检验显著水平 p_2	是否符合假设 （$p>0.05$）
ERY	0.450	0.788	是
DIC	0.382	0.581	是
IBU	0.499	0.860	是
SMX	0.609	0.803	是

当显著水平 $p>0.05$ 时，即符合假设，则四种 PPCPs 的毒性数据，都满足对数正态分布，其拟合的毒性数据对数正态分布图如图 6-1 所示。

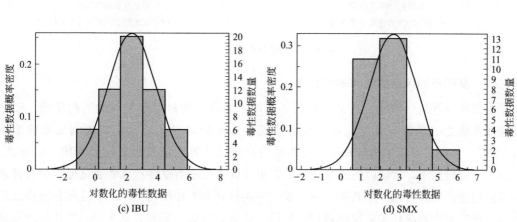

图 6-1　ERY、DIC、IBU、SMX 四种 PPCPs 的毒性数据对数正态分布图

对毒性数据进行对数正态分布检验后，即可绘制物种敏感度分布曲线 SSD，并根据 SSD 求出相应的 HC5 值。物种敏感度分布曲线如图 6-2 所示。通过 SSD 曲线可知：ERY 毒性数据所对应 HC5 值为 9.453μg/L，IBU 毒性数据所对应 HC5 值为 0.153μg/L，DIC 毒性数据所对应 HC5 值为 0.613μg/L，SMX 毒性数据所对应 HC5 值为 4.136μg/L。在对基准值定值时，考虑到收集毒性数据的总量和种类的问题，本文取评价因子为 5。根据以上信息，即可求得基准值，则 ERY 的基准值 PNEC$_{SSD}$ 为 1.891μg/L；DIC 的基准值 PNEC$_{SSD}$ 为 0.0306μg/L；IBU 的基准值 PNEC$_{SSD}$ 为 0.123μg/L；SMX 的基准值 PNEC$_{SSD}$ 为 0.827μg/L。

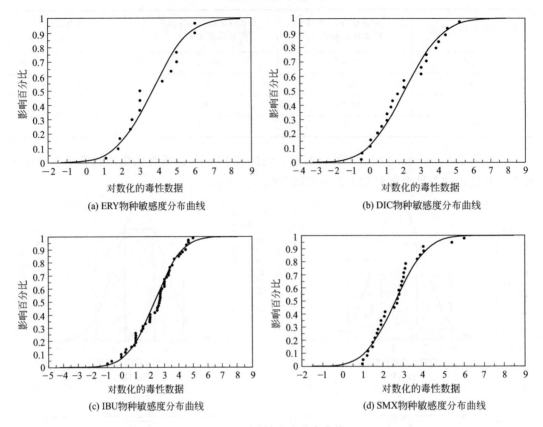

图 6-2　物种敏感度分布曲线

6.2.2.3　基于不同终点的生态基准建立

生态风险评估（ERA）已被广泛用于帮助了解污染物对生态系统的不利影响。ERA的重要步骤之一是效应评估，确定生态系统受到保护的最大浓度，即预测无效应浓度（PNEC）。PNEC可以采用各种不同的毒性终点进行计算，虽然目前还没有统一的标准，但在大多数研究中，PNEC的推导通常是基于所有可用的测量终点或者通过标准生态毒理学试验测量得到的与试验生物的生存、发育和生长有关的传统终点。由于这些传统终点很容易与种群集中效应相关联因此被广泛使用。然而，有部分研究者认为，一些传统终点推导的PNEC不能保证受保护的水生生物不受影响，当浓度低于传统终点推导的PNEC时，仍然可以观察到毒性效应影响。例如，对于具有内分泌干扰效应（雌激素效应）的双酚A，有研究结果显示其急性和慢性数据推导的PNEC远低于所有可用终点得出的PNEC。Wang等的研究同样得出类似的结果。这表明如果将雌激素效应作为评估终点，双酚A对我国水环境仍具有较高风险。另一项研究表明，对于壬基酚而言，繁殖终点是一个更为敏感的终点，PNEC在0.12~0.60mg/L之间，明显低于传统终点。Caldwell等研究表明雌激素在毫克/升浓度下可导致水生生物死亡，当浓度为纳克/升时，雌激素会对脊椎动物的繁殖产生不可逆的毒性作用。

上述研究表明，某些化学物质可以以特定的方式对水生生物起作用，对于这些化学物质而言，非致死毒性终点推导的 PNEC 浓度可以更好地保护水生生物不受影响。这对于药品来说尤为如此，因为它们是以治疗为目的而设计的，根据不同的治疗用途，对人类或动物的靶受体具有特定的作用模式。特别地，根据标准生态毒理学试验获得的急性毒性数据中，很少有药物被鉴定为有毒化学品。然而，由于其与非靶向受体的反应，毒性效应不应被忽视。有文献研究表明，部分非靶向受体暴露于药物后，非靶向受体中相同或相似的靶器官、组织、细胞和生物分子可能会受到影响。因此可以提出一个问题，即通过传统的终点推导的 PNEC 是否对环境有足够的保护作用。为了回答这个问题，提出一些假设：第一，药物传统的毒性终点并不总是最敏感的终点，第二，由于不同的治疗用途，不同的药物最敏感的毒性终点有所不同。

为了验证这些假设，选择 IBU 和 SMX 两种目标物为研究对象，基于死亡、生长、繁殖、生化为效应终点推导其基准值。IBU 和 SMX 两种药物分别属于抗炎药和抗生素，具有不同的治疗用途，而且这两种药物目前都有基于不同终点的试验毒性数据。从包括美国环保局生态毒理学数据库（http://cfpub.epa.gov/ecotox/）在内的多个来源检索暴露于 IBU 和 SMX 的水生生物毒性数据，如表 6-6 所示。数据选择遵循准确性、相关性和可靠性原则。当没有无观测效应浓度（NOEC）时，收集最低观察效应浓度（LOEC）、致死浓度（LC_x）或效应浓度（EC_x）数据。对于同一个终点有多个毒性数据的同一物种，采用几何平均数。所有毒性数据均来自淡水系统中进行的试验。

表 6-6 基于不同终点的毒性数据

污染物	毒性终点	数量	数值范围/(μg/L)
IBU	死亡	8	1～142000
	生长	10	1～20000
	繁殖	11	1～33300
	生化	10	0.07～14200
SMX	死亡	6	26270～1000000
	生长	7	19～65800
	繁殖	10	10～9630
	生化	9	9.4～5250

不同终点的毒性数据分为死亡、生长、繁殖、生化四类。死亡数据考虑了试验化学品对水生生物的致死性效应。生长数据考虑了试验化学品对水生生物的发育、生长和形态的影响。除了传统的终点外，还考虑了两类非致死终点，即繁殖和生化数据。繁殖数据考虑了试验化学品对生殖行为、生理、生殖保健的影响；生化数据考虑生物化学、酶、激素、细胞、遗传和组织学对水生生物的影响。

推导的方法采用物种敏感度分布曲线法（SSD 法），通过拟合累积概率分布来构建物种敏感度分布，假设所有物种的毒性数据都是随机抽样，并且服从一定的分布。SSD 法第一步，即对毒性数据进行拟合。利用 PPCPs 的毒性数据进行对数正态分布检验（Kolmogorov-Smirnov 检验），当显著水平 $p > 0.05$ 时，即符合假设，IBU 和 SMX 的毒性数据均满足对数正态分布。第二步，绘制物种敏感度分布（SSD）曲线，并根据 SSD 曲线

求出相应的 HC_5 值。基于不同毒理学终点的物种敏感度分布曲线如图 6-3 所示。

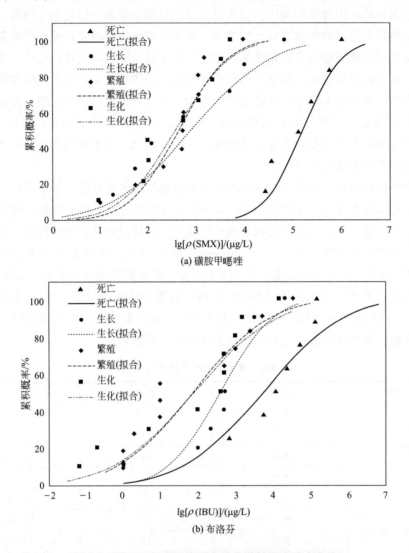

(a) 磺胺甲噁唑

(b) 布洛芬

图 6-3　基于不同毒理学终点的物种敏感度分布曲线

在对基准值定值时，考虑到收集毒性数据的总量和种类的问题，取评价因子为 5，即最后的基准值（$PNEC_{SSD}$）等于 HC_5 除以 5。根据以上信息，即可求得基准值 PNEC。表 6-7 为基于不同效应终点的 IBU 和 SMX 的 SSD 参数及基准值。

表 6-7　基于不同效应终点的 IBU 和 SMX 的 SSD 参数及基准值

目标物	效应终点	浓度/(μg/L)			Kolmogorov-Smirnov 检验 p	HC_5/(μg/L)	PNEC/(μg/L)
		N	范围	平均值	标准差			
IBU	死亡	8	1～142000	45000	58099	0.7721	6.8	1.4
	生长	10	1～20000	2657	6162	0.8058	5.1	1.0
	繁殖	11	1～33300	4230	9892	0.8915	0.1	0.026
	生化	10	0.07～14200	1822	4376	0.8686	0.09	0.018

目标物	效应终点	浓度/(μg/L)				Kolmogorov-Smirnov 检验 p	HC$_5$/(μg/L)	PNEC/(μg/L)
		N	范围	平均值	标准差			
SMX	死亡	6	26270～1000000	330835	382761	0.5026	12227	2445
	生长	7	19～65800	11647	24171	0.4895	4.4	0.89
	繁殖	10	10～9630	1526	2891	0.7687	18	3.5
	生化	9	9.4～5250	1424	1847	0.5954	10	2.1

6.2.2.4　不同方法基准值的比较

本节对六种目标物基于不同方法推导的基准值进行了比较，包括评估因子法（AF法）和物种敏感度分布曲线法（SSD法）2种不同生态基准构建方法，同时对不同效应终点推导的基准值进行比较，其结果如表6-8所示。

表 6-8　不同方法基准值的比较

基准值	AF 基准值/(μg/L)	SSD 基准值/(μg/L)				
		所有终点	死亡	生长	繁殖	生化
ERY	0.2	1.907	—	—	—	—
DIC	0.0318	0.0306	—	—	—	—
IBU	0.00664	0.123	1.4	1.0	0.026	0.018
SMX	0.94	0.827	2445	0.89	3.5	2.1
SALA	10	—	—	—	—	—
ROX	0.1	—	—	—	—	—

由表6-8可知，对DIC和SMX两种物质采用AF法和SSD法所得的基准值相当接近，DIC两种基准值分别为0.0318μg/L和0.0306μg/L，SMX分别为0.94μg/L和0.827μg/L。由此可以看出，运用AF法推导污染物的水质基准值具有一定的参考价值，其值在某些情况下，与用SSD法所推导的基准值比较接近，这也说明目前许多国家运用AF法来推导水质基准值的可行性，且运用AF法较为简便，在毒性数据收集方面可以节约很多人力和财力。

但是，采用AF法和SSD法对ERY和IBU所得的基准值对比来看相差较大，ERY所得基准值分别为0.2μg/L和1.907μg/L，SSD法所得基准值约为AF法的10倍，IBU所得基准值分别为0.00664μg/L和0.123μg/L，SSD法所得基准值约为AF法的20倍。一方面，可能是因为毒性数据量不足，但另一方面可以看出，运用AF法所得基准相对于SSD法所得基准在某些情况下相对保守，其原因在于对评价因子的选择更多依靠的是国家政策而不是准确的科学推理。这也是目前国际上认为AF法存在缺陷的原因，运用AF法可能存在"过保护"的现象，这样将使得环境管理的成本不必要的升高。而SSD法在推导基准时集合了所有的有效毒性数据，通过选择拟合最佳分布来克服数据与假设分布不相符的问题，同时也考虑了基准计算过程的置信度水平，因此SSD法所推导的基准值更为准确。

如表 6-8 所示，基于死亡、生长、繁殖、生化为效应终点所得 IBU 的基准值分别为 1.4μg/L、1.0μg/L、0.026μg/L 和 0.018μg/L，而基于所有效应终点所得 IBU 的基准值为 0.123μg/L。以生化为效应终点所推导的基准值小于其他测试的效应终点，结果表明生化相比于其他效应终点更加敏感。SMX 基于死亡、生长、繁殖、生化为效应终点所得的基准值分别为 2445μg/L、0.89μg/L、3.5μg/L 和 2.1μg/L，而基于所有效应终点所得的基准值为 0.827μg/L，研究发现以生长为效应终点推导的基准值与所有效应终点推导的基准值比较接近。上述结果表明污染物对水生生物不同效应终点的敏感性不同，雷炳莉等同样得出了类似的结论，以生殖毒性为效应终点对 4-壬基酚进行水质基准的推导，结果显示，以生殖毒性为效应终点所推导的水质基准值小于其他测试的效应终点，即生殖毒性为最敏感的效应终点。其可能原因为 4-壬基酚具有雌激素性活性，会对水生生物的生殖产生较大影响。因此在推导基准值的时候，是以最敏感的效应来推导基准值，还是以所有终点来推导基准值，抑或是以其他终点来推导基准值是值得探讨的，因为所推导的基准值可能存在较大差异，相应的生物物种受到的保护程度同样不同。

目前我国在水生态基准方面已经开展大量研究，然而现有研究主要针对常规污染物进行推导基准值，对 PPCPs 等新兴污染物的关注仍然不足，有必要针对这些新兴污染物的水生态基准进行研究。同时目前重点考虑的污染物毒性终点是生长、发育、繁殖等传统的生物终点，而对于 PPCPs 类新兴污染物而言，传统的生物终点推导出的 PNEC 可能并不能保证受保护的水生生物免受伤害，雌激素效应、神经毒性等毒性终点相比于传统的生物终点可能更加敏感，因此同样有必要对雌激素效应等非传统终点进行研究。

参 考 文 献

冯承莲，汪浩，王颖，等，2015. 基于不同毒性终点的双酚 A（BPA）预测无效应浓度（PNEC）研究 [J]. 生态毒理学报，10（1）：119-129.

郭海娟，龚雪，马放，2017. 我国水质基准现状及发展趋势研究 [J]. 环境保护科学，43（4）：32-35.

贾瑷，胡建英，孙建仙，等，2009. 环境中的医药品与个人护理品 [J]. 化学进展，21（Z1）：389-399.

金小伟，雷炳莉，许宜平，等，2009. 水生态基准方法学概述及建立我国水生态基准的探讨 [J]. 生态毒理学报，4（5）：609-616.

金小伟，王业耀，王子健，2014. 淡水水生态基准方法学研究：数据筛选与模型计算 [J]. 生态毒理学报，9（1）：1-13.

金小伟，王子健，王业耀，等，2015. 淡水水生态基准方法学研究：繁殖/生殖毒性类化合物水生态基准探讨 [J]. 生态毒理学报，10（1）：31-39.

雷炳莉，黄圣彪，王子健，2009. 生态风险评价理论和方法 [J]. 化学进展，21（Z1）：350-358.

雷炳莉，金小伟，黄圣彪，等，2009. 太湖流域 3 种氯酚类化合物水质基准的探讨 [J]. 生态毒理学报，4（1）：40-49.

雷炳莉，刘倩，孙延枫，等，2012. 内分泌干扰物 4-壬基酚的水质基准探讨 [J]. 中国科学：地球科学，42（5）：657-664.

梁峰，2011. 我国典型流域重金属的风险评价及六价铬水质基准的推导 [D]：南京大学.

孟伟，张远，郑丙辉，2006. 水环境质量基准、标准与流域水污染物总量控制策略 [J]. 环境科学研究，3：1-6.

苏海磊，吴丰昌，李会仙，等，2012. 我国水生生物水质基准推导的物种选择 [J]. 环境科学研究，25（5）：506-511.

汪浩，冯承莲，郭广慧，等，2013. 我国淡水水体中双酚 A（BPA）的生态风险评价 [J]. 环境科学，34（6）：2319-2328.

吴丰昌，孟伟，宋永会，等，2008. 中国湖泊水环境基准的研究进展 [J]. 环境科学学报，12：2385-2393.

吴丰昌，孟伟，张瑞卿，等，2011. 保护淡水水生生物硝基苯水质基准研究 [J]. 环境科学研究，24（1）：1-10.

闫振广，孟伟，刘征涛，等，2009. 我国淡水水生生物镉基准研究 [J]. 环境科学学报，29（11）：2393-2406.

张瑞卿，吴丰昌，李会仙，等，2012. 应用物种敏感度分布法研究中国无机汞的水生生物水质基准 [J]. 环境科学学报，32（2）：440-449.

Aldenberg T，Jaworska J S，2000. Uncertainty of the hazardous concentration and fraction affected for normal species sensitivity distributions [J]. Ecotoxicology and Environmental Safety，46（1）：1-18.

Aldenberg T，Slob W，1993. Confidence limits for hazardous concentrations based on logistically distributed NOEC toxicity data [J]. Ecotoxicology and Environmental Safety，25（1）：48-63.

ANZECC，2000. Australian and New Zealand guidelines for fresh and marine water quality [R]. Canberra：Australian and New Zealand Environment and Conservation Council and Agriculture and Resource Management Council of Australia and New Zealand.

Brain R A，Ramirez A J，Fulton B A，et al.，2008. Herbicidal effects of sulfamethoxazole in Lemna gibba：using p-aminobenzoic acid as a biomarker of effect [J]. Environmental Science & Technology，42（23）：8965-8970.

Brausch J M，Connors K A，Brooks B W，et al.，2012. Human pharmaceuticals in the aquatic environment：a review of recent toxicological studies and considerations for toxicity testing [J]. Reviews of Environmental Contamination and Toxicology，218：1-99.

Bu Q W，Wang B，Huang J，et al.，2013. Pharmaceuticals and personal care products in the aquatic environment in China：a review [J]. Journal of Hazardous Materials，262：189-211.

Caldwell D J，Mastrocco F，Hutchinson T H，et al.，2008. Derivation of an aquatic predicted no-effect concentration for the synthetic hormone，17 $alpha$-ethinyl estradiol [J]. Environmental Science & Technology，42（19）：7046-7054.

CCME，1999. A protocol for the derivation of water quality guidelines for the protection of aquatic life. Canadian environmental quality guidelines [R]. Ottawa：Canadian Council of Ministers of the Environment.

Chapman P M，Fairbrother A，Brown D，1998. A critical evaluation of safety (uncertainty) factors for ecological risk assessment [J]. Environmental Toxicology and Chemistry，17（1）：99-108.

Corcoran J，Winter M J，Tyler C R，2010. Pharmaceuticals in the aquatic environment：a critical review of the evidence for health effects in fish [J]. Critical Reviews in Toxicology，40（4）：287-304.

De Laender F，De Schamphelaere K A C，Vanrolleghem P A，et al.，2008. Do we have to incorporate ecological interactions in the sensitivity assessment of ecosystems? An examination of a theoretical assumption underlying species sensitivity distribution models [J]. Environment International，34（3）：390-396.

EC，2003. Technical guidance document in support of commission directive 93/67/EEC on risk assessment for new notified substances and commission regulation (EC) No 1488/94 on risk assessment for existing substances [R]. Luxembourg，European Commission：Office for Official Publications of the European Communities.

Fent K，Weston A A，Daniel C，2006. Ecotoxicology of human pharmaceuticals [J]. Aquatic Toxicology，76（2）：122-159.

Fisher D J，Burton D T，Yonkos L T，et al.，2003. Derivation of acute ecological risk criteria for chlorite in freshwater ecosystems [J]. Water Research，37（18）：4359-4368.

Galus M，Jeyaranjaan J，Smith E，et al.，2013. Chronic effects of exposure to a pharmaceutical mixture and municipal wastewater in zebrafish [J]. Aquatic Toxicology，132-133.

Garay V，Roman G，Isnard P，2000. Evaluation of PNEC values：Extrapolation from microtox$^{®}$，algae，daphnid，and fish data to HC5 [J]. Chemosphere，40（3）：267-273.

Hoeven N V D，Noppert F，Leopold A，1997. How to measure no effect，Part I：toward a new measure of chronic toxicity in ecotoxicology，introduction and workshop results [J]. Environmetrics，8（3）：241-248.

Hua Y L，Guo Y G，Chang S H，et al.，2008. Growth-inhibiting effects of 12 antibacterial agents and their mixtures on the freshwater microalga *pseudokirchneriella subcapitata* [J]. Environmental Toxicology and Chemistry，27（5）：1201-1208.

Jin X W，Wang Y Y，Jin W，et al.，2014. Ecological risk of nonylphenol in China surface waters based on reproductive fitness [J]. Environmental Science & Technology，48（2）：1256-1262.

Jin X W，Zha J M，Xu Y P，et al.，2011. Derivation of aquatic predicted no-effect concentration（PNEC）for 2,4-dichlorophenol：Comparing native species data with non-native species data [J]. Chemosphere，84（10）：1506-1511.

Jones O A H，Voulvoulis N，Lester J N，2002. Aquatic environmental assessment of the top 25 English prescription pharmaceuticals [J]. Water Research，36（20）：5013-5022.

Kasprzyk-Hordern B，Dinsdale R M，Guwy A J，2008. The occurrence of pharmaceuticals，personal care products，endocrine disruptors and illicit drugs in surface water in South Wales，UK [J]. Water Research，42（13）：3498-3518.

Klimisch H J，Andreae M，Tillmann U，1997. A systematic approach for evaluating the quality of experimental toxicological and ecotoxicological data [J]. Regulatory Toxicology and Pharmacology，25（1）：1-5.

Lei B L，Liu Q，Sun Y F，et al.，2012. Water quality criteria for 4-nonylphenol in protection of aquatic life [J]. Science China-Earth Sciences，55（6）：892-899.

Lucia R，Giada F，Dominique F，et al.，2010. Evaluation of zebrafish DNA integrity after exposure to pharmacological agents present in aquatic environments [J]. Ecotoxicology and Environmental Safety，73（7）：1530-1536.

Marco P，Alessandra P，Andrea B，2013. Application of a biomarker response index for ranking the toxicity of five pharmaceutical and personal care products（PPCPs）to the bivalve Dreissena polymorpha [J]. Archives of Environmental Contamination and Toxicology，64（3）：439-447.

Marques C R，Abrantes N，Goncalves F，2004. Life-history traits of standard and autochthonous cladocerans：II. Acute and chronic effects of acetylsalicylic acid metabolites [J]. Environmental Toxicology，19（5）：527-540.

Newman M C，Ownby D R，Mézin L C A，et al.，2000. Applying species-sensitivity distributions in ecological risk assessment：Assumptions of distribution type and sufficient numbers of species [J]. Environmental Toxicology and Chemistry，19（2）：508-515.

Park R A，Clough J S，Wellman M C，2008. AQUATOX：Modeling environmental fate and ecological effects in aquatic ecosystems [J]. Ecological Modelling，213（1）：1-15.

Phd T F Z，Dipl. Ing.，Msc S C，1999. The derivation of environmental quality standards for the protection of aquatic life in the UK [J]. Water and Environment Journal，13（6）：436-440.

RIVM，2001. Guidance document on deriving environmental risk limits in the netherlands [R]. Bilthoven：National Institute of Public Health and the Environment.

Seiler J P，2002. Pharmacodynamic activity of drugs and ecotoxicology——Can the two be connected? [J]. Toxicology Letters，131（1）：105-115.

Selck H，Riemann B，Christoffersen K，et al.，2002. Comparing sensitivity of ecotoxicological effect endpoints between laboratory and field [J]. Ecotoxicology and Environmental Safety，52（2）：97-112.

Sun J，Luo Q，Wang D H，et al.，2015. Occurrences of pharmaceuticals in drinking water sources of major river watersheds，China [J]. Ecotoxicology and Environmental Safety，117：132-140.

Tomonori A，Hiroyasu N，Kaoru E，et al.，2007. A novel method using cyanobacteria for ecotoxicity test of veterinary antimicrobial agents [J]. Environmental Toxicology and Chemistry，26（4）：601-606.

Triebskorn R，Casper H，Heyd A，et al.，2004. Toxic effects of the non-steroidal anti-inflammatory drug diclofenac [J]. Aquatic Toxicology，68（2）：151-166.

USEPA，1985. Guidelines for deriving numerical national water quality criteria for the protection of aquatic organisms and their uses [R]. Washington DC：United states Environmental Protection Agency.

Wheeler J R，Grist E P M，Leung K M Y，et al.，2002. Species sensitivity distributions：Data and model choice [J]. Marine Pollution Bulletin，45（1-12）：192-202.

第 7 章

典型高关注 PPCPs的 生态风险

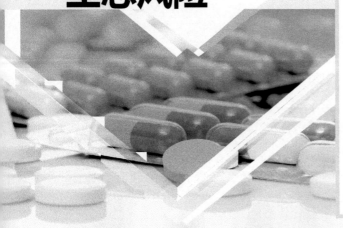

生态风险评价是预测环境污染物对生态环境产生有害影响可能性的过程。它是指生态系统及其组成部分所承受的风险，指在一定区域内，具有不确定性的事故或灾害对个体、种群、群落或者整个生态系统构成的威胁作用。生态风险评价作为一种系统性分析方法，为保护生态系统提供了前瞻性预防策略。本章将从生态风险评价框架、过程、方法等方面逐一介绍，并通过典型案例详细阐述风险评价过程。

7.1　生态风险评价

7.1.1　概述

生态风险是指生态系统及其组成部分所承受的风险，指在一定区域内，具有不确定性的事故或灾害对个体、种群、群落或者整个生态系统构成的威胁作用，这些作用的结果会导致生态系统结构和功能的损伤，从而危及生态系统的安全和健康。风险被认为是事故发生概率与事故造成的环境危害程度大小的乘积。生态风险的受体对象是一个复杂体系，包含生态系统中多个营养级水平的物种。对于水生生态系统而言，受体对象有藻类、水生维管束植物、浮游动物、底栖动物、鱼类、细菌等。生态风险除了具有一般意义上的"风险"特征外，还具有不确定性、危害性、复杂性、内在价值性和动态性等特点。生态风险产生的原因包括生物技术、生态入侵和人为干扰三种类型，而人为干扰引起的生态风险是主要因素。

生态风险评价包括生态评价和风险评价两部分，其中生态评价主要研究环境危害的暴露和效应评价，风险评价则主要研究危害程度的高低及与其相关的评价技术的开发和利用。美国从20世纪70年代开始生态风险评价工作的研究，1992年，美国环保局对生态风险评价（ecological risk assessment，ERA）作了定义，即"生态风险评价是评价由于一种或多种外界因素导致可能发生或正在发生的不利生态影响的过程"。生态风险评价综合了环境学、生态学、地理学、生物学等多学科知识，采用数学、概率学等量化分析技术手段来预测、分析和评价具有不确定性的事件对水生态系统及其组分可能造成的损伤。它与水质基准的制定相辅相成，一方面，水质基准的制定为生态风险评价提供了基础，另一方面，生态风险评价是制定水质基准的依据。通过生态风险评价，将有助于相关的环境管理部门了解和预测外界生态影响因素和生态危害之间的联系，以便提出预防或者减轻不利影响的对策和措施，保障生态系统的安全和健康。

7.1.2　生态风险评价的发展历程

风险评价最早应用于核能和航天技术领域，后来逐渐发展到环境污染物对人体健康和生态风险评价。生态风险评价的发展历程大体上可以分为四个时期：风险评价的萌芽期、风险评价体系建立的技术准备阶段、生态风险评价阶段和区域生态风险评价阶段。

风险评价的萌芽期：20世纪70年代至80年代初，风险源以意外事故发生的可能性分析为主，风险评价内涵尚不明确，仅仅采取毒性的定性分析方法。环境政策和措施的目标是消除环境危害或者降到最低。这种绝对"零风险"的环境管理逐渐地显示出其不合理性。

风险评价体系建立的技术准备阶段：20世纪80年代，这一时期有了全新的环境政策。风险管理一方面考虑风险的等级，另一方面还考虑了减少风险的成本。在此期间环境风险评价以单一化学污染物的人体健康风险研究为主要内容，风险评价的对象为人类健康风险，并建立了一系列对组织、种群、生态系统水平的生态风险评价方法，应用到人体健康的风险评价（主要表现在致癌方面）中。随着风险评价技术的不断成熟，环境管理目标和环境管理规范也逐渐完善，美国环保局于1983年发布了风险评价的四个步骤，即危害识别、暴露评价、剂量-效应评价和风险表征，为规范生态风险评价奠定了基础。1989年风险评价科学体系基本形成，生态风险评价的研究逐渐从毒性风险、人体健康风险向生态风险转变，研究尺度也逐渐扩展到生态系统，并不断完善发展。

生态风险评价阶段：20世纪90年代，风险评价热点由对人体健康风险的评价转向对生态风险的评价，包括种群、群落、生态系统、流域景观水平等。风险胁迫因子从单一的化学因子扩展到多种化学因子和可能造成生态风险的事件。1992年，美国环保局发布了第一个《生态风险评价框架》，明确了生态风险评价的技术准则。1995年，英国环境部提出了生态风险评价和管理的过程框架。1996年，美国环保局又出版了《生态风险评价建议性指南》，并于1998年，美国环保局正式颁布了《生态风险评价指南》。1999年，澳大利亚国家环境保护委员会颁布了《生态风险评价指南》。在20世纪90年代，生态风险评价已经从人体健康风险评价逐渐拓展到生态风险评价，比较完善的生态风险评价框架已经形成。

区域生态风险评价阶段：20世纪90年代末至21世纪初，生态风险评价扩展到流域及景观区域尺度生态风险评价阶段，即将生态风险评价与地质环境、海洋环境和大气环境等诸多因素结合起来的宏观尺度研究。同时，随着现代生物技术的发展，逐渐向分子水平的毒理学方向发展，并将分子水平的毒理学数据应用到生态风险评价中。2003年，美国环保局颁布了《累积性风险评价框架》。2007年，美国环保局又颁布了《重金属风险评价框架》，该框架提出了重金属对人体健康、水陆生态系统、陆域生态系统的风险评价框架。2008年，美国国家委员会发布的《科学与决策：发展中的风险评价》报告，为美国环保局风险评价的成果和应用打下了坚实的基础。基于美国环保局1998年颁布的评价指南，研究者进行了一系列的生态风险评价。由此，科学家们逐渐认识到，区域环境特征不仅影响风险受体的行为和位置等，也影响到了风险胁迫因子的时空分布规律。区域生态风险评价强调的是区域性，相应地，所涉及的环境问题的成因和结果都具有区域性。区域生态风险评价多数借助地理信息系统工具，在不同的分辨水平上描述分析分布和风险水平。此外，在研究方法上，研究人员用物种-敏感性概率分布曲线进行了大量的理论探讨和实践运用，并采用环境学、生态学、地理学、生物学、数学和概率学等交叉学科来预测、分析和评价生态风险。

7.1.3　生态风险评价过程

在生态风险评价过程中，经过几次修订和完善，形成了基本的系统框架。1998年，美国环保局正式颁布了《生态风险评价指南》，提出生态风险评价的"三步法"，即提出问题、分析问题和风险表征。除美国以外，其他一些国家和地区也对风险评价框架进行了研究。如 2003 年欧盟颁布的《风险评价技术指导文件》中，将生态风险评价分为四个步骤：a. 危害识别；b. 暴露评价；c. 剂量-效应评价；d. 风险表征。其中，危害识别是在现场调研、资料收集、风险源识别的基础上，确定对生态环境可能造成危害的风险污染物；暴露评价是在危害鉴定的基础上，准确描述生态受体的暴露强度、暴露途径及时空范围；剂量-效应评价是分析生态受体暴露在某种风险源下可能产生的生态效应；风险表征是结合暴露评价和剂量-效应评价的结果，评价胁迫因子对生态系统及其组分有无风险及风险大小，并分析评价结果的不确定性。目前多采用"四步法"的生态风险评价程序，生态风险评价以剂量-效应评价和暴露评价为基础。图 7-1 为生态风险评价的基本步骤。

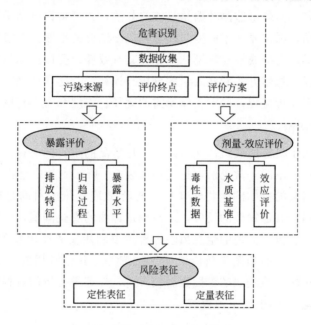

图 7-1　生态风险评价的基本步骤

7.1.3.1　危害识别

危害识别是整个评价过程的基础。首先整合有效信息，收集有关胁迫因子的来源、暴露、效应等特征信息，分析污染源，通过监测、现场调查等手段确定主要有害物质及可能的受体，并评价上述信息的有效性，根据评价目标初步确定风险评价的复杂程度和评价范畴。其次应优先选择能够对外界风险做出响应的评价终点，评价终点最好能反映多种风险效应，并能在一定程度上说明风险产生的综合影响。以水生生态风险评价为例，可选用急性毒性、慢性毒性、遗传毒性和内分泌干扰毒性等可观察效应，如果现有数据无法满足评价需求可以选用模型预测，并确定适当的评价终点。最后根据调研现状制订计划，确定风险评价方案，尽量满足风险评价的目的和需求。

7.1.3.2　暴露评价

暴露评价主要分为三个方面，包括污染源在风险评价体系中的特征，污染物进入环境后的归趋过程，受体的暴露途径、暴露方式和暴露量的分析与计算。许多污染物暴露都存在多重污染源，对污染源的研究应重点关注对生态风险评价目标有突出贡献的源，明确表征这些来源的特征。污染物的环境归趋过程是暴露评价的重点和难点。一方面，受多重环境因素（气候、水文地质、温度、降水等）的影响，导致暴露水平发生时空变化，因此，准确监测环境影响因素有助于提高暴露评价的准确性。另一方面，污染物在环境中存在形态多样，与各环境要素之间形成的交互作用影响物质的迁移转化过程。化学品在环境中发生的主要过程包括相间分配、平流、化学反应和分子扩散，表征暴露应准确识别不同污染物归趋的关键过程，有利于对评价终点的风险效应表征。获取暴露评价所需数据的方式可基于监测或基于模型模拟计算，也可通过从相关文献及监测项目中获得。无论通过何种方式获取数据，对数据进行验证并进行不确定性分析都是必要的。根据研究规模的大小，通常对于小规模的研究，实验室监测数据是足够充分的，并可将评价结果外推到现场。而对于大规模的评价活动，则需要基于监测与模型模拟相结合的手段。在模型模拟获得数据过程中要根据实际情况，选择或建立模型，并验证其有效性。受体的暴露评价一般遵循以下步骤：一是暴露途径、暴露方式和暴露量的分析与计算；二是暴露强度和暴露时空变化的表征；三是明确暴露评价流程，确定受体暴露的途径、强度和时空范围。

7.1.3.3　剂量-效应评价

剂量一般是指给予机体的或机体接触的外来化学品的量。同一种化学品在不同剂量对机体作用的性质和程度不同。常见的剂量类型如表 7-1 所示。效应是指一定剂量外源化学品与机体接触后所引起的机体的生物学变化。剂量-效应评价的目的是通过实验或经验数据确定生物对不同剂量有毒物质的反应，从而确定毒物的安全阈值，所需信息与数据一般结合模型与监测手段获得。传统的生态风险评价主要利用实验室单物种的毒性测试数据，通过外推方法建立化学品的预测无效应浓度（PNEC）。其中常用的外推方法有评价因子法和物种敏感度分布法，当获取的毒性数据较多时，在定量分析的过程中可以选用点估计法、剂量-效应曲线法、累积分布函数等。

表 7-1　常见的剂量类型

类型	分类	英文全称	简写
致死剂量	绝对致死剂量	absolute lethal dose	LD_{100}
	半数致死剂量	half lethal dose	LD_{50}
	最小致死剂量	minimum lethal dose	MLD 或 LD_{min} 或 LD_{01}
	半数耐受限量	median tolerance limit	TL_m
	最大耐受剂量	maximal tolerance dose	MTD 或 LD_0
半数效应剂量	半数效应剂量	median effective dose	ED_{50}
最小有作用剂量	最低观察效应水平	lowest observed effect level	LOEL
	最低观察有害效应水平	lowest observed adverse effect level	LOAEL
最大无作用剂量	无观察效应水平	no observed effect level	NOEL
	无观察有害效应水平	no observed adverse effect level	NOAEL

随着风险评价技术的发展，除上述方法外，还有微宇宙和中宇宙生态模拟法。微宇宙

和中宇宙生态模拟是基于多物种测试的基础上，应用小型或中型生态系统或实验室模拟生态系统进行实验的技术。在该技术通过定义一个可接受的效应水平终点（HC$_5$或EC$_{20}$）来实现一个区域生态系统水平上的生态风险评价。该方法是对生态系统的生物多样性及代表物种的整个生命循环的一种理想状态的模拟，并能表征物种间通过生物链产生的间接效应，以及对化学污染物质的迁移、转化、归趋和对生态环境的整体影响进行预测。

7.1.3.4　风险表征

作为风险评价的最后一步，风险表征是对暴露于各种应激下有害生态效应的综合判断和表达，其综合了数据收集、暴露评价和剂量效应评价的结果。风险表征主要分为定性和定量表征两大类。

定性表征风险评价结果，可使用低风险、中等风险、高风险或不存在风险、存在风险等方式对风险类型进行分类。

定量表征一般通过模型或比值计算方式得出不利影响的程度或概率。主要方法有商值法和概率法。商值法是应用最普遍、最广泛的一种风险表征方法，采用风险商表征风险时应注意污染物的暴露水平、水质基准的确定、评价终点的选择以及毒性数据是否满足评价要求等。概率法将每一个暴露浓度和毒理学数据作为独立的观测量，在此基础上考虑其概率意义，暴露评价和效应评价是两个重要的评价内容。其表征结果不是一个具体数值，而是以风险出现的概率给出。

风险评价结果可通过横向比较和不确定性分析来解释，说明其结果的可靠性。结果的对比可以提供积极的证据来证明评价结果的一致性，但无法比较新出现的高风险物质。因此，不确定性分析对结果的判断更加科学。生态风险评价的各个阶段都存在着诸多的不确定性，如风险源的筛选、暴露的估算、评价终点的选择，分析方法和评价模型的应用等都会带来评价结果的不确定性。因此在评价过程中一定还要充分考虑评价的不确定性，并尽量采取措施降低不确定性带来的影响。

7.1.4　生态风险评价的类型

由于生态风险评价的复杂性和不确定性，生态风险评价的类型也具有一定的多样性。综合分析生态风险评价相关研究，可将生态风险评价分为以下几类。

① 基于时间尺度，生态风险评价可划分为回顾性生态风险评价和前瞻性生态风险评价。回顾性生态风险评价是指污染源的风险程度已知或正在进行的污染物风险评价，评价已知的风险源对生态环境产生负面影响的概率。回顾性生态风险评价重点关注污染物的实际存在水平以及迁移转化过程对生态环境及人体健康产生的效应。前瞻性生态风险评价具有预测性，是对即将进入环境的污染物和尚未确定风险的污染物进行评价。前瞻性生态风险评价通常从两方面进行：一是根据假设的暴露场景推算 PNEC，用污染物的环境浓度与PNEC 比较来判断风险的大小；二是从有限的毒理学数据着手，利用风险发生的概率表征风险的大小。

② 基于空间尺度，生态风险评价可以划分为局域生态风险评价和区域生态风险评价。

局域生态风险评价是针对单一物种受体的小范围生态风险评价。区域生态风险评价指在大尺度上描述和评价环境污染、人为活动或自然灾害对生态系统结构和功能产生的不利影响。

③ 基于风险源的性质，生态风险评价可划分为化学污染类风险源生态风险评价、生物工程或生态入侵导致的生态事件类风险源生态风险评价、其他复合风险源类生态风险评价。也可根据风险的来源，将生态风险评价划分为生物工程引起的生态风险评价、生态入侵引起的生态风险评价、人类干扰引起的生态风险评价。

④ 基于风险源的数量，生态风险评价可划分为单一风险源生态风险评价、多风险源生态风险评价。

⑤ 基于生态风险的评价方法，生态风险评价可划分为定性生态风险评价和定量生态风险评价。

7.1.5　数据选择原则与统计方法

目前文献中用于生态风险评价的毒性数据筛选一般遵循以下 3 个原则：准确性、适当性、可靠性。准确性主要是考虑对数据的使用，当某一个测试终点有多个测试数据时，要选择对效应和终点描述得最精确和最恰当的数据；当有多个可靠毒性数据可用时，一般选用算术平均值。适当性主要是考虑测试过程对评价报道的效应或终点是否恰当。可靠性主要考虑报道的测试方法与可接受的方法或标准方法相比完整性如何，可靠性数据应包括对试验程序和结果的详细描述，并且试验结果应该支持相关理论。数据的可靠性又可以分为以下 4 类：第一是最可靠数据，指测试方法完全遵循或非常接近国家或国际标准测试规则；第二是限制性可靠数据，指测试方法不是标准方法，或是所有测试参数与某一标准测试规则不一致，但它的测试方法具有科学性，测试体系能够被接受；第三是不可靠数据，指研究中描述的测试程序与标准测试规则或被人们普遍认可的测试方法相违背，例如分析方法和测试的化合物之间相互干扰，使用的有机物或测试体系对暴露是不适合的，并且提供的文献证据不令人信服；第四是完全不可靠数据，指研究中没有提供详细的试验细节，并且仅仅列在摘要中或文献中，一般认为第一类和第二类数据可以直接拿来做统计分析使用。

数据选择完成后应该用什么样的统计方法对数据进行概率计算，这就涉及统计方法的筛选问题。根据数据量的多少，目前常用的 3 种统计方法有参数法、非参数再取样方法、再取样回归法。其中参数法应用最为广泛，在统计分析前，要假定数据符合某种分配，较常见的分配模型包括 log-normal 线性分配和 log-logistic 分配。log-normal 线性分配主要是基于一个正态分布的假设，它的主要优点是数学方法简单。当物种对毒物的敏感度不同时，仅仅依靠一条直线来描述是不恰当的。log-logistic 分配能够对 SSD 数据提供一个很好的拟合，在置信区间的计算上它的数学方法比 log-normal 线性分配复杂，用于计算置信区间的外推因子可以通过蒙特卡罗模型模拟获得。但是这个外推因子只能限制置信区间达到单尾 95％水平或双尾 90％水平，而研究人员通常要求置信区间达到双尾 95％的水平。

7.1.6 生态风险评价方法

生态风险评价的主要目的是将暴露评价与效应评价之间的关系进行整合，进而对风险进行表征。一般使用定性和定量两种方法进行表达。在数据、信息资料充足的条件下，研究人员选用定量方法对生态风险进行评价。定量风险评价具有以下优点：首先它对可能产生的变化允许合适的表达；对未知相可以进行快速定位，而且分析者可以把复杂的系统拆解成多个不同的功能区，从而获得更加精确的推导。定量风险评价的结果具有重现性，更适用于反复评价。综合目前研究内容，定量风险表征的方法主要包括商值法、安全阈值法、商值概率分布法和联合概率曲线法。

7.1.6.1 商值法

商值法适用于单个化合物的毒性效应评价，由于其应用较为简便，目前大多数定量或者半定量的生态风险评价都是根据商值法来进行的。它是将实际的监测环境浓度（measured environmental concentration，MEC）或者由模型估算出的预测环境暴露浓度（predicted environmental concentration，PEC）与表征该生态系统不受危害的最大浓度数据（predicted no-effect concentration，PNEC）相比较，得出风险商（risk quotient，RQ）。即：RQ=PEC/PNEC。相应地对风险等级进行了划分：当 RQ<0.1 时，表明该物质对暴露生物的风险较低，则该水环境处于低度风险状态；当 0.1≤RQ<1 时，表明该物质对暴露生物存在潜在风险，则该水环境处于中度风险状态；当 RQ≥1 时，表明该物质已经对暴露生物产生风险，则该水环境处于高度风险状态。RQ 值越高，说明该物质对水环境存在的生态风险越高。在运用商值法时，一般对于测定暴露量和选择毒性参考值都是比较保守的，所以它仅仅是对风险的粗略估计，其计算结果存在着不确定性。例如测定的总量值与生物体内实际摄入量、种群内单个个体的暴露差异和敏感差异等有关。

7.1.6.2 安全阈值法

安全阈值法（the margin of safety，MOS）是通过比较生物群落的安全阈值与污染物的暴露浓度来表征污染物的生态风险。采用物种敏感度或者毒性数据累积分布曲线上 10% 处的浓度除以环境暴露浓度累积分布曲线上 90% 的浓度所得比值，来分析重叠程度，以此来表征风险。比值用 MOS_{10} 来表征，一般以 MOS_{10} 取 1 时来界定风险程度。当 $MOS_{10}>1$ 时，表明不存在风险；当 $MOS_{10}≤1$ 时，表明两个分布重叠度较高，该物质对水环境具有潜在风险。MOS_{10} 值越小，即说明重叠度越高，则代表该物质潜在的生态风险越高。该方法结合了毒性数据的概率分布曲线和暴露浓度的概率分布曲线，具有概率统计意义。安全阈值法考虑了环境暴露浓度和毒性数据间的不确定性，是一种更为合理的风险评价方法。

7.1.6.3 商值概率分布法

商值概率分布法（PDHQ）通过比较暴露浓度和毒性数据浓度的分布，判定预期的商值大于或小于决定标准的概率。具体是利用蒙特卡罗模型对暴露浓度和毒性数据分布进行拟合，再对两个分布进行随机抽样（如抽样 10000 次），求出暴露浓度与毒性数据的比值，以此来获得超过某一特定 RQ 的概率。

7.1.6.4 联合概率曲线法

联合概率曲线（joint probability curve，JPC），是根据暴露浓度和毒性数据的分布建立模型，来估算水体中受到污染物危害的生物比例的一种生态风险评价方法。通常使用的是 ETX2.0 软件中自带的联合概率分布曲线法。即以暴露浓度的累积概率作为 x 轴，以毒性数据的累积概率作为 y 轴，得到拟合曲线。即曲线以下的面积可以表征生态风险的大小。由此可知，曲线以下面积越小，代表污染物对水体环境的生态风险越小，反之，生态风险越大。

近年来，对生态风险评价的研究越来越深入，渐渐发展出了一种多方法集合的评价体系。多层次风险评价是把商值法和概率风险评价法进行综合，充分利用各种方法和手段进行从简单到复杂的风险评价，一般包括初步筛选风险、进一步确认风险、精确估计风险及其不确定性、进一步对风险进行有效性研究 4 个层次。该方法从简单的风险评价开始，筛选出优先控制污染物，经过多个层次逐步排除风险较小的污染物，可有效提高工作效率。

7.1.7 生态风险评价面临的问题

生态风险评价工作的重点是确定生态系统及其组分的风险源，定量预测风险出现的概率以及可能的危害作用，并据此提出相应的控制措施，对环境保护工作具有重要意义，但也面临着新的挑战。

一是现代分析技术的发展使得环境中许多微量的化学物质被检出，比如精神活性物质、药品及个人护理品、内分泌干扰物、纳米材料和消毒副产物等。有研究表明这些物质在低剂量下对生态环境和人体健康具有不同危害程度。因此，相关研究正逐渐从传统的持久性有机污染物转向具有潜在生态风险的新兴污染物。

二是随着水质管理要求的不断提高，经济合作和发展组织（OECD）提出毒性测试要包含测试物种的整个生命周期，同时兼顾区域性研究，测试指标的选择也不能只是简单的急性毒性终点，还需要增加更加敏感的测试终点。这对毒理学测试，特别是分子水平上的毒理学研究提出了更高的要求。

三是生态风险评价的范围趋向于大尺度、大流域的区域和流域景观生态。生态风险评价经过三十多年的发展，农药等传统持久性有机污染物研究已经扩展到全球污染调查水平，而对于新兴污染物的风险评价还集中在局域研究范围。为了更好地认识新兴污染物的生态风险，应将研究目光逐渐转向全国甚至全球的暴露水平上。

四是生态风险评价的研究主要集中在特定的单一化学品评价，而在实际环境中往往是多种化学品及其代谢产物共同存在，污染物混合后可能对水生生物产生协同或拮抗作用，联合作用产生的毒性效应也应是环境风险评价的一个重要方面。因此，应深入研究多种污染物及其代谢产物的综合评价方法。

五是生态风险评价的各个阶段都存在许多不确定性，例如风险源的筛选、风险受体的界定、评价端点的判断和生态风险评价方法的选择。特别对于生态风险评价方法中，评价因子的选择、统计方法或统计模型的选择、模拟生态系统中各要素的设置、生态风险评价模型的构建和参数的确定都存在着较大的不确定性。因此，建立不确定分析方法和降低风险评价的不确定性将是生态风险评价的重要研究内容。

7.2 高关注PPCPs的生态风险

近年来，由于新兴污染物在环境中广泛的存在和潜在的危害，已经受到越来越多的关注和报道。联合国环境规划署（UNEP）明确提出，必须考虑抗生素和止痛片等PPCPs对水生态系统的影响。药物作为一种强效生物活性化学物质，进入环境后与非目标受体反应会引起严重的风险效应。由于其作为保障人类生命健康的必要消费品，药物在环境中出现的水平和种类不断增多，比如，在中国、英国、欧洲、北美以及其他地区的各种环境介质样本中均检出有大量药物。因此，考虑药物的潜在危害和环境检出频率，评价药物在环境中的生态风险至关重要。

生态风险评价被广泛应用于人类认识污染物对生态系统产生的危害副作用，其关键步骤是效应评价。其中，生态系统受保护最大污染物浓度水平及预测无效应浓度（PNEC）是目前最常见的两种效应评价方式。由于目前还没有一致的推导基准，所以在推导PNEC是可能会用到各种可用的毒性数据，一般选用基于种群测定的传统毒性终点，主要包括生存、发育、生长等毒性数据。近年来，有研究发现在低于传统毒性终点推导的保护浓度下仍会产生副作用。因此，有研究人员认为应用传统的毒性终点可能无法确保所有水生有机体受到保护，因为在长期的毒性作用过程中，选用非致死毒性终点可能更有说服力。特别对于药物来说，其毒性作用模式与其他具有急性毒性的有机污染物不同，大多数药物的生态毒性检测都是基于慢性毒性。药物会对非靶标受体产生毒性作用，因此在对药物进行生态风险毒性评价过程中建议选用慢性毒性数据，如繁殖毒性、分子生物学毒性数据等。

在我国地表水中，已经检测出超过158种PPCPs存在于地表和沉积物中。其中，抗生素的总体浓度水平和检出率均高于其他国家。Bu等对112种PPCPs在我国部分淡水水域中存在水平进行收集整理，并根据PNEC得出每种污染物的风险商，结果显示，就所调查的河流及区域中，有6种典型的PPCPs存在的风险较大，其风险商的最大值均超过了1。下文将以红霉素（ERY）、双氯芬酸（DIC）、布洛芬（IBU）、水杨酸（SALA）、磺胺甲噁唑（SMX）和罗红霉素（ROX）为例，按数据收集、评价方法和风险评价结果三个方面，评价环境污染物的生态风险水平。

7.2.1 数据收集

用于推导水生态基准值的毒性数据可从多个来源检索并收集水生生物暴露毒性数据。包括美国环保局的ECOTOX毒性数据库（http：//cfpub.epa.gov/ecotox/），已发表的文献和政府相关文件。遵循"可靠性""准确性"和"适当性"的原则对毒性数据进行筛选。收集数据时具体规定如下：a. 在NOEC或者LOEC数据充足时，优先选择NOEC和LOEC数据，当有最大可接受毒物浓度（maximum acceptable toxic concentration，MATC）数据时，可以采用。当毒性数据数量和种类不满足要求时，可以采用急性毒性数据LC_x或者EC_x；b. 所选择的毒性数据，都是在淡水实验中所测定的；c. 当对于同一物种在同一测试终点有多个毒性数据的时候，取其几何平均值作为该物种在该测试终点的毒性数据。

本章所使用的暴露浓度数据来自中国的 50 个河流或者区域，共计 923 个数据，其对数化暴露浓度分布如图 7-2 所示。调查的河流或区域主要集中在我国东部沿海地区及海域，还包括中国几大典型的河流流域如长江、黄河、海河、珠江、辽河等。

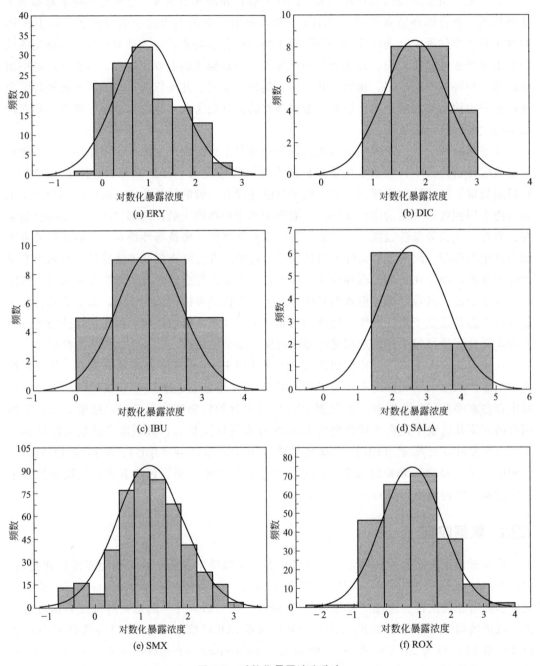

图 7-2　对数化暴露浓度分布

共收集到 136 个 ERY 的暴露数据，主要集中在海河流域和山东半岛河流水系，浓度

范围在 $0.38\sim420$ng/L，涵盖了 4 个对数单位，检出频率最高的浓度范围在 $5\sim12$ng/L。DIC 共有 31 个暴露数据，主要集中在珠江、长江和黄河流域，浓度范围在 $0.25\sim843$ng/L，检出频率最高的浓度范围在 $25\sim283$ng/L。共收集 36 个 IBU 的暴露浓度，大部分数据报道集中在我国海河流域和珠江流域，浓度范围从未检出（ND）到 1417ng/L，检出频率最高的浓度范围在 $35\sim127$ng/L。SALA 共收集到 10 个暴露数据，分布在海河、珠江、黄河以及辽河流域，浓度范围在 $35.3\sim14736$ng/L，检出频率最高的浓度范围在 $121\sim295$ng/L。SMX 共有 476 个暴露数据，其中 127 个数据报道了海河流域，27 个数据报道了黄河流域，77 个数据报道了辽河流域，31 个数据报道了珠江流域，49 个数据报道了长江流域，47 个数据报道了山东半岛河流水系，118 个报道了我国东南部河流水系，浓度范围为 ND~940ng/L，检出频率最高的浓度范围在 $10\sim32$ng/L。ROX 共有 234 个数据，34 个数据报道了海河流域，24 个数据报道了黄河流域，29 个数据报道了渤海湾流域，57 个数据报道了山东半岛流域，90 个数据报道了我国东南部河流水系，浓度范围在 ND~1880ng/L，检出频率最高的浓度范围在 $3.3\sim10$mg/L。六种污染物暴露浓度数据基本情况见表 7-2。

表 7-2　六种污染物暴露浓度数据表

污染物	采样点	河流数	河流或区域
ERY	136	23	苏运河、陡河、小清河、永定河、广利河、白洋淀湖等
DIC	31	5	辽河、长江河口及沿海区、黄河、珠江、海河
IBU	36	6	珠江、黄河、辽河、海河、钱塘江、漳卫南运河
SALA	10	4	珠江、辽河、黄河、海河
SMX	476	45	白洋淀湖、大家洼河、陈台子排水河、长江河口及沿海区、石井河、珠江等
ROX	234	37	石井河、陈台子排水河、大沽排水河、都柳江、珠江、白浪河等

基于不同毒性终点，收集了用于推导 PNEC 的毒性数据。ERY、DIC、IBU 和 SMX 四种药物的对数化毒性数据如图 7-3 所示。

其中 ERY 共收集到 15 个毒性数据，浓度范围在 $12.3\sim1000000$μg/L 之间，效应浓度主要集中在 $300\sim1000$μg/L 之间。DIC 共收集到 22 个毒性数据，浓度范围 $0.318\sim148000$μg/L 之间，效应浓度只要集中在 $10\sim1000$μg/L 之间。IBU 共收集到 39 个毒性数据，浓度范围在 $1\sim100000$μg/L 之间，效应浓度主要集中在 $100\sim1000$μg/L 之间。其中包含 8 个致死毒性数据，包括 3 个 NOEC 毒性数据，1 个 LOEC 毒性数据和 4 个 LC$_{50}$ 毒性数据，浓度范围在 $1\sim142000$μg/L 之间。10 个生长毒性数据，全部为 NOEC 毒性数据，浓度范围在 $1\sim20000$μg/L 之间。11 个繁殖毒性数据，包括 8 个 NOEC 毒性数据和 3 个 LOEC 毒性数据，浓度范围在 $1\sim33000$μg/L 之间。10 个生物化学细胞终点的毒性数据，包括 8 个 NOEC 毒性数据和 2 个 LOEC 毒性数据，浓度范围在 $0.07\sim14200$μg/L 之间。SMX 共收集到 32 个毒性数据，其浓度范围在 $10\sim1000000$μg/L 之间，效应浓度主要集中在 $300\sim5000$μg/L 之间。其中包含 6 个致死毒性数据，包括 5 个 LC$_{50}$ 和 1 个 NOEC 毒性数据，浓度范围在 $26270\sim1000000$μg/L 之间。7 个生长毒性数据，包括 5 个 NOEC 毒性数据，1 个 LOEC 毒性数据和 1 个 EC$_{25}$ 毒性数据，浓度范围在 $19\sim65800$μg/L

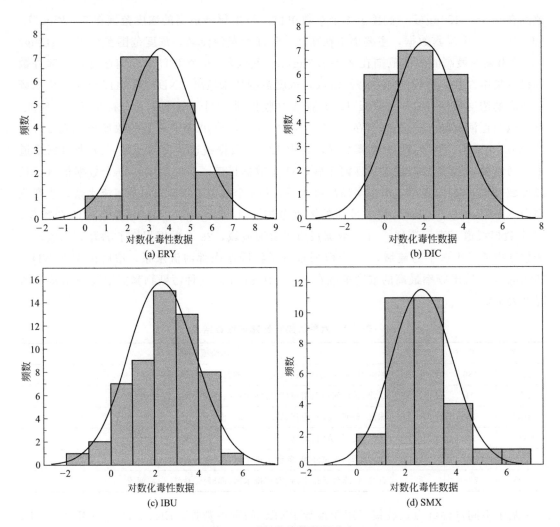

图 7-3　对数化毒性数据分布

之间。10 个繁殖毒性数据，包括 6 个 NOEC 毒性数据和 4 个 EC_{50} 毒性数据，浓度范围在 $10\sim9630\mu g/L$ 之间。9 个生物化学细胞终点的毒性数据，包含 7 个 NOEC 毒性数据和 2 个 LOEC 毒性数据，浓度范围在 $9.4\sim5250\mu g/L$ 之间。

7.2.2　评价方法

根据上述四种生态风险评价方法，对 ERY、DIC、IBU、SMX、SALA 和 ROX 进行生态风险评价。由于 SALA 和 ROX 这两种物质没有足够的毒性数据拟合毒性数据的累积分布图，所以只采用商值法对这两种 PPCPs 进行生态风险的评价，其余四种药物均采用上述四种方法进行生态风险评价。

7.2.2.1　商值法

商值法的计算较为简便，只需将预测环境浓度（PEC）或实测环境暴露浓度（MEC）除以推导出来的基准值（PNEC）即可，其计算方法见式(7-1)。

$$RQ = \frac{PEC \text{ 或 } MEC}{PNEC} \tag{7-1}$$

式中　　RQ——风险商；

PEC 或 MEC——预测环境暴露浓度或实测环境暴露浓度，mg/L；

　　PNEC——预测无效应浓度，mg/L。

其中，用 AF 法和 SSD 法两种方法推导的基准值 PNEC（分别以 $PNEC_{AF}$ 和 $PNEC_{SSD}$ 表示）进行商值法生态风险评价。AF 法是采用已知的最敏感生物的毒性数据乘以（或者除以）相应的评价因子计算基准值，该方法操作简便。SSD 法充分利用毒性数据，其计算方法见式(7-2)。

$$PNEC = \frac{5\%SSD(50\%c.i.)}{AF} \tag{7-2}$$

式中　PNEC——预测无效应浓度，mg/L；

　5%SSD——能够保护 95% 物种时 SSD 曲线上化合物的浓度值，mg/L；

　50%c. i. ——50% 置信区间；

　　　　AF——安全因子。

7.2.2.2　安全阈值法

在使用安全阈值法时，需要采用对数化毒性数据的累积概率分布图，由于 SALA 和 ROX 没有足够的毒性数据，所以，无法采用安全阈值法对这两种物质进行生态风险评价。在对其他四种药物进行生态风险评价时，需要对其现有的暴露浓度进行曲线拟合，得到累积概率分布图，求得环境暴露浓度累积分布曲线上 90% 的浓度（EXD_{90}）。其中，SMX 暴露浓度使用的是各河流或者区域的均值，ERY、DIC 和 IBU 使用的是所有采样点的测量值。再对所有毒性数据浓度值拟合累积概率分布曲线，求得毒性数据累积分布曲线上 10% 处的浓度（SSD_{10}）。其计算方法见式(7-3)。

$$MOS_{10} = \frac{SSD_{10}}{EXD_{90}} \tag{7-3}$$

式中　MOS_{10}——安全阈值；

　SSD_{10}——SSD 曲线中累积概率为 10% 对应的毒性数据，mg/L；

　EXD_{90}——环境暴露浓度分布曲线为 90% 对应的暴露浓度，mg/L。

7.2.2.3　商值概率分布法

商值概率分布法使用 Oracle Crystal Ball 软件对暴露浓度和毒性数据分布进行拟合，再对两个分布进行抽样 10000 次，求暴露浓度与毒性数据的比值，拟合 RQ 的累积概率分布曲线，以此来获得超过某一特定 RQ 的概率，其计算公式见式(7-4)。

$$DBQ = \frac{EXD}{SSD} \tag{7-4}$$

式中　DBQ——商值概率；

　EXD——环境暴露浓度分布；

　SSD——物种敏感度分布。

7.2.2.4 联合概率曲线法

联合概率曲线法使用 ETX2.0 软件以暴露浓度的累积概率作为 x 轴，以毒性数据的累积概率作为 y 轴，得到联合概率曲线。则曲线下面积越小，代表污染物对水体环境的生态风险越小，反之，生态风险越大。即如果曲线越靠近坐标轴，其曲线下方的面积越小，则生态风险越小。

7.2.3 风险评价结果

7.2.3.1 商值法

图 7-4(a) 和（b）分别表示基于 AF 法和 SSD 法推导的污染物的风险商箱线图。从总体上来看，运用 $PNEC_{AF}$ 计算求得的六种物质的风险商中，每种污染物的风险商的最大值都大于或者等于 1。在被调查的河流或区域中，六种污染物都存在风险。其中风险最高的污染物为 IBU，且风险商数值跨越了五个数量级，说明 IBU 的环境存在浓度偏高且污染程度差异较大。风险最低的为 SMX，其大多数风险商数值都小于 1。六种药物的风险从高到低依次为 IBU、ROX、DIC、ERY、SALA、SMX。运用 $PNEC_{SSD}$ 所求的风险商与上述结果略有区别，从图中可以看出，相比于 AF 法得出的风险商结果均低一个数量级，其中污染物 DIC 的风险商最高，其余三种药物风险商的高低顺序依次为 IBU、SMX、ERY。但是 ERY 的所有暴露浓度均低于基准值，即 RQ<1。从图 7-4 来看，IBU 与 DIC 的 RQ 值明显高于其他四种药物的 RQ 值。

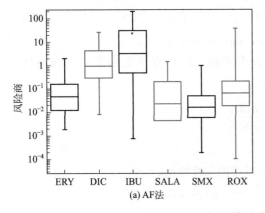
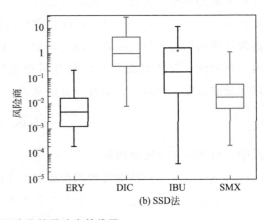

图 7-4　两种方法推导的污染物的风险商箱线图

如图 7-5 所示，将风险按等级划分，图中明显可以看出每种药物形成的不同风险程度。通过对比 AF 法所得 RQ 值可知，按高度风险所占比例对六种药物进行排序：IBU>DIC>SALA>ROX>ERY>SMX；按中度风险所占比例对六种药物进行排序：SMX>ROX>DIC>SALA>ERY>IBU；按低度风险所占比例对六种要去进行排序：ERY>SALA>ROX>SMX>DIC>IBU。其中 DIC 和 IBU 高度风险和中度风险的和分别占各自整体 80% 和 86%，高度风险的淡水流域占所有被调查的淡水流域比重较大，说明 DIC 和 IBU 两种污染物存在相对较大的环境风险。通过对比 SSD 法所得 RQ 值可知，按高度风险所占比例对四种药物进行排序：DIC>IBU>SMX>ERY；按中度风险所占比例对四种药物进行排序：DIC＞IBU＞SMX＞ERY；按低度风险所占比例对四种要去进行排序：ERY＞SMX＞IBU＞DIC。其中 DIC 和 IBU 高度风险和中度风险的和分别占各自整体80％和61％，与 AF 法所显示趋势相同。而 AF 法和 SSD 法中 ERY 的低度风险所占比例分别为65％和97％，说明 ERY 存在的风险相对较小。

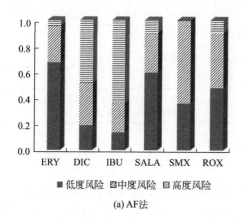

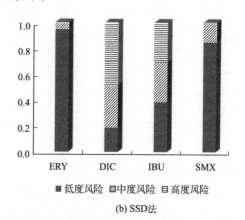

图 7-5　两种方法求得的污染物的风险等级

SSD 法集合了所有有效的毒性数据，考虑数据分布模型的合理性及置信度问题，在推导基准值方面更具综合性。因此，在进行生态风险评价时，如果有 SSD 法推导的基准值，则优先考虑采用 SSD 法所推导的基准值来进行生态风险评价。ERY 浓度最高的区域出现在北京的苏运河，浓度为420ng/L。ERY 目前对于中国淡水流域存在的风险较小，其风险商均在 1 以下，即暴露浓度均低于基准值，其存在低风险点（或区域）占被调查点（或区域）总量的95.6％。DIC 对中国淡水流域所造成的生态风险相对较大。最大浓度出现在长江河口及海岸区，浓度为843ng/L，污染较为严重的三个区域及平均浓度分别为辽河411ng/L，长江河口及海岸区315ng/L 和黄河79.4ng/L，均超过了基准值。其中存在高度风险和中度风险的点（或区域）分别占被调查点（或区域）总量的48.4％和32.3％。同样的，IBU 存在的生态风险也相对较大。其最大浓度出现在珠江流域，暴露浓度为1417ng/L，污染较为严重的三个流域及平均暴露浓度分别为珠江236ng/L、黄河225ng/L和辽河122ng/L，均高于基准值。在被调查区域中，存在高度风险和中度风险的区域均占30.6％。SMX 存在的风险相对较低，其最高浓度出现在白洋淀湖，暴露浓度为940ng/L。存在高度风险的区域仅占所有被调查点（或区域）总量的0.42％。SALA 最大的暴露浓度出现在珠江，暴露浓度为14736ng/L，而且仅有这个区域的暴露浓度大于基准值，大部分区域处于中度和低度风险，分别占30％和60％。ROX 最大暴露浓度出现在广州石井河，暴露浓度为1880ng/L，污染较为严重的三个流域为石井河、陈台子排水河和大沽排水河，暴露浓度均值分别为1373ng/L、1046ng/L 和470ng/L。均超过了基准值。其中9.83％和41.9％的采样点（或区域）存在高度风险和中度风险（SALA 和 ROX 是基于 $PNEC_{AF}$ 求风险商）。具体情况见表 7-3，其中 ERY、DIC、IBU 和 SMX 的结果是采用 $PNEC_{SSD}$ 所求得的风险商情况，SALA 和 ROX 是采用 $PNEC_{AF}$ 所求得的风险商情况。

表 7-3   六种物质风险商评价情况

污染物	RQ		风险等级			高风险流域
	最小值	最大值	低	中	高	
ERY	0.22	<0.001	95.6%	4.41%	0	—
DIC	27.6	0.008	19.4%	32.3%	48.4%	辽河、长江河口及海岸区、黄河、珠江、海河
IBU	11.6	<0.001	38.9%	30.6%	30.6%	珠江、黄河、辽河
SMX	1.14	<0.001	85.3%	14.3%	0.42%	白洋淀湖
SALA	1.47	0.004	60.0%	30.0%	10.0%	—
ROX	37.0	<0.001	48.3%	41.9%	9.83%	石井河、陈台子排水河、大沽排水河、都柳江、珠江、白浪河、白洋淀湖、海河

注："—"表示被调查河流或区域 RQ 均小于 1。

7.2.3.2 安全阈值法

暴露浓度累积概率分布如图 7-6 所示。MOS_{10} 值等于物种敏感度或者毒性数据累积分布曲线上 10% 处的浓度除以环境暴露浓度累积分布曲线上 90% 的浓度（EXD_{90}）所得比值。根据以上的累积概率分布图即可求出 SSD_{10} 和 EXD_{90}。经计算得 ERY 的 SSD_{10} 和 EXD_{90} 分别为 41.69μg/L 和 0.095μg/L，即 $MOS_{10}=439$；DIC 的 SSD_{10} 和 EXD_{90} 分别为

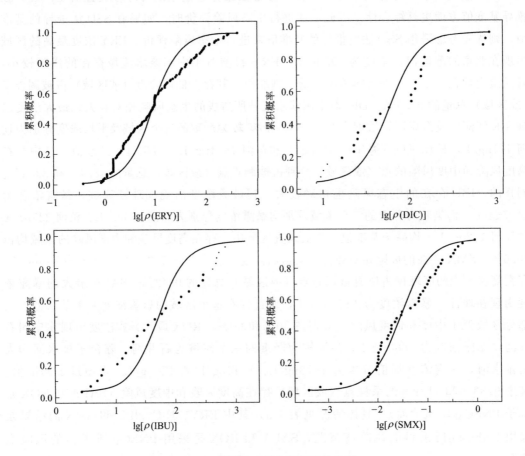

图 7-6   暴露浓度的累积概率分布图

0.71μg/L和0.37μg/L，即 $MOS_{10}=1.92$；IBU的 SSD_{10} 和 EXD_{90} 分别为2.29μg/L和0.58μg/L，即 $MOS_{10}=3.95$；SMX的 SSD_{10} 和 EXD_{90} 分别为12.0μg/L和0.32μg/L，即 $MOS_{10}=37.5$。由安全阈值可知，四种物质的 MOS_{10} 值均大于1。而DIC和IBU的 MOS_{10} 值明显小于ERY和SMX的 MOS_{10} 值，DIC的 MOS_{10} 最接近于1。该结果与之前使用商值法得出的结论相同。另外，通过暴露浓度的累积概率分布曲线，还可以得出暴露浓度累积概率分布曲线图上与水质基准值相等的浓度值所对应的累积概率，该值表示在保护95%水生生物的前提下，产生生态风险的概率。根据图7-6可知，六种物质ERY、DIC、IBU、SMX、SALA、ROX水质基准值对应的累积概率分别为<0.01%、70%、33.50%、3.30%、7.40%和17.90%。相应地，在保护95%水生生物的前提下，产生生态风险的概率分别为<0.01%、70%、33.50%、3.30%、7.40%和17.90%。存在较大风险的三种物质从大到小分别为DIC、IBU和SMX。

7.2.3.3　商值概率分布法

模型模拟结果如图7-7所示。ERY的风险商小于0.1的概率为99.60%，小于1的概率为99.92%。结果表明ERY暴露浓度超过慢性毒性数据的概率较小，说明目前其存在的生态风险较小。对于DIC，风险商小于0.1的概率为89.73%，小于1的概率为96.64%，结果显示，目前DIC对于中国淡水水域的生态具有一定风险，其暴露浓度值大于慢性毒性数据的概率达3.36%。对于IBU，风险商小于0.1的概率为92.88%，小于1的概率为98.10%，说明IBU具有一定的生态风险。对于SMX，风险商小于0.1的概率为98.31%，小于1的概率为99.73%，可以看出SMX对中国淡水水域产生生态风险的概率较小。由以上结果可以看出，如果认为当RQ≥0.1时，物质对水环境具有一定潜在风险，那么，DIC和IBU存在的生态风险的概率分别为10.27%和7.12%，而ERY和SMX所造成的生态风险较小。

7.2.3.4　联合概率曲线法

图7-8为四种物质的联合概率曲线。由图可知，四种物质生态风险差异很大。曲线下方的面积代表预测生态风险（expected ecological risk，EER）的大小。计算结果表明ERY、DIC、IBU和SMX的EER分别为7%、40%、36%和0.2%，结果表明DIC与IBU具有较高的生态风险。

本文采用四种方法对六种药物进行生态风险评价，通过对比发现，安全阈值法、商值概率分布法和联合概率曲线法更加可靠。随着生态风险评价的不断深入研究，又引入了多层次的风险评价方法，即从简单的点评价，如商值法，到运用概率学的方法，能够更准确地表征风险的统计评价，如安全阈值法、商值概率分布法和联合概率曲线法等。商值法对数据量的要求较少，是一种较为简单快捷的方法。但是商值法的评价是针对某一个特定的暴露测试点或者区域，其结果不能体现暴露浓度在水体中的时空变化率，是一种相对保守的评价方法，其预测的风险往往高于实际风险，所以，一般商值法在多层次风险评价的最低一层，如果商值法得出某种物质具有很高的生态风险，即可对该物质进行进一步的生态风险评价。安全阈值法是一种运用概率学方法的评价手段，虽然不能表征出绝对的风险水平，但是能够为环境管理决策者提供有效的风险信息。而商值概率分布和联合概率曲线

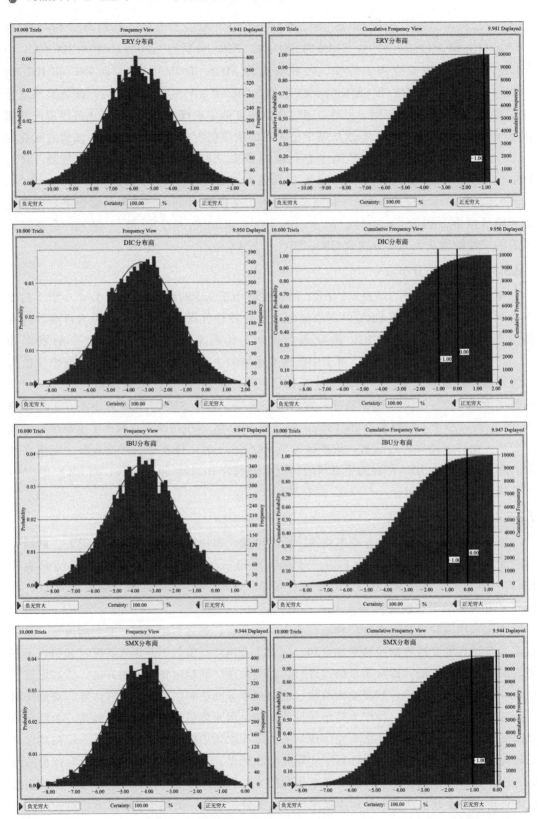

图 7-7　四种药物的分布商

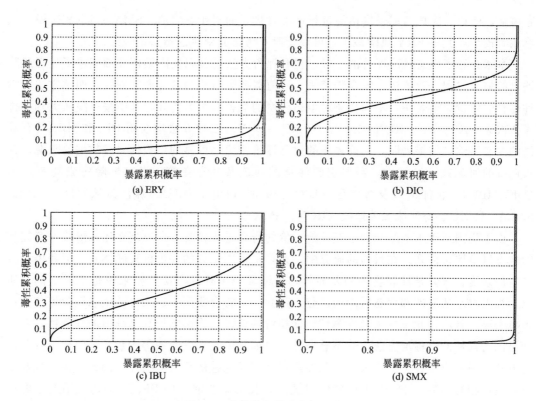

图 7-8 四种药物的联合概率曲线

法结合暴露数据和毒性数据分布，其结果较为准确，也是多层生态风险评价的最高层。所以在对生态风险进行评价时，应该着重考虑这两种方法的结果。

四种方法的评价结果显示，商值法得出的风险大小依次为 DIC＞IBU＞ROX＞SALA＞SMX＞ERY。其中，由于采 SSD 法推导基准值较为准确，所以在使用商值法时，优先考虑采用 PNEC$_{SSD}$，所以 DIC、IBU、SMX 和 ERY 的 RQ 是基于 PNEC$_{SSD}$ 求出的。安全阈值法得出的存在风险从大到小依次为 DIC＞IBU＞SMX＞ERY。商值概率分布法和联合概率曲线法得出的结论与安全阈值法是相同的，都为 DIC＞IBU＞SMX＞ERY。综合所有具体的风险值来看，由表 7-4 可知，DIC、IBU 和 ROX 对中国淡水流域具有一定的生

表 7-4 四种风险评价方法评价结果汇总

污染物	商值法	安全阈值法		商值概率分布法	联合概率曲线法
	中高度风险概率	SSD$_{10}$/EXD$_{90}$	累积概率	RQ≥0.1	
ERY	4.41%	438	＜0.01%	0.40%	7%
DIC	80.7%	1.92	70.0%	10.3%	40%
IBU	61.1%	3.95	33.5%	7.12%	36%
SMX	14.7%	37.6	3.30%	1.69%	0.2%
SALA	40.0%	—	7.40%	—	—
ROX	51.7%	—	17.9%	—	—

注："—"表示没有计算结果。

态风险，所以，应该考虑采取措施进行环境管理，而对于SALA、SMX和ERY来说，风险相对较小，其中ERY风险最小，可以暂时不考虑其对生态造成的风险。

本章介绍了生态风险评价的一般过程和评价方法，并以实际案例详细阐述了生态风险评价的整个过程。商值法、安全阈值法、商值概率分布法和联合概率曲线法四种方法对六种药物的评价结果表明，不同物质对生态环境的危害有很大差异，其中按风险从大到小排序依次为DIC、IBU、ROX、SALA、SMX、ERY。四种方法均表明DIC和IBU具有较高的生态风险，结果表明，目前采用的风险评价方法是可靠的。根据暴露数据的来源，在被调查的河流或者区域中，需要引起注意的河流及其存在较大潜在风险污染物有辽河（DIC、IBU）、长江河口及海岸区（DIC）、黄河（DIC、IBU）、珠江流域（DIC、IBU、SALA、ROX）、海河流域天津段（ROX、SMX）。

由于我国对于水质基准和生态风险评价的研究起步较晚，所以现在还未形成一套完整的生态风险评价体系。在目前的研究中，大多是采用国外的评价框架和体系，但是由于区域生态系统、气候条件和物种的差异等，单纯采用国外的方法严格来说是不科学的。所以，加大对水质基准和生态风险的研究，建立一个符合我国生态条件的生态风险评价方法很有必要。其次，我国本土毒性测试数据相对缺乏，这将影响推导基准值的准确性。一方面是因为毒性测试标准方法建立不够完善，目前我国只有发光菌等少数几种急性毒性测试的方法。另一方面在于缺乏大量的毒性测定数据及完善的毒性数据库。因此，在毒性数据方面发展相对滞后。结合本文研究结果显示，我国某些河流中PPCPs的污染情况不容乐观，其对生态环境及人类健康带来的潜在危害是不容忽视的。因此，应尽快推进关于我国环境中PPCPs的生态风险评价研究，敦促政府管理部门采取适当相应的措施，减少甚至消除新兴污染物带来的生态环境风险。

参 考 文 献

曹国志，曹东，於方，等，2013. 国家环境风险防控与管理体系框架构建 [J]. 中国环境科学，33（1）：186-191.

冯承莲，汪浩，王颖，等，2015. 基于不同毒性终点的双酚A（BPA）预测无效应浓度（PNEC）[J]. 生态毒理学报，10（1）：119-129.

郭广慧，吴丰昌，何宏平，等，2011. 太湖梅梁湾、贡湖湾和胥口湾水体PAHs的生态风险评价 [J]. 环境科学学报，31（12）：2804-2813.

雷炳莉，2009. 典型有毒有机物和环境内分泌干扰物的生态风险评价 [D]：中国科学院生态环境研究中心.

雷炳莉，黄圣彪，王子健，2009. 生态风险评价理论和方法 [J]. 化学进展，21（2/3）：350-358.

汪浩，冯承连，郭广慧，等，2013. 我国淡水水体中双酚A（BPA）的生态风险评价 [J]. 环境科学，34（6）：2319-2328.

王丹，隋倩，赵文涛，等，2014. 中国地表水环境中药物和个人护理品的研究进展 [J]. 科学通报，59（9）：743-751.

王宋军，2012. 生态风险产生的原因及影响较大的几种生态风险 [J]. 减灾综述，5：51-55.

杨虹，2017. 独流减河水环境污染特征及生态风险评价研究 [D]. 天津：天津工业大学.

阳文锐，王如松，黄锦楼，等，2007. 生态风险评价及研究进展 [J]. 应用生态学报，18（8）：1869-1876.

俞炜炜，2012. 海岸带区域战略决策的生态风险评价研究 ［D］. 厦门：厦门大学.

曾建军，邹明亮，郭建军，等，2017. 生态风险评价研究进展综述 ［J］. 环境监测管理与技术，27（1）：1-5.

张思锋，刘晗梦，2010. 生态风险评价方法述评 ［J］. 生态学报，30（10）：2735-2744.

朱艳景，张彦，高思，等，2015. 生态风险评价方法学研究进展与评价模型选择 ［J］. 城市环境与城市生态，28（1）：17-21.

Arnot J A, Mackay D, Webster E, et al., 2006. Screening level risk assessment model for chemical fate and effects in the environment ［J］. Environmental Science & Technology，40（7）：2316-2323.

Baldigo B P, George S D, Phillips P J, et al., 2015. Potential estrogenic effects of wastewaters on gene expression in Pimephales promelas and fish assemblages in streams of southeastern New York ［J］. Environmental Toxicology and Chemistry，34（12）：2803-2815.

Bartikova H, Podlipna R, Skalova L, 2016. Veterinary drugs in the environment and their toxicity to plants ［J］. Chemosphere，144：2290-2301.

Brain R A, Sanderson H, Sibley P K, et al., 2006. Probabilistic ecological hazard assessment: Evaluating pharmaceutical effects on aquatic higher plants as an example ［J］. Ecotoxicology and Environmental Safety，64（2）：128-135.

Bu Q, Cao Y, Yu G, et al., 2020. Identifying targets of potential concern by a screening level ecological risk assessment of human use pharmaceuticals in China ［J］. Chemosphere，246：125818.

Bu Q, Wang B, Huang J, et al., 2013. Pharmaceuticals and personal care products in the aquatic environment in China: A review ［J］. Journal of Hazardous Materials，262：189-211.

Caldwell D J, Mastrocco F, Hutchinson T H, et al., 2008. Derivation of an aquatic predicted no-effect concentration for the synthetic hormone, 17 alpha-ethinyl estradiol ［J］. Environmental Science & Technology，42（19）：7046-7054.

Crane M, Watts C, Boucard T, 2006. Chronic aquatic environmental risks from exposure to human pharmaceuticals ［J］. Science of the Total Environment，367（1）：23-41.

Critto A, Torresan S, Semenzin E, et al., 2007. Development of a site-specific ecological risk assessment for contaminated sites: Part I. A multi-criteria based system for the selection of ecotoxicological tests and ecological observations ［J］. Science of the Total Environment，379（1）：16-33.

Di Poi C, Costil K, Bouchart V, et al., 2018. Toxicity assessment of five emerging pollutants, alone and in binary or ternary mixtures, towards three aquatic organisms ［J］. Environmental Science and Pollution Research，25（7）：6122-6134.

Geiger E, Hornek Gausterer R, Sacan M T, 2016. Single and mixture toxicity of pharmaceuticals and chlorophenols to freshwater algae Chlorella vulgaris ［J］. Ecotoxicology and Environmental Safety，129：189-198.

Godoy A A, Kummrow F, 2017. What do we know about the ecotoxicology of pharmaceutical and personal care product mixtures? A critical review ［J］. Critical Reviews in Environmental Science and Technology，47（16）：1453-1496.

Hope B K, 2006. An examination of ecological risk assessment and management practices ［J］. Environment International，32（8）：983-995.

Huang Q, Bu Q, Zhong W, et al., 2018. Derivation of aquatic predicted no-effect concentration (PNEC) for ibuprofen and sulfamethoxazole based on various toxicity endpoints and the associated risks ［J］. Chemosphere，193：223-229.

Jin X, Wang Y, Jin W, et al., 2014. Ecological risk of nonylphenol in China surface waters based on reproductive fitness [J]. Environmental Science & Technology, 48 (2): 1256-1262.

Klimisch H J, Andreae M, Tillmann U, 1997. A systematic approach for evaluating the quality of experimental toxicological and ecotoxicological data [J]. Regulatory Toxicology and Pharmacology, 25 (1): 1-5.

Li J, Liu H, Chen J P, 2018. Microplastics in freshwater systems: A review on occurrence, environmental effects, and methods for microplastics detection [J]. Water Research, 137: 362-374.

Liu X, Steele J C, Meng X Z, 2017. Usage, residue, and human health risk of antibiotics in Chinese aquaculture: A review [J]. Environmental Pollution, 223: 161-169.

Manuel Galindo-Miranda J, Guizar-Gonzalez C, Becerril-Bravo E J, et al., 2019. Occurrence of emerging contaminants in environmental surface waters and their analytical methodology - a review [J]. Water Science and Technology, 19 (7): 1871-1884.

RATF, 2004. An examination of EPA risk assessment principles and practices [R]. Washington DC: US Environmental Protection Agency.

Richardson S D, 2007. Water analysis: Emerging contaminants and current issues [J]. Analytical Chemistry, 79 (12): 4295-4323.

Sanchez-Bayo F, Baskaran S, Kennedy I R, 2002. Ecological relative risk (EcoRR): Another approach for risk assessment of pesticides in agriculture [J]. Agriculture Ecosystems and Environment, 91 (1-3): 37-57.

Sun L, Zha J, Spear P A, et al., 2007. Tamoxifen effects on the early life stages and reproduction of Japanese medaka (Oryzias latipes) [J]. Environmental Toxicology and Pharmacology, 24 (1): 23-29.

Suter G, 2008. Environmental assessment: The regulation of decision making, by Jane Holder [J]. Integrated Environmental Assessment and Management, 4 (3): 285-289.

UKDOE, 1995. A guide to risk assessment and risk management for environmental protection [R]. UK: U. K. Department of the Environment London.

UNEP, 2001. Final act of the conference of plenipotentiaries on the Stockholm Convention on persistent organic pollutants [R]. Geneva, Switzerland: United Nations Environment Program.

USEPA, 2003. Framework for cumulative risk assessment [R]. Washington, DC: U. S. Environmental Protection Agency.

USEPA, 2007. Framework for metals risk assessment [R]. Washington, DC: U. S. Environmental Protection Agency.

USEPA, 1992. Framwork for ecological risk assessment [R]. Washington, DC: Risk Assessment Forum, Office of Research and Development.

USEPA, 1998. Guidelines for Ecological Risk Assessment [R]. Washington, DC: Risk Assessment Forum, U. S Environmental Protection Agency.

USEPA, 2001. The role of screening-level risk assessments and refining contaminants of concern in baseline ecological risk assessments [R]. Washington DC: Office of Solid Waste and Emergency Response, US EPA.

Vulliet E, Cren-Olive C, 2011. Screening of pharmaceuticals and hormones at the regional scale, in surface and groundwaters intended to human consumption [J]. Environmental Pollution, 159 (10): 2929-2934.

Wang J, Wang S, 2016. Removal of pharmaceuticals and personal care products (PPCPs) from wastewater: A review [J]. Journal of Environmental Management, 182: 620-640.

Wheeler J R, Grist E P M, Leung K M Y, et al., 2002. Species sensitivity distributions: Data and model choice [J]. Marine Pollution Bulletin，45（1-12）：192-202.

Yang L H，Ying G G，Su H C，et al.，2008. Growth-inhibiting effects of 12 antibacterial agents and their mixtures on the freshwater microalga Pseudokirchneriella subcapitata [J]. Environmental Toxicology and Chemistry，27（5）：1201-1208.

Yang Y，Ok Y S，Kim K H，et al.，2017. Occurrences and removal of pharmaceuticals and personal care products（PPCPs）in drinking water and water/sewage treatment plants：A review [J]. Science of the Total Environment，596：303-320.

Zolezzi M，Cattaneo C，Tarazona J V，2005. Probabilistic ecological risk assessment of 1，2，4-trichloro-benzene at a former industrial contaminated site [J]. Environmental Science & Technology，39（9）：2920-2926.

第 8 章

PPCPs污染的
控制技术与策略

随着社会经济的发展和人们生活水平的提高，PPCPs 的生产量和使用量也在不断增加，导致环境中 PPCPs 的检出频率和检出浓度也在不断升高，并对生态环境及人类健康产生影响。近年来，PPCPs 因其生物累积性和生态毒性受到了人们的高度关注，如何有效去除 PPCPs 类污染物，降低环境中 PPCPs 类污染物的浓度，已经成为环境污染控制领域研究的热点和难点。污水处理厂是 PPCPs 进入环境的主要途径之一，因此开展污水处理工艺对 PPCPs 的去除效果的研究尤为重要，对了解 PPCPs 进入环境的浓度和未来污水处理工艺的改进有较高的参考价值。

8.1　传统生物处理技术

现有污水处理厂大部分是利用活性污泥进行生物处理从而达到去除污染物的目的，通过人为地创造适合微生物生存和繁殖的环境，使之大量繁殖，以提高其氧化分解污染物的效率。根据微生物生长条件的不同，生物处理技术可分为好氧生物处理和厌氧生物处理。

8.1.1　好氧生物处理

好氧生物处理主要是利用好氧微生物（包括兼性微生物）在有氧气存在的条件下进行生物代谢以降解有机污染物，使其稳定、无害化的处理方法，常见的好氧生物处理技术包括活性污泥法、接触氧化法、生物滤池法、生物流化床以及膜生物反应器法等。目前部分研究者针对 PPCPs 类物质在污水处理厂中的去除效果进行了研究，如表 8-1 所示。

表 8-1　好氧生物处理去除 PPCPs

目标污染物	污水处理厂去除工艺	进水浓度/(ng/L)	出水浓度/(ng/L)	去除效率/%	文献
17α-乙炔基雌二醇	厌氧/好氧	2193	280	87	(He et al.,2013)
	氧化沟	4437	402	91	(He et al.,2013)
17β-雌二醇	厌氧/好氧	1170	41	97	(He et al.,2013)
	氧化沟	1126	106	91	(He et al.,2013)
阿普唑仑	生物滤池	32.3	27.5	15	(Santos et al.,2013)
阿奇霉素	生物滤池	186	171	8	(Santos et al.,2013)
阿替洛尔	生物滤池	522	600	−15	(Santos et al.,2013)
安替比林	生物滤池	25.7	29.5	−15	(Santos et al.,2013)
氨氯地平	生物滤池	48.5	41.4	15	(Santos et al.,2013)
奥氮平	生物滤池	4.52	26.2	−480	(Santos et al.,2013)
苯并异噻唑酮	缺氧/好氧	203(23～490)	22(8.3～57)	89	(Li et al.,2018)
	循环活性污泥	221(120～530)	1.61(0.61～73)	99	(Li et al.,2018)
苯扎贝特	生物滤池	490	409	17	(Santos et al.,2013)
布洛芬	传统活性污泥法	2640～5700	910～2100	60～70	(Carballa et al.,2004)
	厌氧/缺氧/好氧	367	15.3	96	(Tang et al.,2019)

目标污染物	污水处理厂去除工艺	进水浓度/(ng/L)	出水浓度/(ng/L)	去除效率/%	文献
布洛芬	厌氧/缺氧/好氧	324	10.8	97	(Tang et al.,2019)
	厌氧/缺氧/好氧	239	140	42	(赵高峰 等,2011)
	生物滤池	1596	119	93	(Santos et al.,2013)
雌激素酮	传统活性污泥法	2400	4400	−83	(Carballa et al.,2004)
	厌氧/好氧	29	7	76	(He et al.,2013)
	氧化沟	129	11	91	(He et al.,2013)
雌三醇	厌氧/好氧	53	39	26	(He et al.,2013)
地尔硫卓	厌氧/缺氧/好氧	52.3	49.7	5	(赵高峰 等,2011)
	生物滤池	283	189	33	(Santos et al.,2013)
地西泮	生物滤池	6.46	7.16	−11	(Santos et al.,2013)
碘美普尔	厌氧/缺氧/好氧	67270	42590	37	(王大鹏 等,2017)
碘普罗胺	传统活性污泥法	6600	9300	−41	(Carballa et al.,2004)
	生物滤池	79527	49286	38	(Santos et al.,2013)
对羟基苯甲酸丙酯	缺氧/好氧	407(160～1400)	0.61(0.51～31)	100	(Li et al.,2018)
	循环活性污泥	362(180～950)	0.79(0.79～22)	100	(Li et al.,2018)
对羟基苯甲酸甲酯	缺氧/好氧	1207(320～2400)	12(7.9～69)	99	(Li et al.,2018)
	循环活性污泥	939(360～2500)	11(7.0～24)	99	(Li et al.,2018)
对羟基苯甲酸乙酯	缺氧/好氧	199(120～690)	0.39(0.17～2.5)	100	(Li et al.,2018)
	循环活性污泥	155(120～640)	0.90(0.39～25)	99	(Li et al.,2018)
厄贝沙坦	生物滤池	591	410	31	(Santos et al.,2013)
二甲双胍	生物滤池	720	164	77	(Santos et al.,2013)
法莫替丁	生物滤池	2.01	1.99	1	(Santos et al.,2013)
非诺贝特	厌氧/缺氧/好氧	604	12.1	97	(Tang et al.,2019)
	厌氧/缺氧/好氧	157.3	12	92	(Tang et al.,2019)
氟西汀	厌氧/缺氧/好氧	122.77	37.97	69	(赵高峰 等,2011)
红霉素	生物滤池	92.7	71.2	23	(Santos et al.,2013)
华法林	生物滤池	3.55	2.42	32	(Santos et al.,2013)
环丙沙星	生物滤池	221	369	−67	(Santos et al.,2013)
磺胺甲噁唑	传统活性污泥法	580	250	57	(Carballa et al.,2004)
	厌氧/缺氧/好氧	170	157	8	(赵高峰 等,2011)
	生物滤池	912	950	−4	(Santos et al.,2013)
吉非罗齐	厌氧/缺氧/好氧	53.8	67.8	−26	(Tang et al.,2019)
	厌氧/缺氧/好氧	27.8	15.9	43	(Tang et al.,2019)
佳乐麝香	缺氧/好氧	223(110～500)	39(25～54)	83	(Li et al.,2018)
	循环活性污泥	163(35～320)	13(9.4～65)	92	(Li et al.,2018)

续表

目标污染物	污水处理厂 去除工艺	进水浓度 /(ng/L)	出水浓度 /(ng/L)	去除效率/%	文献
佳乐麝香	传统活性污泥法	2100~3400	490~600	70~85	(Carballa et al.,2004)
	厌氧/好氧	316	103	67	(He et al.,2013)
	氧化沟	306	186	39	(He et al.,2013)
甲灭酸	厌氧/缺氧/好氧	35.5	35.4	0	(Tang et al.,2019)
	厌氧/缺氧/好氧	20.5	12.3	40	(Tang et al.,2019)
甲硝唑	生物滤池	51.1	51.1	0	(Santos et al.,2013)
甲氧苄啶	厌氧/缺氧/好氧	204	193	6	(赵高峰 等,2011)
	生物滤池	124	167	-35	(Santos et al.,2013)
咖啡因	缺氧/好氧	6870(3000~10000)	28(3.6~58)	100	(Li et al.,2018)
	循环活性污泥	3360(2300~4900)	8.26(6.2~39)	100	(Li et al.,2018)
	厌氧/缺氧/好氧	4490	78.0	100	(赵高峰 等,2011)
卡马西平	生物滤池	565	460	19	(Santos et al.,2013)
	厌氧/缺氧/好氧	41990	8750	79	(王大鹏 等,2017)
可待因	生物滤池	206	138	33	(Santos et al.,2013)
克拉霉素	生物滤池	22.2	22.4	-1	(Santos et al.,2013)
雷尼替丁	生物滤池	211	149	29	(Santos et al.,2013)
林可霉素	厌氧/缺氧/好氧	189	47.6	75	(赵高峰 等,2011)
氯贝酸	厌氧/缺氧/好氧	16.2	7.9	51	(Tang et al.,2019)
	厌氧/缺氧/好氧	194.2	71.1	63	(Tang et al.,2019)
氯吡格雷	生物滤池	20.6	11.1	46	(Santos et al.,2013)
氯羟去甲安定	生物滤池	299	294	2	(Santos et al.,2013)
氯沙坦	生物滤池	237	143	40	(Santos et al.,2013)
萘普生	传统活性污泥法	1790~4600	800~2600	40~55	(Carballa et al.,2004)
	厌氧/缺氧/好氧	71.4	16.3	77	(Tang et al.,2019)
	厌氧/缺氧/好氧	81	15.9	80	(Tang et al.,2019)
	厌氧/缺氧/好氧	678	162	76	(赵高峰 等,2011)
	生物滤池	741	303	59	(Santos et al.,2013)
诺氟西汀	生物滤池	112	36.1	68	(Santos et al.,2013)
乙酰氨基酚	生物滤池	2463	96.1	96	(Santos et al.,2013)
普伐他汀	生物滤池	218	239	-10	(Santos et al.,2013)
普萘洛尔	生物滤池	8.98	8.27	8	(Santos et al.,2013)
羟基甲硝唑	生物滤池	62.9	102	-62	(Santos et al.,2013)
氢氯噻嗪	生物滤池	393	229	42	(Santos et al.,2013)
曲唑酮	生物滤池	6.72	4.03	40	(Santos et al.,2013)
噻苯咪唑	生物滤池	2.77	4.95	-79	(Santos et al.,2013)

续表

目标污染物	污水处理厂去除工艺	进水浓度/(ng/L)	出水浓度/(ng/L)	去除效率/%	文献
三氯卡班	缺氧/好氧	504(280～1900)	58(28～86)	100	(Li et al.,2018)
	循环活性污泥	204(100～570)	1.45(1.5～67)	99	(Li et al.,2018)
	厌氧/缺氧/好氧	977	256	74	(赵高峰 等,2011)
三氯生	缺氧/好氧	274(59～1100)	83(13～110)	70	(Li et al.,2018)
	循环活性污泥	389(230～2900)	17(9.0～180)	96	(Li et al.,2018)
沙丁胺醇	生物滤池	7.34	16.1	−119	(Santos et al.,2013)
双酚A	厌氧/好氧	176	368	−109	(He et al.,2013)
	氧化沟	26	57	−119	(He et al.,2013)
双氯芬酸	厌氧/缺氧/好氧	171	120	30	(Tang et al.,2019)
	厌氧/缺氧/好氧	91.7	33.2	64	(Tang et al.,2019)
	生物滤池	69.7	42.9	38	(Santos et al.,2013)
水杨酸	厌氧/缺氧/好氧	686	130	81	(Tang et al.,2019)
	厌氧/缺氧/好氧	229	48.6	79	(Tang et al.,2019)
呋塞米	生物滤池	2726	1183	57	(Santos et al.,2013)
索他洛尔	生物滤池	117	154	−32	(Santos et al.,2013)
坦索罗辛	生物滤池	1.04	0.72	31	(Santos et al.,2013)
酮洛芬	厌氧/缺氧/好氧	86.3	22.5	74	(Tang et al.,2019)
	厌氧/缺氧/好氧	105.1	16.1	85	(Tang et al.,2019)
	生物滤池	458	218	52	(Santos et al.,2013)
吐纳麝香	传统活性污泥法	900～1690	150～200	75～90	(Carballa et al.,2004)
托灭酸	厌氧/缺氧/好氧	12.5	11.9	5	(Tang et al.,2019)
	厌氧/缺氧/好氧	13.1	9.5	27	(Tang et al.,2019)
维拉帕米	生物滤池	4.12	2.2	47	(Santos et al.,2013)
文拉法辛	生物滤池	181	272	−50	(Santos et al.,2013)
西咪替丁	生物滤池	7.07	7.4	−5	(Santos et al.,2013)
西酞普兰	生物滤池	23.3	34	−46	(Santos et al.,2013)
缬沙坦	生物滤池	5117	2377	54	(Santos et al.,2013)
氧氟沙星	生物滤池	946	233	75	(Santos et al.,2013)
己烯雌酚	厌氧/好氧	268	243	9	(He et al.,2013)
	氧化沟	421	179	57	(He et al.,2013)
左旋咪唑	生物滤池	11.7	19.1	−63	(Santos et al.,2013)

研究表明现有污水处理厂对PPCPs的去除效率主要取决于污染物理化性质，好氧生物处理能有效去除咖啡因、三氯卡班、尼泊金类防腐剂等部分PPCPs，而对甲氧苄啶、阿奇霉素等PPCPs的去除效果较差。赵高峰等研究发现厌氧/缺氧/好氧（A^2/O）生物处理仅能去除5.5%的甲氧苄啶，Santos等研究发现曝气生物滤池对阿奇霉素的去除效果较

差，仅为 8.06%。去除差异较大的原因主要是受分子结构和元素组成的影响，具有良好平面结构的化合物，以及由 C、H、O 等基本化学元素组成的化合物易降解，而分子结构复杂的化合物则较难被去除，芳香族化合物的降解难度随取代基数量的增加而增大，甚至出现出水浓度大于进水浓度的情况。Marques 等研究发现传统活性污泥法对雌激素酮的去除效率为 -83%，出现负去除率的原因可能是由于 17β-雌二醇被快速转化为雌激素酮，导致雌激素酮的生成速率大于去除速率。此外部分目标污染物可能被包裹在悬浮颗粒、表面活性剂中，当微生物分解这些颗粒时，这些目标污染物可能会被释放出来，导致出水浓度大于进水浓度。除此以外，部分 PPCPs 可能对微生物具有毒害作用，同样不能被好氧生物处理有效去除。西地那非就是一种难降解化合物，具有非常稳定的化学结构并且对微生物具有毒害作用，Delgado 等研究发现生物转盘对西地那非的降解效率小于 20%。

除污染物的理化性质以外，进水污染物浓度、处理工艺类型等因素都会影响 PPCPs 的去除效率。传统活性污泥法是污水处理中应用最早的工艺，在处理过程中产生的污泥采用厌氧消化方式进行稳定处理，对去除污水和污泥的污染物效果较好，同时能耗和运行费用相对较低，因而得到广泛应用。部分研究者对传统活性污泥法去除 PPCPs 进行了研究，研究发现佳乐麝香能被传统活性污泥法有效去除，去除效率为 70%~85%。除传统活性污泥法以外，A/O 工艺、A^2/O 工艺、氧化沟等对 PPCPs 的去除效果同样被广泛研究，A/O 工艺是基于传统活性污泥法设计改进的，并专门用于去除水体中的氮、磷、有机污染物等。A/O 工艺包括用于除磷的厌氧/好氧工艺以及用于脱氮的缺氧/好氧工艺，部分研究者针对 A/O 工艺去除佳乐麝香进行了研究，研究发现厌氧/好氧、缺氧/好氧生物处理技术分别能去除 67% 和 83% 的佳乐麝香，而氧化沟工艺对佳乐麝香的去除效果较差，仅为 39%，研究结果表明不同处理工艺对同一种 PPCPs 的去除效果不同。相同处理工艺对 PPCPs 的去除效率同样存在差异，Tang 等研究发现超过 96% 的布洛芬能够被 A^2/O 去除，而赵高峰等研究发现 A^2/O 只能去除 41.6% 的布洛芬。这可能与污水处理厂的具体操作条件有关，例如温度、主导微生物群落、混合液悬浮物浓度（MLSS）、有机负荷率（F/M）等。部分研究者针对影响污水处理厂去除效率的因素进行了研究，Gallardo 等研究发现混合液悬浮物浓度（MLSS）、温度（t）和有机负荷率（F/M）等都会影响 PPCPs 的去除效率；Li 等同样研究发现污水处理厂中某些 PPCPs 的浓度受化学用量、温度等因素的影响。

现有研究表明在以去除有机物和氮、磷等营养物为主要目的的城市污水处理系统中，大多数 PPCPs 都能被部分去除，这主要依靠剩余活性污泥的生物降解和吸附作用。然而，这是在充足的氧气和较长的泥龄（一般要大于 10d）条件下进行的，因此在以去除化学需氧量（chemical oxygen demand，COD）为主要目的的系统中，PPCPs 的生物降解还是相对有限的。

8.1.2 厌氧生物处理

厌氧生物处理是一种环境友好、成本低廉的废水处理方法，具有低能源成本、低污泥产量和能源再生（沼气）等优点，可以有效去除微量有毒有机污染物。厌氧生物处理的过程分为 3 个阶段：水解酸化阶段、产氢产乙酸阶段、产甲烷阶段。

（1）水解酸化阶段

水解酸化阶段中脂质、蛋白质等不能直接进入细胞的有机物被细菌胞外酶水解转化成为简单的小分子、溶解性有机质等，之后透过细胞膜供细菌利用，发酵细菌再将水解产物降解为挥发性脂肪酸、醇类等产物并分泌到细胞外。

（2）产氢产乙酸阶段

产氢产乙酸阶段是指在水解酸化阶段产生的挥发性脂肪酸和醇被产氢产乙酸菌分解，产生乙酸、H_2 等物质。

（3）产甲烷阶段

在产甲烷阶段，乙酸盐、乙酸以及二氧化碳、氢气等在产甲烷细菌作用下被转化成为甲烷。

基于三阶段理论，Zeikus 丰富了厌氧生物处理的理论基础，在同一年提出"四类群理论"。"四类群理论"认为厌氧生物处理过程起关键作用的菌群不仅包含发酵细菌、产氢产乙酸菌和产甲烷菌，还有可将 H_2 和 CO_2 转变成乙酸的同型产乙酸菌。目前，三阶段理论和四类群理论被公认为是对传统厌氧生物处理技术原理的最权威准确的描述。厌氧处理三阶段理论和四类群理论原理示意如图 8-1 所示。

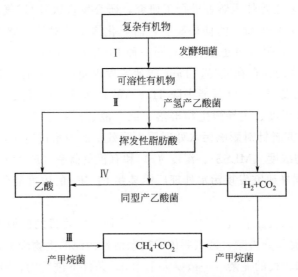

图 8-1　厌氧处理三阶段理论和四类群理论原理示意

Ⅰ、Ⅱ、Ⅲ—三阶段理论；Ⅰ、Ⅱ、Ⅲ、Ⅳ—四类群理论

厌氧生物处理相比于传统活性污泥法具有成本低、能耗小、污泥易处置等优点，其对PPCPs的去除效果同样被广泛研究。Londoño 等研究发现厌氧生物处理对羟基苯甲酸甲酯基本能完全去除，而对布洛芬的去除效果较差；Martins 等研究发现厌氧生物处理能去除84%的17β-雌二醇，研究结果表明厌氧生物处理能有效去除部分 PPCPs。然而，厌氧生物处理同样存在一定的局限性，温度、pH 值、接种污泥、有毒物质等因素都会影响

PPCPs 的去除效率。杨侠等研究发现在 pH 偏酸或偏碱的条件下，厌氧生物处理对 PPCPs 的去除效果均会受到不同程度的抑制。此外抗生素同样会对厌氧生物处理工艺产生抑制作用，马清佳等研究发现头孢唑啉、林可霉素、红霉素、螺旋霉素和氯霉素在 25mg/L 浓度水平下表现出较强的急性抑制效果。因此如何对现有厌氧生物处理工艺进行改进或者开发新的高效生物处理技术，解决抗生素对厌氧发酵微生物的抑制效应，并提高厌氧生物处理对 PPCPs 的去除效率还需要进一步研究。

8.2　深度处理技术

由于目前大多数污水处理厂的设计都是以去除污水中的有机物和营养物质为主要目的，对 PPCPs 的去除效果相对较差，导致大量含有 PPCPs 的工厂废水、医院废水以及生活污水通过污水处理厂排入河流、湖泊等地表水体中，出水中 PPCPs 的浓度水平介于纳克/升至微克/升。由于 PPCPs 具有伪持久性、生物蓄积性和毒性，会对野生生物及食物链产生影响，并可能破坏生态平衡，因此部分研究者寄希望于通过深度处理技术对污水处理厂出水中的 PPCPs 进行处理，从而达到去除污染物的目的。废水中 PPCPs 的深度处理技术主要分为物理分离法和化学氧化法。物理分离法主要包括吸附和膜分离技术等；化学氧化法主要是通过化学反应产生具有强氧化能力的自由基，进而氧化去除废水中的 PPCPs。

8.2.1　物理分离法

8.2.1.1　吸附法

吸附法主要是利用多孔性的固体吸附剂吸附废水中的 PPCPs，从而使废水得到净化的方法，由于吸附法具有高效、材料易得、可重复利用等优点，在去除 PPCPs 方面具有较大的发展潜力，受到人们的普遍关注。吸附法按吸附机理进行分类，主要分为物理吸附和化学吸附。物理吸附是吸附剂通过分子间作用力吸附污染物；化学吸附是通过电子转移或电子对共用形成化学键或生成表面配位化合物等方式产生的吸附。在实际应用中吸附剂材料、pH 值、接触时间、污染物初始浓度和离子强度等因素都会影响 PPCPs 的去除效果。吸附剂材料主要包括碳材料、黏土材料、生物材料和纳米材料等。

（1）碳材料

碳材料是目前研究较多、应用范围较广的一类吸附剂，由于其具有较大的比表面积，孔隙结构发达，吸附能力较强，且原料易再生，成本较低，在实际应用中最为广泛。碳材料性质较稳定，可用于去除废水中包括 PPCPs 类污染物在内的多种微量污染物，如重金属、放射性核素及有毒有机污染物等。常见的碳材料包括颗粒活性炭（GAC）、粉末活性炭（PAC）、碳纳米管等。活性炭材料对 PPCPs 的吸附通常是物理吸附与化学吸附的结合，吸附作用机理主要包括 4 个方面：π-π 电子供体-受体作用、氢键作用、静电作用和疏水作用。

（2）黏土材料

除了碳材料应用较为广泛外，黏土材料在水污染控制中也具有较好的应用前景。黏土材料可塑性高，渗透性好，比表面积较大，表面通常带有电荷，可与污染物进行离子交换或发生物理吸附，具有良好的吸附性能和表面化学活性，且黏土矿物（如膨润土、蒙脱石及其改性物质等）材料易得，价格低廉，因此黏土材料同样被用于去除废水中的PPCPs。

黏土类吸附剂对有机物质的吸附作用不仅与其表面积有关，还取决于吸附剂的微孔结构和其表面性质。无机黏土类吸附剂中的硅酸盐和有机污染物中的羟基可形成氢键或水桥作用，因此，无机黏土类吸附剂主要的吸附机理是表面的氧原子和有机污染物中的官能团之间的电子供体-受体作用。有机黏土类吸附剂的吸附机理主要是表面吸附和分配作用，前者主要是由于其表面电性和亲水亲油性变化，后者主要是由于有机层在黏土层中的分布。

（3）生物材料

生物吸附法是利用某些生物材料本身的化学结构及成分特性来吸附污染物，再通过固液分离去除水中污染物的方法。生物材料包括生物质（如纤维素、壳聚糖、农林废弃物等）、微生物（包括细菌、酵母、霉菌、真菌等）、藻类（如褐藻、小球藻、海带等）、废水处理厂产生的污泥（包括活性污泥、厌氧污泥等）以及发酵工业产生的废菌体（如酿酒酵母等）。

我国生物质资源丰富，其中果壳、秸秆等生物材料具有丰富的官能团，表面一般带有负电荷，可以制作成生物吸附剂。该类吸附剂具有价格低廉、可再生、易降解等优点，近年来得到极大关注，被广泛用于吸附去除水中微量污染物，如重金属、染料、PPCPs等。

（4）纳米材料

纳米吸附剂具有较大的比表面积、疏水性较强，对有机物具有较好的吸附能力，在水污染控制和水质净化方面得到广泛应用。常见的纳米吸附剂有碳基纳米吸附剂、碳-铁纳米吸附剂、纳米黏土和磁性纳米吸附剂等。相比于其他的吸附材料，纳米材料往往具有更大的吸附容量。Zhang等利用氧化石墨烯（GO）纳米片作为吸附材料去除水中的氯贝酸，研究发现氧化石墨烯对氯贝酸的最大吸附量可达994mg/g，且离子强度对吸附效果的影响较小。另外有研究表明，碳纳米管对水中有机物的吸附主要是疏水作用、π-π键作用、氢键作用、静电作用等，或者是几种作用力同时作用，但具体是哪种作用力起主导作用取决于纳米材料以及被吸附物质。

（5）其他吸附材料

除了碳材料、黏土材料、生物材料和纳米材料外，部分研究者还发现了其他具有吸附能力的材料，其对PPCPs也具有良好的去除效果，如具有较大比表面积的树脂吸附剂、金属有机框架（metal organic frameworks，MOFs）、共价有机框架（covalent organic frameworks，COFs）等。树脂吸附剂包括离子交换树脂、大孔吸附树脂、超高交联吸附树脂、功能基化的吸附树脂和树脂基复合吸附材料等。具有吸附容量大、强度高、易于解吸等优点，逐渐应用于吸附去除水中的 PPCPs 类污染物。金属有机框架材料是由金属离子与有机配体自组装形成的三维网状多孔材料，具有比表面积大、孔隙率可控等特点，在环境领域的应用同样得到广泛关注。共价有机框架材料是一类多孔晶态有机聚合物，由原子量较小的元素（如 H、B、C、N 和 O 等）构建而成，具有较高晶态、较大比表面积和孔径可调等特点，在分离、催化和药物传递等领域具有良好的性能。

综上所述，目前用于去除 PPCPs 的吸附材料较多，对 PPCPs 的去除效果也不尽相同。部分学者针对吸附剂去除 PPCPs 的效果进行了研究，如表 8-2 所示。研究发现碳材料、黏土材料对 PPCPs 的吸附去除速率相对较慢，Real 等研究发现颗粒活性炭吸附去除盐酸阿米替林需要 240h 才会达到吸附平衡，使用粉末活性炭同样需要吸附 24h 才会达到吸附平衡。Delgado 等研究发现粉末活性炭吸附去除卡马西平需要 70h 才会达到吸附平衡，为了提高 PPCPs 在吸附剂上的去除性能，国内外学者常常通过改性吸附剂来改善吸附效果。Swarcewicz 等利用天然土壤和土壤-粉煤灰混合物吸附去除卡马西平，研究发现改性后的土壤对卡马西平的去除率比天然土壤提高了 60% 左右，结果表明土壤中添加粉煤灰可以提高卡马西平的吸附效果。Lawal 等利用离子液体改性的蒙脱石进行实验，与报道中未改性的蒙脱石相比，其吸附容量有明显增大。吸附法作为去除污水中典型 PPCPs 的重要手段之一，其操作简单、二次污染少、经济成本低，近年来得到了国内外学者的广泛关注。然而现有吸附剂仍然存在一些问题需要解决，碳材料的吸附时间较长、纳米材料的吸附性能受 pH 值的影响较大等都会影响吸附剂的实际应用。因此提高吸附剂的吸附性能，开发廉价、高效率、无污染、可循环利用的吸附剂还有待进一步研究。

表 8-2 吸附法去除 PPCPs

目标污染物	吸附剂	粒径/mm	初始浓度/(mg/L)	去除效率/%	吸附容量/(mg/g)	平衡时间/h	文献
双氯芬酸	活性炭	2.0～2.38	10～1500	—	46.2	24	（Franco et al.，2018）
双氯芬酸	改性粉煤灰	0.05～0.5	0.02	50	35	24	（Styszko et al.，2018）
双氯芬酸	松木生物炭	0.075	10	68	—	5	（Lonappan et al.，2018）
双氯芬酸	猪粪生物炭	0.075	10	80.8	—	5	（Lonappan et al.，2018）
双酚 A	颗粒活性炭	0.18～0.25	100	＞90	225	5	（Zhao et al.，2019）
邻苯二甲酸二乙酯	颗粒活性炭	0.18～0.25	100	＞90	200	5	（Zhao et al.，2019）
卡马西平	颗粒活性炭	0.18～0.25	100	＞90	140	5	（Zhao et al.，2019）
卡马西平	粉末活性炭	＜0.15	10～40	＞85	242	70	（Delgado et al.，2019a）
卡马西平	改性粉煤灰	0.05～0.5	0.02	50	22	24	（Styszko et al.，2018）
盐酸阿米替林	颗粒活性炭	2	5	42.3	178	240	（Real et al.，2017）
盐酸阿米替林	粉状活性炭	0.07	5	69.4	230	24	（Real et al.，2017）
西地那非	粉末活性炭	＜0.15	10～40	＞85	395	70	（Delgado et al.，2019a）
酮洛芬	改性粉煤灰	0.05～0.5	0.02	50	27	24	（Styszko et al.，2018）

目标污染物	吸附剂	粒径/mm	初始浓度/(mg/L)	去除效率/%	吸附容量/(mg/g)	平衡时间/h	文献
磺胺甲噁唑	改性石墨烯	0.03	22	90	108	48	(Shan et al.,2017)
布洛芬	改性生物质	0.053	200	98	277	2	(Lawal et al.,2017)
诺氟沙星	大麦秸秆	0.45~1.18	100	44	441	168	(Yan et al.,2017)
阿司匹林	复合生物炭	0.18	2	>85	10	3	(Lessa et al.,2018)
乙酰氨基酚	废茶叶	0.5	10	82.2	59.2	1	(Wong et al.,2018)
诺氟沙星	花椰菜	0.9	10	>90	31.15	50	(Qin et al.,2017)
金霉素	花椰菜	0.9	10	>90	81.3	50	(Qin et al.,2017)
头孢氨苄	生物炭	—	50	88.5	—	1	(Naghipour et al.,2019)
阿昔洛韦	石英砂	0.43~0.6	10	>80	8	240	(Fountouli et al.,2018)
氟康唑	石英砂	0.43~0.6	10	>80	7	240	(Fountouli et al.,2018)
四环素	硅镁石	—	50	100	127	24	(Anton-Herrero, et al.,2018)
环丙沙星	Fe_3O_4 金属有机框架	—	250	>50	323	5	(Moradi et al.,2016)
双氯芬酸钠	磁性阴离子交换树脂	—	10	96.1	9.68	1.5	(陆宇奇 等,2017)

注："—"表明未涉及相关数据。

8.2.1.2 膜分离技术

膜分离技术是一种采用多孔或无孔膜截留水中污染物，从而达到净化目的的水处理方法。按照运行方式，膜分离技术可分为压力驱动式、电力驱动式、浓度驱动式和温度驱动式等。其中，压力驱动式膜分离技术是通过在进水侧施加额外压力，将进水压过膜组件，在此过程中，水中的污染物被膜组件截留在进水侧，从而将污染物从水中分离。根据膜材料孔径尺寸的大小，压力驱动式膜分离法可分为微滤（MF）、超滤（UF）、纳滤（NF）和反渗透（RO）。电力驱动式膜分离方法主要为电除盐技术（EDI），浓度驱动式膜分离方法主要为正渗透（FO），温度驱动式膜分离方法主要为膜蒸馏技术（MD）。

膜分离技术具有操作简单、污染物去除效率高、占用空间小等优点，在水处理方面受到越来越多的关注。影响膜分离效果的因素较多，主要包括膜的特性（如膜的孔径、疏水性）、膜的操作条件（如膜通量、跨膜压差）以及 PPCPs 的物理和化学性质（如分子量大小、极性、溶解度、扩散系数）等。在膜分离技术去除 PPCPs 的研究中，超滤和纳滤应用较多，其中以纳滤为主，纳滤对分子量为 150~1000 的有机物的截留效果较好，而大部分 PPCPs 的分子量正介于其间。也有少部分研究反渗透和正渗透膜的去除效果。此外不同的膜分离方法组合，或膜分离与其他工艺联合用于去除水中的 PPCPs 类污染物同样被广泛研究。

膜分离技术作为绿色环保技术具有能耗较低、适应性较强等较多优势，但膜污染仍是一个不可避免的问题，无机结垢、孔隙堵塞、膜表面形成生物膜蛋饼层、细菌在膜表面滋生等都会导致膜通量减小，膜压力增高；膜清洗同样需要停机时间；使用化学物质清洗膜会减少膜的使用寿命，导致成本增加，这些因素都制约了膜分离技术的发展，因此如何选择合适的膜清洗工艺，研制膜高效清洗剂，开发耐污性能好、成本低的膜材料等，还有待进一步的研究。

8.2.2 化学氧化法

化学氧化法可以破坏有毒有机污染物的分子结构，提高其可生物降解性；也可以彻底氧化分解有机污染物，在 PPCPs 的去除方面受到研究者的广泛关注。化学氧化法主要包括臭氧氧化、芬顿氧化、光催化氧化、湿式氧化、超声氧化、电化学氧化、电离辐照和其他化学氧化技术等。

8.2.2.1 臭氧氧化法

臭氧氧化法是目前应用最广泛的一种去除水体中 PPCPs 的高级氧化技术，臭氧具有非常高的氧化还原电位（2.07V），能将污水中的有机物氧化分解，从而达到去除污染物的目的。现有研究普遍认为臭氧主要通过直接氧化和间接氧化两种方式氧化去除水中的有机物。直接氧化是指臭氧分子直接同污染物反应，臭氧在水体中的直接氧化包括三类反应：环加成反应、亲电取代反应和亲核加成反应。间接氧化则是由于臭氧本身的高反应活性，在水中很容易发生分解反应产生氧化性更强的羟基自由基（·OH），进而氧化分解污染物。然而单独的臭氧氧化技术同样存在一些问题需要解决，由于臭氧在水中的溶解度较低，很难完全将有机物彻底氧化，会产生新的副产物等，较难与臭氧继续反应去除。

臭氧氧化技术对 PPCPs 去除效率如表 8-3 所示，去除效率受多种因素的影响，其中最主要的因素取决于 PPCPs 自身的理化性质，Beltrán 等研究发现臭氧氧化技术在臭氧浓度为 20mg/L 的条件下能完全去除双氯芬酸，而其对泛影酸盐的去除效果较差；Ning 等研究发现臭氧浓度在 16mg/L 的条件下去除效率为 26%。此外 pH 值、臭氧用量、药物浓度、各种水质参数等因素都会影响 PPCPs 的去除效率。pH 值会显著影响臭氧氧化的效率，随着 pH 值的升高，由于臭氧和氢氧根离子反应产生羟基自由基增多，反应速率提高。将臭氧氧化与其他氧化技术耦合同样能有效提高臭氧的分解效率，从而提高对有机污染物的降解能力，如 O_3/H_2O_2、UV/O_3 等。O_3 在紫外光照射条件下发生一系列链式反应生成活性分子氧和 H_2O_2，前者与水分子很容易发生反应进而转化生成·OH，而后者可发生紫外光诱导下的分解反应进而产生·OH，有机物最终被体系中多途径生成的·OH 氧化。UV/O_3 体系机理如下所示：

$$O_3 + \cdot OH \longrightarrow HO_2^- + O_2 \tag{8-1}$$

$$O_3 + H_2O_2 \longrightarrow HO_2^- + \cdot OH + O_2 \tag{8-2}$$

$$O_2 + H_2O \xrightarrow{h\nu} H_2O_2 + O_2 \tag{8-3}$$

$$H_2O_2 \xrightarrow{h\nu} 2 \cdot OH \tag{8-4}$$

加入催化剂同样能有效提高臭氧的利用效率，即催化臭氧氧化，包括均相催化臭氧氧化和非均相催化臭氧氧化，通过引入催化剂可以促进臭氧的分解，提高臭氧的利用率，促进 PPCPs 的氧化或矿化。催化臭氧氧化的材料较多，包括金属氧化物（如 MnO_2、Al_2O_3、TiO_2、$FeOOH$、Fe_3O_4 等）、金属矿物（如蜂窝陶瓷 $2MgO\text{-}2Al_2O_3\text{-}5SiO_2$、类钙钛矿和沸石等）、碳基材料（如活性炭、碳纳米管、石墨烯、生物炭等）、复合金属氧化物（如负载型和掺杂型金属氧化物）和铁基催化材料等。其中，铁基催化剂是一类具有较好应用潜力的臭氧氧化催化剂，包括 Fe^0、FeO、Fe_2O_3、$FeOOH$、Fe_3O_4，以及在此基础上发展而来的掺杂型和负载型的材料。

表 8-3 臭氧氧化技术去除 PPCPs

目标污染物	初始浓度	臭氧使用量	反应时间/min	去除效率/%	文献
红霉素	$0.68\mu mol/L$	$3.40\sim6.80\mu mol/L$	1	>70	(Luiz et al.,2010)
布洛芬	$10mg/L$	$30mg/L$	9	50	(Yang et al.,2010)
双氯芬酸	$30mg/L$	$20mg/L$	15	100	(Beltran et al.,2009)
泛影酸盐	$10mg/L$	$16mg/L$	30	26	(Ning et al.,2008)
碘海醇	$10\mu mol/L$	$0.713mg/L$	60	74	(Hu et al.,2020)
卡马西平	$278\mu g/L$	$2mg/L$	2	100	(Tootchi et al.,2013)
氯贝酸	$1\times10^{-3}mol/L$	$1\times10^{-5}mg/L$	20	100	(Andreozzi et al.,2003)
苯扎贝特	$426\mu g/L$	$2mg/L$	2	89	(Tootchi et al.,2013)
17β-雌二醇	$200\mu g/L$	$1L/min$	25	99.6	(Sun et al.,2019)
	$10mg/L$	$0.38mg/min$	4	100	(Lin et al.,2009)
雌激素酮	$200\mu g/L$	$1L/min$	25	95.9	(Sun et al.,2019)
17α-乙炔雌二醇	$200\mu g/L$	$1L/min$	25	99.8	(Sun et al.,2019)

8.2.2.2 芬顿氧化法

芬顿（Fenton）氧化主要是通过 H_2O_2 和 Fe^{2+} 之间的电子传输，进而产生具有强氧化能力的·OH。主要反应如下：

$$Fe^{2+}+H_2O_2 \longrightarrow Fe^{3+}+OH^-+\cdot OH \tag{8-5}$$

$$Fe^{3+}+H_2O_2 \longrightarrow Fe^{2+}+H^++HO_2\cdot \tag{8-6}$$

由反应式可知，Fe^{2+} 在反应中起激发和传递作用，使链式反应能够持续进行，不断生成·OH 和 HO_2·，直到 H_2O_2 耗尽。反应生成的·OH 和 HO_2·具有强氧化性，能将废水中的 PPCPs 氧化分解。

在高级氧化技术中，芬顿氧化技术设备较为简单，适用范围较广，在处理部分 PPCPs 时表现出一定的优越性，是一种经济且相对简单的去除有机物的方法，芬顿氧化技术对 PPCPs 的去除效率如表 8-4 所示。但芬顿氧化在实际应用中仍然面临很多问题，包括 H_2O_2 利用率不高、反应的最佳 pH 值局限于 $2\sim4$。反应完成后，溶液中的铁离子同样需要进行处理，后续处理成本较高等。为了提高芬顿氧化的效率，减少 H_2O_2 的用量，部分研究将紫外或可见光与芬顿氧化联用，采用其他过渡金属替代 Fe^{2+} 等方法以提高芬顿体系的催化活性，这些技术被统称为类芬顿氧化，其对 PPCPs 的去除效率同样被广泛研究。其中非均相类芬顿法是研究热点之一，非均相类芬顿氧化技术是使用非均相的铁系固体催化剂代替均相的亚铁离子与过氧化氢或氧气反应。在这些体系里，固体铁系催化剂可以从表面释放出亚铁离子作为均相催化剂来催化过氧化氢分解，从而激发芬顿反应。

表 8-4 芬顿氧化技术去除 PPCPs

目标污染物	初始浓度	催化剂剂量	H₂O₂初始浓度	反应时间/min	去除效率/%	文献
磺胺甲噁唑	50mg/L	2.6mg/L	30mg/L	—	100	(Trovo et al.,2009)
磺胺二甲嘧啶	50mg/L	40mg/L	600mg/L	5	100	(Perez-Moya et al.,2010)
甲氧苄啶	0.0689mmol/L	0.09mmol/L	0.09mmol/L	6	99.95	(Wang et al.,2019)
泛影酸盐	25mg/L	5mg/L	25mg/L	240	41	(Polo et al.,2016)
对羟基苯甲酸甲酯	1mg/L	21mg/L	155mg/L	300	50	(Zúñiga-Benítez et al.,2016)
三氯生	10mg/L	0.1g/L	5mL/L	10	>90	(冯勇 等,2012)
吐纳麝香	200ng/L	400μmol/L	800μmol/L	10	83	(刘祖发 等,2018)
佳乐麝香	200ng/L	400μmol/L	800μmol/L	10	90	(刘祖发 等,2018)

注："—"表明未涉及相关数据。

8.2.2.3 光催化氧化法

光催化氧化可以分为直接光降解和间接光降解。光可以直接降解有机污染物，或者通过紫外光（UV）激发催化剂（TiO_2）产生光电子（e^-）及空穴（h^+），将污染物还原或氧化。光催化反应的氧化能力强，反应条件温和，但光量子效率低（<4%）、反应速率慢，限制了其实际应用。

直接光解反应存在 3 种反应途径：

① 有机污染物首先发生光致异构，随后发生降解；

② 在光照条件下，水体中产生多种活性氧物种（例如·OH 与 O_2^-·等）对污染物进行氧化降解；

③ 自敏化光解，污染物吸收光子后生成 ROS（例如 $^1O_2$），继而发生降解。

直接光解反应的主要影响因素包括溶液 pH 值、水中共存的其他有机物和无机物等。

光催化氧化是氧化剂在光的激发和催化剂的催化作用下生成·OH 从而达到去除污染物的目的。TiO_2 因其价格低廉、热稳定性高、活性强等特点，是目前研究最多、应用范围最广的光催化剂。TiO_2 在紫外光照射下，禁带电子激发跳跃至导带，形成光电子（e^-），被水中氧化性物质捕获形成·OH 与 O_2^-·等氧化性粒子，在禁带形成氧化性强的空穴（h^+），从而降解有机污染物。具体反应如下所示：

$$TiO_2 + h\nu(UV) \longrightarrow TiO_2(e^- + h^+) \tag{8-7}$$

$$h^+ + H_2O \longrightarrow TiO_2 + H^+ + \cdot OH \tag{8-8}$$

$$h^+ + OH^- \longrightarrow TiO_2 + \cdot OH \tag{8-9}$$

$$e^- + O_2 \longrightarrow TiO_2 + O_2^- \cdot \tag{8-10}$$

$$O_2^- \cdot + H^+ \longrightarrow HO_2 \tag{8-11}$$

光催化具有氧化效果好、矿化率高、催化剂无毒廉价、光化学稳定性好等优点，被研究者们广泛关注，光催化氧化对 PPCPs 的去除效率如表 8-5 所示。然而光催化氧化同样存在一系列问题需要解决，现有催化剂的光催化效率不高，TiO_2 的紫外活性使其商业化应用非常有限，不能充分利用太阳能，急需开发新的高效催化剂。

表 8-5　光催化氧化技术去除 PPCPs

目标污染物	初始浓度	催化剂	催化剂剂量	反应时间/min	去除效率/%	文献
罗红霉素	0.1mg/mL	TiO_2	1.25g/L	120	100	(Kwiecien et al.,2014)
	100μg/L	Fe_3O_4/ZnO	100mg/L	240	98	(Fernánder et al.,2019)
布洛芬	0.5mg/L	FeFNS-TiO_2	0.2g	180	91.4	(Shafeei et al.,2019)
布洛芬	0.5mg/L	TiO_2	0.3g	180	52.4	(Shafeei et al.,2019)
阿司匹林	10mg/L	WO_3-TiO_2@g-C_3N_4	1g/L	90	98	(Tahir et al.,2019)
泛影酸盐	20μmol/L	TiO_2	1g/L	60	＞65	(Sugihar et al.,2013)
	5.0mg/L	TiO_2	500mg/L	4	40	(Borowska et al.,2015)
碘海醇	11.1mg/L	TiO_2	500mg/L	4	38	(Borowska et al.,2015)
胆影酸	10.1mg/L	TiO_2	500mg/L	4	28	(Borowska et al.,2015)
咖啡因	0.1mmol/L	TiO_2	0.5g/L	120	＞97	(Luna et al.,2018)
17β-雌二醇	1μg/L	TiO_2	100mg/L	60	85	(Orozco-Hernandez, et al.,2019)
对羟基苯甲酸乙酯	1mg/L	TiO_2	0.95g/L	30	80.4	(Zúñiga-Benítez et al.,2017)

8.2.2.4　湿式氧化法

湿式氧化是在高温（150～325℃）、高压（0.5～20MPa）的操作条件下，以氧气或空气作为氧化剂氧化水中溶解态或悬浮态的有机物，生成二氧化碳和水等。湿式氧化法具有流程简单、不造成二次污染等优点，但由于苛刻的反应条件影响其在实际处理中的应用，有必要研究高效且价格低廉的催化剂以降低反应温度和压力，提高实际利用效率。在反应体系中加入合适的催化剂，以氧气作为主要氧化剂，在较低温度和压力下氧化较难降解的小分子酸（例如乙酸）及氨的处理技术被称为催化湿式氧化。与传统的湿式氧化法相比，催化湿式氧化具有反应速率快、成本低等特点。李艳研究发现以 $FeCl_3/NaNO_2$ 为催化剂的催化湿式氧化在 150℃、0.5MPa 下，反应 120min 后，恩诺沙星几乎能完全降解，COD 和 TOC 去除率分别为 37% 和 51%；Sun 等研究发现电催化湿式氧化技术在电流强度为 7mA 的条件下能完全去除磺胺甲噁唑。

8.2.2.5　超声氧化法

超声氧化主要是基于超声波的空化作用，利用频率范围为 16kHz～1MHz 的超声波辐射溶液，使溶液产生超声空化，在溶液中形成局部高温高压和生成局部高浓度氧化物 $\cdot OH$ 和 H_2O_2，并可形成超临界水，快速降解有机污染物。具体反应如下：

$$H_2O \xrightarrow{\text{超声}} \cdot H + \cdot OH \tag{8-12}$$

$$\cdot H + O_2 \longrightarrow \cdot OOH \tag{8-13}$$

$$\cdot OH \longrightarrow H_2O_2 \tag{8-14}$$

$$2 \cdot OOH \longleftrightarrow H_2O_2 + O_2 \qquad (8\text{-}15)$$

Elias 等研究发现雷尼替丁经超声 60min 后，去除效率达 98.8%；姚宁波等将超声与过硫酸钠联合去除三氯生，研究发现在过硫酸钠浓度 4mmol/L、超声 120min 的条件下三氯生被完全去除。然而目前超声氧化法还主要停留在实验室小规模处理运行阶段，还有较多问题需要解决，包括处理成本高，超声反应器的优化，增大超声空化效果等。因此通常将超声氧化技术与其他技术联用，以降低处理成本并提高去除效率。González 等研究发现在 580kHz 条件下超声 120min，环丙沙星的去除效率最高，而将超声氧化与芬顿氧化工艺结合，环丙沙星在 15min 内被完全降解，60min 后矿化率大于 60%。

8.2.2.6 电化学氧化法

电化学氧化主要是通过电极作用产生超氧自由基（$\cdot O_2$）、$\cdot OH$ 等活性基团来氧化降解有机物。电化学氧化由于其处理效率高、操作方便、不需要添加化学药剂、无二次污染等优点，受到人们广泛关注。Dirany 等研究发现在电流强度 60mA 的条件下磺胺甲噁唑在 25min 内被完全去除。Sun 等研究发现电化学氧化能去除超过 90% 的头孢他啶。电化学氧化法的电极包括惰性电极（如 Pt、IrO_2、RuO_2 等）和活泼电极（如 PbO_2、SnO_2 及含硼金刚石）等。阳极氧化主要包括 2 个过程：

① 电子直接转移；

② 电极上释放出活性氧基团（例如 $\cdot OH$），化学吸附活性氧等。

此外电化学氧化与芬顿氧化联合的处理工艺被称为电芬顿氧化法，该方法通过合适的电极产生 H_2O_2，在溶液中加入铁催化剂，形成 $\cdot OH$，从而氧化降解有机污染物，而在电芬顿氧化法中加入紫外光照的处理工艺被称为光电芬顿，同样被广泛利用于 PPCPs 的去除。由于电化学氧化技术能耗较高，电极材料的价格较贵，在工艺上仍未实现大规模应用，有必要开发具有高催化活性且价格低廉的电极材料。

8.2.2.7 电离辐照法

电离辐照作为一种新型的高级氧化技术，具有处理效率高、穿透范围广、无二次污染等优点。电离辐照技术在水处理中主要应用两种辐照源：γ 射线辐照源和高能电子加速器产生的电子束。水分子经高能电子束或者 γ 射线辐照后能产生 $\cdot OH$、$\cdot H$ 等活性粒子，这些活性粒子能够与水中的污染物发生加成、取代、电子转移、断键等反应，从而达到去除污染物的目的。目前电离辐照技术仍处于实验室小规模处理运行阶段，同时由于辐射产生的活性粒子选择性较差，存在非目标污染物消耗大量的辐射能量的情况，导致辐照所需剂量增加，提高处理成本，因此有必要开展多种工艺联合去除 PPCPs 的研究。Wang 等研究发现单独电离辐照在 800gy 条件下能完全去除卡马西平，而过硫酸盐（PMS）加辐射分解联合处理工艺在 300gy 条件下就能完全去除卡马西平，这可能是由于辐射诱导过氧单硫酸盐（PMS）分解生成羟基自由基和硫酸根自由基，进一步增强了目标污染物的降解。

8.2.2.8 其他化学氧化法

其他化学氧化法，如低温等离子体法、硫酸根自由基氧化法等，同样被用于去除水中的 PPCPs 类污染物。

低温等离子体技术是通过对介质进行放电，使得介质发生电离、解离、激发从而产生活性粒子，其过程中产生的强氧化性物质及活性基团能有效去除水中的污染物。目前产生等离子体的技术较多，包括介质阻挡放电、电晕放电、滑动电弧放电等。然而等离子体技术仍面临着能量利用率低、电极消耗速率快等问题，如何提高能量利用效率是等离子研究领域的热点。

硫酸根自由基氧化法具有高效、节能等优点，同样被广泛用于水中 PPCPs 类污染物的去除。研究发现硫酸根自由基氧化法的氧化原理与·OH 类似，在光、热、过渡金属离子等条件下，过二硫酸根（$S_2O_8^{2-}$）可以被活化分解为硫酸根自由基（$SO_4^- \cdot$），硫酸根自由基能有效降解去除废水中的各类 PPCPs。目前常用的过硫酸盐包括过一硫酸盐（peroxymonosulfate，PMS）和过二硫酸盐（persulfate，PS）等。

8.2.3　联合处理技术

除物理分离法、化学氧化法以外，多种处理技术联用去除废水中的 PPCPs 同样被广泛研究。由于单一的处理技术都存在一定的局限性，PPCPs 在传统的生物处理技术中较难被有效去除，化学氧化法处理成本高，形成的一些中间降解产物难被彻底氧化降解，因此将多种处理技术联用以提高出水水质，逐渐成为目前的研究热点。

Norihide 等利用砂滤和臭氧氧化组合工艺去除水体中多种 PPCPs，研究结果表明，单独的砂滤过程对 PPCPs 的去除率较低，单独的臭氧氧化对部分 PPCPs 去除率约 80%，而砂滤和臭氧联用技术对 PPCPs 有较好的去除效果，除卡马西平和避蚊胺外，其他 PPCPs 的去除率都大于 80%。Mansour 等将电芬顿法与活性污泥法联用处理含甲氧苄啶（TMP）的制药废水，结果表明，虽然单独电芬顿法可以完全降解 TMP，但反应 5h 后 TOC 降解率只有 16%；而将电芬顿法与生物法联用，TOC 降解率提高到 89%。

人工湿地是近年发展起来的一种处理废水的生态技术，其对 PPCPs 的去除同样被广泛研究。人工湿地主要是由湿地植物、微生物和基质构成，通过湿地中三者之间的物理、化学和生物作用达到污水净化的目的。根据污水流动方向的不同，可以将人工湿地分为表面流、潜流和垂直流等。PPCPs 在人工湿地处理过程中的去除机理，主要包括吸附、降解和植物作用。吸附是人工湿地去除 PPCPs 的一条重要途径，在人工湿地中，填料床基质、土壤及沉积物起着主要吸附作用，植物根系生物膜也可对污染物起到吸附作用；PPCPs 在人工湿地的降解主要包括微生物降解、光解以及 PPCPs 自身水解；植物作用主要是指 PPCPs 可以通过植物的根系、茎、叶进行吸附、吸收、富集和降解达到去除污染物的目的。此外，植物还可以通过促进微生物降解作用间接去除 PPCPs。在人工湿地中，影响 PPCPs 去除的主要因素包括：温度、人工湿地构型、植物种类、氧化还原电势等。由于人工湿地中 PPCPs 通过吸附、植物吸收、光解、生物降解一系列迁移转化过程得以去除，影响因素较多。湿地类型及运行模式、存在的植物及类型、土壤基质等都会影响 PPCPs 的去除效率，如何选择微生物优势菌群，确定优势植物种类等还需要继续探索。

PPCPs 作为一类新兴污染物，目前已受到人们较多关注，但由于中国人口众多，PPCPs 的生产量和使用量同样巨大，PPCPs 所面临的污染问题也会越发严峻。同时由于现有的污水处理过程中并没有专门针对去除 PPCPs 的工艺，在 PPCPs 的去除上仍然存在一些问题，而一些新方法在实际应用过程中同样存在阻碍，为提高 PPCPs 的去除效率，强化现有处理工艺、开发新技术等仍然非常重要，需要继续深入研究。

8.3 PPCPs风险全过程控制策略

PPCPs 所引起的人类健康和生态环境安全风险已日益受到世界的普遍关注，如何有效降低环境中 PPCPs 的浓度，减少 PPCPs 污染带来的危害成为人们关注的热点问题。以药品为例，环境中的药品主要来源于医院和制药工业生产废水、畜牧养殖和水产养殖的动物代谢、人用之后的代谢排泄以及部分未经使用药品的不正当排放等，其来源及其迁移途径如图 8-2 所示。药品生产过程中排放的废水直接排入污水处理厂中进行处理；在畜牧养殖和水产养殖中，部分兽用药不能有效地被动物利用，经动物尿液和粪便排出体外，从而直接进入土壤和地表水环境中，甚至可能对地下水和饮用水造成污染；被人体摄入的人用药同样不能被完全吸收，部分未被利用的药品以原药或代谢物的形式经由尿液和粪便排出体外，随生活污水进入污水系统；此外存在部分未经使用的药品经生活垃圾、水槽或厕所等多个途径进入环境中，并对环境造成危害。污水处理厂、垃圾填埋场是 PPCPs 进入环境的主要途径。研究表明，现有的污水处理设施并不是专门针对 PPCPs 类污染物设计的，并不能有效地去除部分 PPCPs，部分未降解的药物活性成分随处理后的污水处理厂出水

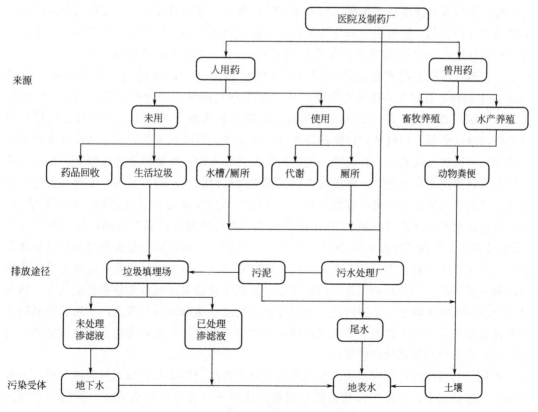

图 8-2　药物的来源及其迁移途径

一同排入天然水体中；未用完或过期的药品被直接丢弃，以生活垃圾的形式进入垃圾填埋厂并在渗滤液中大量存在，处理过后的渗滤液中仍然存在部分 PPCPs 被直接排放进入地表水中，此外部分含有 PPCPs 的渗滤液可能由于雨水的冲刷未经处理便直接下渗进入地下水，并对地下水、土壤、地表水等多个环境介质造成危害。因此针对 PPCPs 的去除有必要从 PPCPs 的来源、排放途径、污染受体等多个环节制定相应的管控措施，尽可能降低 PPCPs 类污染物进入环境的浓度，减少对环境的污染。

8.3.1 源头控制

从污染产生的角度来看，加强对药品生产过程中的管理，强化医院废水、药品制造工厂废水的处理，减少不必要药物的使用，防止药品滥用等，做好源头控制工作是控制和减少环境中 PPCPs 含量最简单有效的方法。

加强药品生产管理。药厂在生产和加工药品的过程中会产出大量的废弃物，如果随意排放或丢弃会对生态环境造成极大的污染，并对人类健康造成影响。因此药厂需要建立并完善药厂内部污水处理系统，加强管理，确保污水处理设施的正常运行，对药厂生产的工业废水进行处理后再排入市政污水管道。同时对医院废水、药厂废水进行定期检查，包括废水中 PPCPs 的浓度、废水处理设施运行情况、污泥中 PPCPs 浓度及去向等，及时发现废水中的污染问题，采取相应措施进行处理。

减少不必要药物使用。目前，存在大量人用药过期的情况，某些医生给病人开的处方远远超出了病人对药品的需求量。病人用不完，又无正常渠道处理，只能将剩余药品留在家中成为过期药品，同时由于部分消费者不合理的购药习惯，盲目储备家庭用药，造成了大量药品过期。2005 年北京市药品监督管理局推行《过期药品回收箱计划》，截至 2007 年 9 月，稽查科通过这些过期药品回收箱陆续从居民手中回收过期药品 3890kg，涉及 1000 多个品种，仅以北京东城区为例，统计发现 89％的家庭中存有过期药品，平均每个家庭有过期药 208 粒，其中 30％～40％的药品超过有效期 3 年以上。因此有必要建立科学的用药指导体系，同时针对过期药品进行回收处理。目前欧美部分发达国家有法定义务或习惯性的回收过期药品，在英国，过期药品要被放入印有专属标志的垃圾袋，乱扔过期药品会有诚信度不良的记录；法国有专门的过期药品回收点；美国是由厂家直接上门登记回收；德国主要依托药店进行有偿回收等。我国大部分城市也开展过过期药品回收活动，上海普陀区和卢湾区药监分局在 2003 年开展了"清理家庭小药箱"活动；海口市出台了《家庭过期药品回收管理办法》，定点回收，统一销毁。然而目前公众参与过期药品处理的积极性不高，主动将过期药品送到药房的市民寥寥无几，不少居民还是将过期药品随着生活垃圾一扔了事。因此有必要进行科普宣传，提高全社会对新兴污染物危害的认知，树立过期药品回收的正确意识。同时健全和完善相关制度，明确药品监管部门对回收药品行为的具体监管职责，并严格规范非法收购药品行为的法律责任，从而为药品回收监管和打击非法收购药品行为提供法律依据。

兽用药的滥用情况同样严重。很多养殖人员在养殖过程中私自加大兽药使用量，不仅增加了治疗的成本，在用药量超出安全剂量的情况下，还有可能造成畜禽药物中毒等问题；部分畜牧养殖场没有安排专业的兽医人员负责养殖中一系列的兽药使用及畜牧疾病治疗等工作，养殖人员由于缺乏专业的知识，在治疗过程中随意用药，胡乱搭配兽用药给畜禽使用。因此有必要对兽用药的使用加强管理，构建相关监督管理体系，加强当地监督机构执法效率，实现畜牧养殖业兽药用药规范。提高兽医及相关畜牧养殖业技术人员的自身专业知识及操作水平，全面掌握兽药配伍的禁忌知识并提高自身用药安全意识。

8.3.2 末端治理技术

污水处理厂、垃圾填埋厂是PPCPs进入环境的主要途径，对这些人工处理设施进行改进能有效提高PPCPs的去除效率，有效降低环境中PPCPs的浓度。

现有污水处理厂仅能去除部分PPCPs，因此有必要对污水处理厂进行改进，强化现有处理工艺。由于活性污泥对PPCPs的处理具有选择性，因此，可针对活性污泥中难降解的PPCPs化合物，采用生物强化技术，如人工筛选对PPCPs类物质具有高效降解效能的菌株进行生物强化，提高原有生化系统对PPCPs的降解效能。除传统生物降解以外，深度处理工艺同样能有效去除PPCPs，因此可以采用深度处理及组合工艺提高PPCPs的去除效率及种类，实现有效去除新兴污染物，以减少受纳水体的环境毒性，如臭氧-活性炭工艺在国内已经普遍应用，PPCPs污染风险高或经济条件发达的地区还可以采用"臭氧-活性炭-超滤"组合工艺等更为安全有效的处理工艺。同时继续开展对PPCPs去除方法的研究，开发经济、高效的PPCPs类污染物去除技术，同时可以考虑建立预测模型、去除动力学模型，通过模型计算来预测去除效果，从而更好地指导削减技术及工艺的开发。

污水处理过程中部分PPCPs可能通过吸附作用存在于剩余污泥中，当污泥经土地或农业利用时，污泥中的PPCPs可能释放出来并对环境再次造成污染，因此有必要对污泥进行稳定化、无害化、资源化处理。堆肥是目前采用较多的污泥处理方法之一，主要是利用微生物的作用对污泥中的有机物进行降解。污泥经堆肥后用于农业生产，可以增加土壤肥力，有效改善土壤结构，提高农作物产量。为提高堆肥质量和产量，可以采用先进的设备和技术、建立通风系统保障堆肥供氧量、控制堆肥工艺参数等，使污泥中的PPCPs被有效去除。污泥焚烧技术同样能有效处理剩余污泥，通过焚烧炉将脱水污泥升温干燥，在高温环境下氧化污泥中的有机物，使污泥完全矿化为少量灰烬，可以有效地促进污泥减量化、无害化，使其能量充分利用。此外可以将污泥制成各种建筑材料，例如砖、水泥、陶粒等产品。污泥的建材利用使污泥不以自然环境为最终去向，缓解了污泥造成的二次环境污染，符合循环经济中废弃物的再循环原则，减少了废弃物排放，实现资源的循环利用。

由于缺乏有效的回收管理机制，垃圾填埋场成为大部分过期或失效的PPCPs的最终归宿，而膜生物反应器（MBR）、升流式厌氧污泥床（USAB）等处理技术并不能有效去除渗滤液中的PPCPs。曹徐齐等研究发现MBR处理技术对渗滤液中PPCPs的去除效率在21%~98%之间，因此有必要对处理技术进行改进或者寻找新的高效处理技术以提高PPCPs的去除效率。此外部分含有PPCPs的渗滤液未经处理便直接下渗进入地下水，并对土壤、地表水等多个环境介质造成污染。因此有必要不断完善垃圾填埋场的基础设施建设，做好垃圾填埋场的防渗工作，全面提升监管水平，对各个部门的责任及权利进行明确，提高垃圾填埋场的运行效率。

8.3.3 长期监测与风险评估

建立 PPCPs 类新兴污染物的监测体系，涵盖地下水、地表水等不同环境介质；完善相关政策、规范和监督制度，并针对浓度和风险较高的 PPCPs 建立健全水中优先污染物黑名单，采取优先控制、优先监测的方针。

加强地下水中 PPCPs 的监测，尤其是垃圾填埋场附近的地下水中 PPCPs 浓度监测。研究表明垃圾填埋场的渗滤作用是 PPCPs 进入地下水最重要的一种方式，Halling-Sorensen 等报道发现垃圾填埋场对其附近的地下水造成了污染，在地下水中检测出了药物的存在。洪梅等同样研究发现垃圾填埋场会对附近的地下水造成污染，这取决于垃圾填埋场的场地规模、防护情况等自身相关参数以及场地所处位置的含水层脆弱性程度等客观因素，且受地质、水文等客观因素的影响较为显著。由于地下水是大多数国家饮用水的重要来源，地下水中已出现不同质量浓度的 PPCPs，势必会对饮用水安全造成一定的影响，因此有必要对地下水中 PPCPs 进行监测。

对地表水以及污水处理厂出水中的 PPCPs 进行监测。由于地表水中 PPCPs 的浓度和地区人口数量、生活水平、用药习惯、畜牧养殖密度等因素有关，并存在较大差异。上述因素在一定程度上决定了区域的污染排放特征。Bu 等对近年来 PPCPs 在中国水环境中的浓度水平进行了整理，结果表明目前 PPCPs 污染的热点区域为海河流域、珠江流域和长江口，主要集中在中国东部地区较为发达、人口密度较高的河流，特别是受北京、天津、广州、上海等特大城市影响的河流。因此，有必要针对性地加强我国重要流域水环境中 PPCPs 的环境监测研究，并通过建立信息网络实现特定污染物的动态监测，更直观地反映水体中 PPCPs 的污染状况。

PPCPs 在土壤中残留的情况也较为普遍，其主要来源包括污水处理厂的污泥回用、畜牧养殖产生的粪便等。夏静芬等研究发现垃圾填埋场附近土壤中避蚊胺的检出浓度为 7.88ng/g，检出率为 100%。黄德亮等研究发现再生水灌区的土壤中美托洛尔的检出浓度为 63ng/g，氯霉素检出浓度为 42.25ng/g。然而目前关于土壤中 PPCPs 的研究仍处于初级阶段，很多研究工作还需要进一步加强。由于 PPCPs 在土壤环境中的浓度较低，因此有必要对现有分析检测技术进行改进，以便分析更多土壤中残留的痕量 PPCPs，积极开展 PPCPs 的残留种类及浓度调查工作，为后续环境影响、迁移机理等研究提供真实可靠的数据。

PPCPs 对生态环境及人类健康的风险同样不容忽视。通过对环境中 PPCPs 的存在种类与含量进行调查和研究，了解 PPCPs 在环境中的背景含量，使用化学分析法对 PPCPs 及其代谢物进行定量分析，利用生物检测法对 PPCPs 的生物效应进行评价，建立和完善高效准确的 PPCPs 评价方法和标准，全面研究评估 PPCPs 对生态环境和人类健康的影响，建立相应的风险控制体系。目前 PPCPs 在水环境中的生态风险研究主要是对特定的地表水体进行预测和评估，对 PPCPs 产生的环境效应仍需进行深入研究，对水环境中生物产生的急-慢性毒性及联合毒性研究有待进一步开展。此外，目前 PPCPs 的研究主要集中在对特定母体化合物的分析，而对于其代谢物的研究较少，大部分 PPCPs 的降解机理尚不十分明确，降解过程中可能会产生毒性更大的中间产物，有必要对环境中优先污染物的迁移转化规律进行研究，包括 PPCPs 的去除机理、去除过程中可能产生的副产物、中间产物的毒性和风险等。抗生素及抗性基因（ARGs）同样需要重点关注，随着抗生素的大量滥用，微生物通过复杂的环境选择产生抗性基因，会对环境造成潜在基因污染，由于 ARGs 可能在生物体中长久而持续地传播，即使携带 ARGs 的微生物被杀灭或消除，它释放到环境中的 DNA 因受脱氧核糖核酸酶的保护而仍然存在，并最终可能转移给其他细胞。因此，ARGs 在环境中的持久性残留，以及菌群间的迁移、转化和传播，比抗生素本身对生态环境的危害更大，有必要重点关注抗性基因在环境中的生态风险、形成机制、传播途径及消除等问题。

参 考 文 献

曹徐齐，隋倩，吕树光，等，2016. 垃圾填埋场渗滤液中药物和个人护理品的存在与去除 [J]. 中国环境科学，36（7）：2027-2034.

曹昱，魏莹，王继珍，等，2008. 对过期药品回收政策的思考 [J]. 首都医药，03：50-51.

晁吉福，吴耀国，陈培榕，2010. 柱撑黏土吸附剂在芳香类有机污染物处理中的应用 [J]. 现代化工，30（4）：31-36.

冯勇，吴德礼，马鲁铭，2012. 黄铁矿催化 H_2O_2 氧化降解水中三氯生 [J]. 环境工程学报，6（10）：3433-3437.

葛林科，张思玉，谢晴，等，2010. 抗生素在水环境中的光化学行为 [J]. 中国科学：化学，40（2）：124-135.

洪梅，张博，李卉，等，2011. 生活垃圾填埋场对地下水污染的风险评价——以北京北天堂垃圾填埋场为例 [J]. 环境污染与防治，33（3）：88-91，95.

黄德亮，何江涛，杨蕾，等，2016. 某市再生水灌区水土环境中 PPCPs 污染特征分析 [J]. 中国环境科学，36（9）：2614-2623.

江传春，肖蓉蓉，杨平，2011. 高级氧化技术在水处理中的研究进展 [J]. 水处理技术，37（7）：12-16，33.

李艳，2012. 抗生素废水的湿式氧化降解方法研究 [D]. 上海：华东理工大学.

刘晶冰，燕磊，白文荣，等，2011. 高级氧化技术在水处理的研究进展 [J]. 水处理技术，37（3）：11-17.

刘元坤，王建龙，2016. 电离辐照技术在环境保护领域的应用 [J]. 科技导报，34（15）：83-88.

刘祖发，张泳华，陈记臣，等，2018. 广州市地表水体中合成麝香分布及去除研究 [J]. 生态环境学报，27（12）：2290-2299.

陆宇奇，归谈纯，高乃云，等，2017. 磁性阴离子交换树脂工艺去除水中双氯芬酸钠的特性 [J]. 净水技术，（5）：48-52.

马清佳，田哲，员建，等，2018. 9 种抗生素对污泥高温厌氧消化的急性抑制 [J]. 环境工程学报，12（7）：2084-2093.

孙怡，于利亮，黄浩斌，等，2017. 高级氧化技术处理难降解有机废水的研发趋势及实用化进展 [J]. 化工学报，68（5）：1743-1756.

王大鹏，胡金龙，吴亮，等，2017. 污水处理厂中目标污染物 PPCPs 的归趋及迁移转化分析 [J]. 广东化工，44（8）：175-179.

王建龙，2020. 废水中药品及个人护理用品（PPCPs）的去除技术研究进展 [J]. 四川师范大学学报，43（2）：140，143-172.

王晓燕，双陈冬，张宝军，等，2019. PPCPs 在水环境中的污染现状及去除技术研究进展 [J]. 水处理技术，45（9）：11-16，23.

王月，熊振湖，周建国，2012. 杯 [4] 芳烃修饰 Amberlite XAD-4 树脂去除水中双氯芬酸 [J]. 中国环境科学，32（1）：81-88.

魏海波，2019. 工业废水臭氧催化氧化技术浅析 [J]. 云南化工，46（10）：135-136.

吴曼琳，2018. 城市水环境中药品和个人护理用品的研究现状和去除 [J]. 净水技术，37（S1）：230-234，270.

吴晓磊，1995. 人工湿地废水处理机理 [J]. 环境科学，（3）：83-86，96.

夏静芬，唐力，杨国靖，等，2017. 土壤中 7 种典型 PPCPs 的分布特征及其影响因素分析 [J]. 安全与环境学报，17（5）：2007-2012.

徐明，2015. 用于水处理的纳米技术和纳米材料 [J]. 西南民族大学学报（自然科学版），41（4）：392，436-442.

杨侠，李茹莹，2018. pH 对污泥厌氧消化过程中抗生素降解迁移的影响 [J]. 环境科学学报，38（4）：1446-1452.

姚宁波，李学艳，李青松，等，2017. 超声联合过硫酸钠去除水中三氯生 [J]. 环境工程学报，11（6）：3439-3445.

曾琪静，文方，杨静，2018. 高级氧化技术降解双酚 A 研究进展 [J]. 应用化工，47（11）：2500-2504.

张帆，李菁，谭建华，等，2013. 吸附法处理重金属废水的研究进展 [J]. 化工进展，32（11）：2749-2756.

张伟，2009. 碳纳米管吸附有机物研究进展 [J]. 湖南城市学院学报，18（4）：16-18.

赵高峰，杨林，周怀东，等，2011. 北京某污水处理厂出水中药物和个人护理品的污染现状 [J]. 中国环境监测，27（S1）：63-67.

赵迎新，王亚舒，季民，等，2017. 吸附法去除水中药品及个人护理品（PPCPs）研究进展 [J]. 工业水处理，37（6）：1-5.

邹世春，朱春敬，贺竹梅，等，2009. 北江河水中抗生素抗性基因污染初步研究 [J]. 生态毒理学报，4（5）：655-660.

Andreozzi R，Caprio V，Marotta R，et al.，2003. Ozonation and H_2O_2/UV treatment of clofibric acid in water：a kinetic investigation [J]. Journal of Hazardous Materials，103（3）：233-246.

Anton-Herrero R，Garcia-Delgado C，Alonso-Izquierdo M，et al.，2018. Comparative adsorption of tetracyclines on biochars and stevensite：looking for for the most effective adsorbent [J]. Applied Clay Science，160：162-172.

Beltran F J，Pocostales P，Alvarez P，et al.，2009. Diclofenac removal from water with ozone and activated carbon [J]. Journal of Hazardous Materials，163（2-3）：768-776.

Borowska E，Felis E，Zabczynski S，2015. Degradation of iodinated contrast media in aquatic environment by means of UV, UV/TiO_2 process, and by activated sludge [J]. Water, Air, and Soil Pollution，226（5）：151-163.

Bound J P，Voulvoulis N，2005. Household disposal of pharmaceuticals as a pathway for aquatic contamination in the United Kingdom [J]. Environmental Health Perspectives，113（12）：1705-1711.

Bu Q W，Wang B，Huang J，et al.，2013. Pharmaceuticals and personal care products in the aquatic environment in China：a review [J]. Journal of Hazardous Materials，262：189-211.

Carballa M，Omil F，Lema J M，et al.，2004. Behavior of pharmaceuticals, cosmetics and hormones in a sewage treatment plant [J]. Water Research，38（12）：2918-2926.

Chang X，Meyer M T，Liu X，et al.，2010. Determination of antibiotics in sewage from hospitals, nursery and slaughter house, wastewater treatment plant and source water in Chongqing region of three gorge reservoir in China [J]. Environmental Pollution, 158 (5): 1444-1450.

Chatzitakis A, Berberidou C, Paspaltsis I, et al., 2008. Photocatalytic degradation and drug activity reduction of chloramphenicol [J]. Water Research, 42 (1-2): 386-394.

Delgado N, Capparelli A, Navarro A, et al., 2019a. Pharmaceutical emerging pollutants removal from water using powdered activated carbon: study of kinetics and adsorption equilibrium [J]. Journal of Environmental Management, 236: 301-308.

Delgado N, Navarro A, Marino D, et al., 2019b. Removal of pharmaceuticals and personal care products from domestic wastewater using rotating biological contactors [J]. International Journal of Environmental Science and Technology, 16 (1): 1-10.

Dirany A, Sirés I, Oturan N, et al., 2010. Electrochemical abatement of the antibiotic sulfamethoxazole from water [J]. Chemosphere, 81 (5): 594-602.

Elias M T, Chandran J, Aravind U K, et al., 2018. Oxidative degradation of ranitidine by UV and ultrasound: identification of transformation products using LC-Q-ToF-MS [J]. Environmental Chemistry, 16 (1): 41-54.

Fernández L, Gamallo M, González-Gómez M A, et al., 2019. Insight into antibiotics removal: exploring the photocatalytic performance of a Fe_3O_4/ZnO nanocomposite in a novel magnetic sequential batch reactor [J]. Journal of Environmental Management, 237: 595-608.

Fountouli T V, Chrysikopoulos C V, 2018. Adsorption and thermodynamics of pharmaceuticals, acyclovir and fluconazole, onto quartz sand under static and dynamic conditions [J]. Environmental Engineering Science, 35 (9): 909-917.

Franco M A E D, Carvalho C B D, Bonetto M M, et al., 2018. Diclofenac removal from water by adsorption using activated carbon in batch mode and fixed-bed column: Isotherms, thermodynamic study and breakthrough curves modeling [J]. Journal of Cleaner Production, 181: 145-154.

Gallardo-Altamirano M J, Maza-Márquez P, Peña-Herrera J M, et al., 2018. Removal of anti-inflammatory/analgesic pharmaceuticals from urban wastewater in a pilot-scale A^2O system: Linking performance and microbial population dynamics to operating variables [J]. Science of the Total Environment, 643: 1481-1492.

Halling-Sorensen B, Nors Nielsen S, Lanzky P F, et al., 1998. Occurrence, fate and effects of pharmaceutical substances in the environment-a review [J]. Chemosphere, 36 (2): 357-393.

Hasan Z, Jeon J, Jhung S H, 2012. Adsorptive removal of naproxen and clofibric acid from water using metal-organic frameworks [J]. Journal of Hazardous Materials, 209: 151-157.

Hashemzadeh H, Raissi H, 2018. Covalent organic framework as smart and high efficient carrier for anti-cancer drug delivery: A DFT calculations and molecular dynamics simulation study [J]. Journal of Physics D-Applied Physics, 51 (34): 345-401.

He Y J, Chen W, Zheng X Y, et al., 2013. Fate and removal of typical pharmaceuticals and personal care products by three different treatment processes [J]. Science of the Total Environment, 447: 248-254.

Hirsch R, Ternes T, Haberer K, et al., 1999. Occurrence of antibiotics in the aquatic environment [J]. Science of the Total Environment, 225 (1-2): 109-118.

Hu C Y, Du Y F, Lin Y L, et al., 2020. Kinetics of iohexol degradation by ozonation and formation of DBPs during post-chlorination [J]. Journal of Water Process Engineering, 35: 101200.

Kwiecien A, Krzek J, Zmudzki P, 2014. Roxithromycin degradation by acidic hydrolysis and photocatalysis [J]. Analytical Methods, 6 (16): 6414-6423.

Labrada K G, Cuello D R A, Sanchez I S, et al., 2018. Optimization of ciprofloxacin degradation in wastewater by homogeneous sono-fenton process at high frequency [J]. Journal of Environmental Science and Health Part A, 53 (13): 1139-1148.

Lawal I A, Moodley B, 2017. Sorption mechansim of pharmaceuticals from aqueous medium on ionic liquid modified biomass [J]. Journal of Chemical Technology and Biotechnology, 92 (4): 808-818.

Lawal I A, Moodley B, 2018. Fixed-bed and batch adsorption of pharmaceuticals from aqueous solutions on ionic liquid-modified montmorillonite [J]. Chemical Engineering and Technology, 41 (5): 983-993.

Legrini O, Oliveros E, Braun A M, 1993. Photochemical processes for water treatment [J]. Chemical Reviews, 93 (2): 671-698.

Lessa E F, Nunes M L, Fajardo A R, 2018. Chitosan/waste coffee-grounds composite: an efficient and eco-friendly adsorbent for removal of pharmaceutical contaminants from water [J]. Carbohydrate Polymers, 189: 257-266.

Li W L, Zhang Z F, Ma W L, et al., 2018. An evaluation on the intra-day dynamics, seasonal variations and removal of selected pharmaceuticals and personal care products from urban wastewater treatment plants [J]. Science of the Total Environment, 640: 1139-1147.

Lin Y, Peng Z, Zhang X, 2009. Ozonation of estrone, estradiol, diethylstilbestrol in waters [J]. Desalination, 249 (1): 235-240.

Lonappan L, Rouissi T, Brar S K, et al., 2018. An insight into the adsorption of diclofenac on different biochars: mechanisms, surface chemistry, and thermodynamics [J]. Bioresource Technology, 249: 386-394.

Londoño Y A, Peñuela G A, 2018. Study of anaerobic biodegradation of pharmaceuticals and personal care products: Application of batch tests [J]. International Journal of Environmental Science and Technology, 15 (9): 1887-1896.

Luiz D B, Genena A K, Virmond E, et al., 2010. Identification of degradation products of erythromycin a arising from ozone and advanced oxidation process treatment [J]. Water Environment Research, 82 (9): 797-805.

Luna R, Solis C, Ortiz N, et al., 2018. Photocatalytic degradation of caffeine in a solar reactor system [J]. International Journal of Chemical Reactor Engineering, 16 (10): 1-10.

Mansour D, Fourcade F, Soutrel I, et al., 2015. Relevance of a combined process coupling electro-fenton and biological treatment for the remediation of sulfamethazine solutions-application to an industrial pharmaceutical effluent [J]. Comptes Rendus-Chimie, 18 (1): 39-44.

Marques C R, Abrantes N, Goncalves F, 2004. Life-history traits of standard and autochthonous cladocerans: II. Acute and chronic effects of acetylsalicylic acid metabolites [J]. Environmental Toxicology, 19 (5): 527-540.

Martins M, Sanches S, Pereira I A C, 2018. Anaerobic biodegradation of pharmaceutical compounds: New insights into the pharmaceutical-degrading bacteria [J]. Journal of Hazardous Materials, 357: 289-297.

Molu Z B, Yurdakoç, K, 2009. Preparation and characterization of aluminum pillared K10 and KSF for adsorption of trimethoprim [J]. Microporous and Mesoporous Materials, 127 (1): 50-60.

Moradi S E, Shabani A M H, Dadfarnia S, et al., 2016. Effective removal of ciprofloxacin from aqueous solutions using magnetic metal-organic framework sorbents: Mechanisms, isotherms and kinetics [J]. Journal of the Iranian Chemical Society, 13 (9): 1617-1627.

Naghipour D, Amouei A, Estaji M, et al., 2019. Cephalexin adsorption from aqueous solutions by biochar prepared from plantain wood: Equilibrium and kinetics studies [J]. Desalination and Water Treatment, 143: 374-381.

Ning B, Graham N J D, 2008. Ozone degradation of iodinated pharmaceutical compounds [J]. Journal of Environmental Engineering-Asce, 134 (12): 944-953.

Norihide N, Hiroyuki S, Ayako M, et al., 2007. Removal of selected pharmaceuticals and personal care products (PPCPs) and endocrine-disrupting chemicals (EDCs) during sand filtration and ozonation at a municipal sewage treatment plant [J]. Water Research, 41 (19): 4373-4382.

Orozco-Hernandez L, Manuel Gomez-Olivan L, Elizalde-Velazquez A, et al., 2019. 17-beta-estradiol: significant reduction of its toxicity in water treated by photocatalysis [J]. Science of the Total Environment, 669: 955-963.

Ozcan A S, Erdem B, Ozcan A, 2004. Adsorption of acid blue 193 from aqueous solutions onto Na-bentonite and DTMA-bentonite [J]. Journal of Colloid and Interface Science, 280 (1): 44-54.

Perez-Moya M, Graells M, Castells G, et al., 2010. Characterization of the degradation performance of the sulfamethazine antibiotic by photo-fenton process [J]. Water Research, 44 (8): 2533-2540.

Polo A M S, Lopez-Penalver J J, Sanchez-Polo M, et al., 2016. Oxidation of diatrizoate in aqueous phase by advanced oxidation processes based on solar radiation [J]. Journal of Photochemistry and Photobiology, A Chemistry, 319/320: 87-95.

Qin T, Wang Z, Xie X, et al., 2017. A novel biochar derived from cauliflower (brassica oleracea L.) roots could remove norfloxacin and chlortetracycline efficiently [J]. Water Science and Technology, 76 (12): 3307-3318.

Real F J, Javier Benitez F, Acero J L, et al., 2017. Adsorption of selected emerging contaminants onto PAC and GAC: Equilibrium isotherms, kinetics, and effect of the water matrix [J]. Journal of Environmental Science and Health Part A, 52 (8): 727-734.

Santos L H M L M, Gros M, Rodriguez-Mozaz S, et al., 2013. Contribution of hospital effluents to the load of pharmaceuticals in urban wastewaters: Identification of ecologically relevant pharmaceuticals [J]. Science of the Total Environment, 461: 302-316.

Shafeei N, Asadollahfardi G, Moussavi G, et al., 2019. Degradation of ibuprofen in the photocatalytic process with doped TiO_2 as catalyst and UVA-LED as existing source [J]. Desalination and Water Treatment, 142: 341-352.

Shan D, Deng S, Li J, et al., 2017. Preparation of porous graphene oxide by chemically intercalating a rigid molecule for enhanced removal of typical pharmaceuticals [J]. Carbon, 119: 101-109.

Styszko K, Szczurowski J, Czuma N, et al., 2018. Adsorptive removal of pharmaceuticals and personal care products from aqueous solutions by chemically treated fly ash [J]. International Journal of Environmental Science and Technology, 15 (3): 493-506.

Sugihar M N, Moeller D, Paul T, 2013. TiO_2-photocatalyzed transformation of the recalcitrant X-ray contrast agent diatrizoate [J]. Applied Catalysis B: Environmental, 129: 114-122.

Sui Q, Huang J, Deng S B, et al., 2010. Occurrence and removal of pharmaceuticals, caffeine and DEET in wastewater treatment plants of Beijing, China [J]. Water Research, 44 (2): 417-426.

Sun M, Liu H H, Zhang Y, et al., 2020. Degradation of bisphenol A by electrocatalytic wet air oxidation process: kinetic modeling, degradation pathway and performance assessment [J]. Chemical Engineering Journal, 387: 124124.

Sun Q, Zhu G C, Wang C Y, et al., 2019. Removal characteristics of steroid estrogen in the mixed system through an ozone-based advanced oxidation process [J]. Water, Air, and Soil Pollution, 230 (9): 218.

Sun Z, Hu X, Duan P, et al., 2018. Enhanced oxidation potential of Ti/SnO_2-Cu electrode for electrochemical degradation of low-concentration ceftazidime in aqueous solution: Performance and degradation pathway [J]. Chemosphere, 212: 594-603.

Swarcewicz M K, Sobczak J, Pazdzioch W, 2013. Removal of carbamazepine from aqueous solution by adsorption on fly ash-amended soil [J]. Water Science and Technology, 67 (6): 1396-1402.

Tahir M B, Shahzad K, Sagir M, 2019. Removal of acetylsalicylate and methyl-theobromine from aqueous environment using nano-photocatalyst WO_3-TiO_2@g-C_3N_4 composite [J]. Journal of Hazardous Materials, 363: 205-213.

Tang Y, Guo L L, Hong C Y, et al., 2019. Seasonal occurrence, removal and risk assessment of 10 pharmaceuticals in 2 sewage treatment plants of Guangdong, China [J]. Environmental Technology, 40 (4): 458-469.

Ternes T A, Kreckel P, Mueller J, 1999. Behaviour and occurrence of estrogens in municipal sewage treatment plants—Ⅱ. Aerobic batch experiments with activated sludge [J]. Science of the Total Environment, 225 (1-2): 91-99.

Tootchi L, Seth R, Tabe S, et al., 2013. Transformation products of pharmaceutically active compounds during drinking water ozonation [J]. Water Science and Technology, 13 (6): 1576-1582.

Trovo A G, Nogueira R F P, Aguera A, et al., 2009. Degradation of sulfamethoxazole in water by solar photo-Fenton. Chemical and toxicological evaluation [J]. Water Research, 43 (16): 3922-3931.

Wang J L, Xu L J, 2012. Advanced oxidation processes for wastewater treatment: Formation of hydroxyl radical and application [J]. Critical Reviews in Environmental Science and Technology, 42 (3): 251-325.

Wang J L, Zhuang S T, 2018. Removal of various pollutants from water and wastewater by modified chitosan adsorbents [J]. Critical Reviews in Environmental Science and Technology, 47 (23): 2331-2386.

Wang Q, Pang W J, Mao Y D, et al., 2019. Study of the degradation of trimethoprim using photo-fenton oxidation technology [J]. Water, 11 (2): 207.

Wang S Z, Wang J L, 2019. Oxidative removal of carbamazepine by peroxymonosulfate (PMS) combined to ionizing radiation: Degradation, mineralization and biological toxicity [J]. Science of the Total Environment, 658: 1367-1374.

Wang T, Huang Z X, Miao H F, et al., 2018. Insights into influencing factor, degradation mechanism and potential toxicity involved in aqueous ozonation of oxcarbazepine [J]. Chemosphere, 201: 189-196.

Wong S, Lim Y, Ngadi N, et al., 2018. Removal of acetaminophen by activated carbon synthesized from spent tea leaves: equilibrium, kinetics and thermodynamics studies [J]. Powder Technology, 338: 878-886.

Yan B, Niu C H, Wang J, 2017. Kinetics, electron-donor-acceptor interactions, and site energy distribution analyses of norfloxacin adsorption on pretreated barley straw [J]. Chemical Engineering Journal, 330: 1211-1221.

Yang L, Hu C, Nie Y L, et al., 2010. Surface acidity and reactivity of beta-$FeOOH/Al_2O_3$ for pharmaceuticals degradation with ozone: in situ ATR-FTIR studies [J]. Applied Catalysis B-Environmental, 97 (3-4): 340-346.

Zeikus J G, 1980. Microbial populations in digesters [M]. London: Applied Science Publishers.

Zhang X X, Zhang T, Fang H H P, 2009. Antibiotic resistance genes in water environment [J]. Applied

Microbiology and Biotechnology，82（3）：397-414.

Zhang Y L，Liu Y J，Dai C M，et al.，2014. Adsorption of clofibric acid from aqueous solution by graphene oxide and the effect of environmental factors ［J］. Water，Air，and Soil Pollution，225（8）：2064.

Zhao Y F，Cho C W，Cui L Z，et al.，2019. Adsorptive removal of endocrine-disrupting compounds and a pharmaceutical using activated charcoal from aqueous solution：Kinetics，equilibrium，and mechanism studies ［J］. Environmental Science and Pollution Research，26（33）：33897-33905.

Zúñiga-Benítez H，Aristizábal-Ciro C，Peúñuela G A，2016. Photodegradation of the endocrine-disrupting chemicals benzophenone-3 and methylparaben using fenton reagent：optimization of factors and mineralization/biodegradability studies ［J］. Journal of the Taiwan Institute of Chemical Engineers，59：380-388.

Zúñiga-Benítez H，Penuela G A，2017. Solar lab and pilot scale photo-oxidation of ethylparaben using H_2O_2 and TiO_2 in aqueous solutions ［J］. Journal of Photochemistry and Photobiology A-Chemistry，337：62-70.